"十四五"职业教育国家规划教材

U0688964

微课版

Network Technology

Linux
系统管理基础
项目教程
（CentOS Stream 9）（第2版）

金京犬 杨寅冬 ◉主编

王飞 姬翔宇 胡春雷 张友海 张成 ◉副主编

人民邮电出版社

北京

图书在版编目（CIP）数据

Linux 系统管理基础项目教程：CentOS Stream 9：
微课版 / 金京犬, 杨寅冬主编. -- 2 版. -- 北京：人
民邮电出版社, 2025. -- (工信精品网络技术系列教材).
ISBN 978-7-115-66388-7

I. TP316.85

中国国家版本馆 CIP 数据核字第 202533G677 号

内 容 提 要

本书以 CentOS Stream 9 为操作系统平台，兼容 RHEL 9、欧拉、麒麟、Rocky 等版本，按照项目驱动的方式对 Linux 操作系统的基本操作和网络服务的配置与管理方法进行讲解，重在培养读者的动手能力和实际应用能力。

全书共 16 个项目，包括 Linux 操作系统概述、Linux 常用命令与 vim 编辑器、网络接口管理、用户管理、权限管理、软件包的安装与管理、存储设备管理、防火墙配置与管理、FTP 服务配置与管理、NFS 与 Samba 服务配置与管理、DHCP 服务配置与管理、DNS 服务配置与管理、Web 服务配置与管理、邮件服务配置与管理、数据库服务配置与管理，以及 Shell 脚本与 Ansible 自动化。本书内容丰富，由浅入深，强调基础技能的应用，适用于理论与实践一体化教学。

本书可以作为高等职业院校计算机相关专业的教材，也可以作为 Linux 操作系统运维培训教材和自学参考书。

◆ 主　　编　金京犬　杨寅冬

　　副 主 编　王　飞　姬翔宇　胡春雷　张友海　张　成

　　责任编辑　郭　雯

　　责任印制　王　郁　焦志炜

◆ 人民邮电出版社出版发行　　北京市丰台区成寿寺路 11 号

　　邮编　100164　电子邮件　315@ptpress.com.cn

　　网址　https://www.ptpress.com.cn

　　天津画中画印刷有限公司印刷

◆ 开本：787×1092　1/16

　　印张：16.75　　　　　　　　2025 年 5 月第 2 版

　　字数：466 千字　　　　　　　2025 年 7 月天津第 2 次印刷

定价：59.80 元

读者服务热线：(010)81055256　印装质量热线：(010)81055316
反盗版热线：(010)81055315

前　言

在国家战略需求的指引下，根据"十四五"规划和新质生产力的发展战略，加强原创性和引领性科技攻关已成为重要方向。操作系统作为计算机的"灵魂"和数字基础设施的核心，其发展水平直接关系到国家信息技术的竞争力和信息安全。信创战略强调加快国产核心技术的研发和应用，目标是实现技术自立自强。Linux 操作系统以其开源、安全、稳定的特性，已在全球企业级市场和个人用户中获得广泛应用，并成为国产操作系统开发的基础平台。在此背景下，推动国产操作系统的自主创新，特别是在关键核心技术领域的突破，变得尤为重要。

目前，国产操作系统大多基于 Linux 操作系统内核进行二次开发，Linux 操作系统的开源特性极大地增强了操作系统定制的灵活性，并在强化安全供应链方面发挥了积极作用。开源平台提供的代码透明度允许开发者全面审查和验证软件的安全性，Linux 操作系统不仅为国产操作系统的发展提供了坚实的技术基础，还在构建安全、可靠的技术供应链中扮演了核心角色。随着信创战略的推进，越来越多的国产操作系统在继承 Linux 操作系统的基础上进行本土化改造和优化，以更好地满足国内市场和安全的需求。

当前主流 Linux 操作系统教材多以 CentOS 7、CentOS 8 为基础，与 CentOS Stream 9、RHEL 9 相关的教材相对较少。本书以 CentOS Stream 9 作为操作系统平台，为希望掌握最新 Linux 操作系统技能的读者提供学习资源。

本书第 1 版自 2021 年 8 月出版以来，广受高职院校计算机相关专业师生的欢迎，并获评"十四五"职业教育国家规划教材。本书以 CentOS Stream 9 为操作系统平台，涵盖 RHEL 9、欧拉、麒麟、Rocky 等版本，专注于培养读者利用 Linux 操作系统进行基础配置及搭建常用网络服务的能力。为了更好地满足读者的需求，编者结合近几年的教学实践和师生的反馈，对本书第 1 版进行了重要的修订和更新。本次修订的主要内容如下。

（1）内容优化：重新整合和优化结构，增加了邮件服务配置与管理、数据库服务配置与管理，以及 Shell 脚本与 Ansible 自动化等章节，以进一步丰富读者的实操技能。增加的部分不仅补充了内容，还反映了 Linux 操作系统管理在现代 IT 环境中的重要性和应用广度。

（2）实战项目案例优化：结合全国职业院校技能大赛网络系统管理赛项的考核模块，设计了全新的项目案例，模拟真实竞赛场景，提供详尽的步骤解析，有助于锻炼读者的综合分析能力和实际操作能力。

（3）职业素质与技能兼修：本次修订在项目案例的设计中融入培养读者职业素质和团队合作精神的元素，帮助读者在提升技能水平的同时，增强职业道德和团队合作能力。

（4）丰富的教学资源：为更好地支持教学活动，丰富了配套教学资源，如课件、微课视频、教学大纲和教案等，所有资源均可通过人邮教育社区（www.ryjiaoyu.com）免费获取。

为适应高职教育发展的新特点，编者根据多年教学经验编写了本书，在编写过程中引入了红帽认证工程师（RedHat Certified Engineer，RHCE）、红帽认证系统管理员（RedHat Certified System Administrator，RHCSA）、华为认证 openEuler 操作系统工程师（Huawei Certified ICT Associate-openEuler，HCIA-openEuler）、华为认证 openEuler 操作系统高级工程师（Huawei Certified ICT Professional-openEuler，

HCIP-openEuler）等认证考试的相关内容。

本书以项目为向导，以系统运维中必须具备的 Linux 操作系统应用基本技能为基础，以"培养能力、突出实用、内容新颖、系统完整"为指导思想，讲解在 Linux 操作系统运维中需要掌握的知识和技能，重在培养读者的动手能力和实际应用能力。

为加快推进党的二十大精神进教材、进课堂、进头脑，本次修订将社会主义核心价值观、工匠精神、劳模精神、实验实训安全意识、团队合作精神等元素融入教材，以坚定读者的历史自信、增强读者的文化自信。

本书的参考学时为 64 学时，建议采用"理论+实践"一体化教学模式，各项目的参考学时见下表。

参考学时表

项目	课程内容	参考学时（理论+实践）/学时
项目 1	Linux 操作系统概述	2+2
项目 2	Linux 常用命令与 vim 编辑器	2+2
项目 3	网络接口管理	2+2
项目 4	用户管理	2+2
项目 5	权限管理	2+2
项目 6	软件包的安装与管理	2+2
项目 7	存储设备管理	2+2
项目 8	防火墙配置与管理	2+2
项目 9	FTP 服务配置与管理	2+2
项目 10	NFS 与 Samba 服务配置与管理	2+2
项目 11	DHCP 服务配置与管理	2+2
项目 12	DNS 服务配置与管理	2+2
项目 13	Web 服务配置与管理	2+2
项目 14	邮件服务配置与管理	2+2
项目 15	数据库服务配置与管理	2+2
项目 16	Shell 脚本与 Ansible 自动化	2+2
学时总计		32+32

本书由金京犬、杨寅冬任主编，由王飞、姬翔宇、胡春雷、张友海、张成任副主编，王国庆、孙茜、茹兴旺、熊友玲、林昕、唐桂林、孙道远、尚浩、朱俊、顾伟、宋陈参与编写。金京犬编写了项目 3～6，杨寅冬编写了项目 11～14，王飞编写了项目 1，姬翔宇编写了项目 8、项目 9，胡春雷编写了项目 7，张友海编写了项目 15，张成编写了项目 2，王国庆编写了项目 16，孙茜编写了项目 10，金京犬、杨寅冬负责统稿与定稿。特别感谢红帽软件（北京）有限公司、华为技术有限公司、深圳市讯方技术股份有限公司、天翼云科技有限公司、国基北盛（南京）科技发展有限公司、麒麟软件有限公司、江苏一道云科技发展有限公司为本书提供的教学项目与技术支持。

由于编者水平和经验有限，书中难免存在不足之处，恳请读者批评指正，编者将不胜感激。编者电子邮箱为 214542185@qq.com，微信号为 19956537306。

编　者

2024 年 12 月

目　录

项目 3

网络接口管理 ·· 44

项目 4

用户管理 ·· 57

项目 8

防火墙配置与管理 ··· 105

项目 9

FTP 服务配置与管理 ··· 117

项目 10

NFS 与 Samba 服务配置与管理 ·· 128

项目 11

DHCP 服务配置与管理 ·· 142

项目 12

DNS 服务配置与管理 ··· 153

项目 13

Web 服务配置与管理 ······································· 169

项目 14

项目 15

项目 16

项目1
Linux操作系统概述

01

学习目标

【知识目标】

- 了解Linux操作系统的发展历程、特点。
- 了解GNU计划和GPL的基本概念。
- 了解Linux操作系统主流发行版及其特点。

【技能目标】

- 掌握使用虚拟机安装Linux操作系统的方法。
- 熟悉Linux中各目录的作用。

【素质目标】

- 培养读者的开源意识，使其理解开源软件的价值，积极参与开源项目与国产开源社区的建设。
- 培养读者的逻辑思维能力，使其能够正确地处理Linux操作系统部署管理中的问题。同时，注重培养读者在开源技术方面的国产自主意识，使其熟悉相关的开源协议。

1.1 项目描述

随着业务的不断扩展和技术需求的增加，小明所在的公司决定引入 Linux 操作系统作为服务器和开发环境的核心平台，将原有的 Windows Server 替换为 Linux 操作系统。作为公司 IT 部门的一员，小明负责将公司的核心业务应用部署在 Linux 操作系统上，并确保系统的稳定性和安全性，为公司的长远发展提供坚实的技术基础。

本项目主要介绍 UNIX 操作系统的发展历程、Linux 操作系统的起源与发展、Linux 操作系统的主流发行版、Linux 目录结构、使用虚拟化软件创建 Linux 虚拟机，以及安装 Linux 操作系统。

1.2 知识准备

1.2.1 UNIX 操作系统的发展历程

V1-1 UNIX 操作
系统的发展历程

UNIX 操作系统的历史可以追溯到 20 世纪 60 年代末期，其由 AT&T 公司贝尔实验室的肯·汤普森（Ken Thompson）、丹尼斯·里奇（Dennis Ritchie）、道格拉斯·麦基尔罗伊（Douglas Mcilroy）等人开发，用于解决当时的计算机系统面临的问题，如资源管理、多用户支持等。

UNIX 操作系统最初是在 PDP-7 计算机上使用汇编语言编写的，第一版 UNIX 操作系统在进行系统编程时遇到了一些限制，特别是在扩展性和可移植性方面。为了打破这些限制，丹尼斯·里奇与肯·汤普森以 B 语言为基础设计、开发出了 C 语言。1973 年，汤普森和里奇用 C 语言重写了 UNIX，形成第三版 UNIX。采用 C 语言编写的 UNIX 代码简洁紧凑、易移植、易读、易修改，为系统的进一步发展奠定了坚实基础。

1974 年，汤普森和里奇合作在《美国计算机学会通讯》上发表了关于 UNIX 的文章，之后，UNIX 开始逐渐走出贝尔实验室，引起政府机关、研究机构、企业和大学的广泛关注。在随后的几年中，UNIX 经历了快速的版本迭代和升级，并逐渐流行开来。1975 年，UNIX 发布了 4、5、6 共 3 个版本，到 1978 年，已经有大约 600 台计算机在运行 UNIX。

当时的 UNIX 拥有者 AT&T 公司以很低的价格，甚至免费将 UNIX 源代码授权给学术机构做研究或教学之用，许多机构在此源代码的基础上加以扩展和改进，形成了所谓的 "UNIX 变种"。这些变种反过来促进了 UNIX 的发展，其中最著名的变种之一是由加利福尼亚大学伯克利分校开发的 BSD（Berkeley Software Distribution，伯克利软件套件）产品。BSD 在 UNIX 的发展历史中具有相当大的影响力，被很多商业厂家采用，是很多商用 UNIX 的基础。

BSD 对 UNIX 的发展做出了重要贡献，其中最突出的是对 TCP/IP（Transmission Control Protocol/Internet Protocol，传输控制协议/互联网协议）的支持。TCP/IP 在 BSD 中得到了广泛应用，成为现代计算机网络的基础。同时，其他一些公司也开始为其小型机或工作站提供商业版本的 UNIX 操作系统，从而加快了 UNIX 的商业化趋势。

后来，AT&T 意识到了 UNIX 的商业价值，不再将 UNIX 源代码授权给学术机构，并对之前的 UNIX 及其变种声明了著作权权利。20 世纪 80 年代，UNIX 的版本继续演化，包括 8、9、10 版本，但这些版本只授权给了少数大学。1982 年，AT&T 基于版本 7 开发了 UNIX System Ⅲ 的第一个商业版本，这标志着 UNIX 商业化的开始。

为了解决 UNIX 版本混乱的问题，AT&T 综合了其他大学和公司开发的各种 UNIX，开发出了 UNIX System V Release 1，并在 1987—1989 年将 Xenix、BSD、SunOS 和 System Ⅴ 融合为 System V Release 4，结束了 UNIX 不同版本之间的混乱竞争。

然而，这个商业版本不再包含源代码，这使得加利福尼亚大学伯克利分校继续开发 BSD UNIX 以将之作为 UNIX System Ⅲ 和 System Ⅴ 的替代选择。UNIX 的发展也促成了一系列新的分布式操作系统的出现，很多大公司开发了自己的 UNIX 产品，如 IBM 的 AIX、惠普的 HP-UX、SUN 的 Solaris。

UNIX System Ⅴ Release 4 发布后不久，AT&T 决定将其 UNIX 权利转让给 Novell 公司，Novell 公司希望通过收购 UNIX 权利来扩大自己在操作系统市场上的份额，同时对抗微软的 Windows NT。

尽管 Novell 公司采取了这一举措，但它的核心市场仍受到了严重影响。微软的 Windows NT 在企业市场上的崛起，以及其他 UNIX 变种及 Linux 等开源操作系统的兴起，给 Novell 公司带来了更大的竞争压力。

1993 年，Novell 公司将 UNIX System V Release 4 的商标权转让给 X/OPEN 公司，X/OPEN 公司成为定义 UNIX 标准的机构，其通过制定 "单一 UNIX 规范" 来定义哪些操作系统具有 UNIX 之名。这一举措旨在规范和统一 UNIX 操作系统的标准，以提高 UNIX 在不同平台上的互操作性和兼容性。

1996 年，X/OPEN 和 OSF/1 合并，共同创建了国际开放标准组织。该组织继续负责制定和维护 UNIX 标准，其发布的规范为符合标准的操作系统提供了统一的认证标准。

在 UNIX 商业化的同时，开放源代码运动也在发展壮大。Linux 作为一种免费的开源操作系统，逐渐吸引了开发者和企业的关注，成为 UNIX 的一个重要替代品。

1.2.2　Linux 操作系统的起源与发展

V1-2　Linux 操作
系统的起源与发展

　　Linux 是一种开源的操作系统，它由林纳斯·托瓦尔兹（Linus Torvalds）于 1991 年构思设计而成。当时还在读大学的林纳斯想要基于 UNIX 的原则和设计创建一种免费的开源系统，从而代替 MINIX 操作系统。最初，这只是他的一项兴趣爱好。后来，这种出于兴趣爱好构建的操作系统逐步演变成拥有极大用户群的操作系统。如今，Linux 不仅是公共互联网服务器上最常用的操作系统，还是速度排名前 500 的超级计算机上广泛使用的操作系统。Linux 的发展历程是自由软件运动的一个重要篇章，它从最初的个人爱好到如今的全球主流操作系统，蕴含着开源精神的力量和技术的不断演进。

1. GNU 计划与 GPL 许可证

　　在 20 世纪 70 年代末和 20 世纪 80 年代初，计算机软件的私有化趋势日益明显，许多软件开发商开始封闭源代码并对其进行专利保护，限制了用户对软件的使用和修改。1983 年，理查德·斯托尔曼（Richard Stallman）发起了 GNU（GNU's Not UNIX）计划，目标是创建一套完全自由的操作系统。作为这个计划的一部分，他编写了 GPL（GNU General Public License，GNU 通用公共许可证），并创立了 FSF（Free Software Foundation，自由软件基金会）来为 GNU 计划提供技术、法律及财政支持。大多数 GNU 软件是由许多志愿者在其空闲时间，或在公司、教育机构和非营利性组织的赞助下编写的。

　　此后几年，GNU 计划中的其他部分，如文字编辑器 Emacs、C 语言编译器 GCC 以及大部分 UNIX 操作系统的程序库和工具都已经开发完成，但唯独没有一个完整的操作系统核心。

　　为保证 GNU 软件可以自由地"使用、复制、修改和发布"，所有 GNU 软件都包含在禁止其他人添加任何限制的情况下将所有权利授予任何人的协议条款，斯托尔曼编写了 GPL。

　　GPL 是一种开源软件许可证，基本原则是保护软件的自由性，鼓励开发者和用户共享代码，并确保修改后的代码以相同的许可证形式发布。与 BSD 和 MIT 等宽松许可证相比，GPL 对软件的使用和分发有更严格的要求。它要求任何修改过的源代码都必须以 GPL 形式发布，从而确保了软件的开放性和共享性。

　　GNU 针对不同类型的作品或文档，提供了两种不同的许可证条款：GNU LGPL（GNU Lesser General Public License，GNU 宽通用公共许可证）和 GNU FDL（GNU Free Documentation License，GNU 自由文档许可证）。

　　GPL 被称为 Copyleft 许可证，这意味着它保证了软件的自由性。如果一个项目的任何部分都使用 GPL 发布，那么整个项目及派生作品都必须以相同的许可条款分发。

　　自 1989 年发布第一个版本以来，GPL 经历了几次重大更新。其中，GPL 版本 2 于 1991 年发布，成为许多开源项目的标准许可证。2007 年，GPL 版本 3 发布，引入了对 DRM（Digital Rights Management，数字权利管理）和专利的更严格限制，以适应现代技术环境。

2. Linux 操作系统的诞生与演进历程

　　1988 年，在芬兰赫尔辛基大学上学的托瓦尔兹对操作系统产生了浓厚的兴趣。1989 年，他进入芬兰陆军服役，主要在计算机部门服务，负责弹道计算。1990 年，托瓦尔兹退伍后回到大学，开始更加专注地研究操作系统，并开始探索自己编写操作系统的可能性。

　　1991 年，托瓦尔兹发布了 Linux 内核的第一个版本，标志着 Linux 项目的开始。该内核版本在 MINIX 操作系统上开发，但 MINIX 主要用于教学，在商业和实际应用上存在限制，不能自由地修改和分发。

　　随着项目的发展，托瓦尔兹选择使用 GNU 软件替代 MINIX 软件，因为 GNU 软件采用了 GPL 许可证，可以自由地修改和分发这些软件的源代码。1992 年，Linux 内核 0.99 版本在 GNU 通用公共许可证下重新授权发布，Linux 社区的开发者开始将 GNU 组件和 Linux 内核整合在一起，从而形成了一个完整的自由操作系统。

GNU/Linux 是一种常见的复合名称，用于指代将 GNU 计划与 Linux 内核结合的操作系统。Linux 提供了操作系统的核心功能，而 GNU 计划贡献了大量的系统软件、库和用户空间工具，两者结合形成了一个完整的操作系统，如图 1-1 所示。

图 1-1　GNU 计划和 Linux 内核的结合

GNU 的标志是非洲角马的头像，象征着自由和集体的力量。Linux 的标志是企鹅，其英文名为 Tux，是（T）orvalds（U）ni（x）的缩写。

1994 年，Linux 1.0 发布，标志着 Linux 内核的成熟和稳定。与此同时，红帽和 SUSE 等公司也开始发布自己的 Linux 发行版，进一步推动了 Linux 的商业化和普及。

1996 年，Linux 2.0 发布，开始支持多处理器系统，使得 Linux 能够更好地应用于服务器领域。

随着互联网等新技术的兴起，Linux 开始受到广泛关注，IBM 等大型科技公司宣布支持 Linux，并投入大量资源用于开发和推广 Linux 解决方案。Linux 在服务器领域的份额不断扩大，成为 Windows Server 操作系统的主要竞争对手之一。

在之后的发展中，Linux 社区的开发模式逐渐成熟，采用了更加开放和协作的方式进行开发和维护。2000 年，OSDL（Open Source Development Lab，开源发展实验室）成立，主要目标是推动 Linux 在企业层级的运用，使其能够更好地应用于数据中心和运营商领域。OSDL 的成立得到了 Linux 的创始人托瓦尔兹的支持，托瓦尔兹全职为 OSDL 继续开发 Linux 内核。OSDL 的资金主要来自一些大型科技公司，包括红帽、英特尔、IBM、戴尔和惠普等。

2007 年 1 月，开源发展实验室和 FSG（Free Standards Group，自由标准组织）合并，正式成立了 Linux 基金会，基金会致力于推动 Linux 和开放源代码软件的发展，促进其在各个领域的应用和普及，提供支持、资源和平台，帮助开发者、企业和社区共同推动开放源代码项目的进步。

目前，Linux 已成为 IT 基础设施的核心组成部分，能为几乎所有类型的 IT 项目提供支持。华为云、阿里云等厂商在其云平台上提供了多种预配置的 Linux 发行版镜像。即使是在微软的 Azure 平台上，也有 60%以上的镜像基于 Linux。目前微软已经成为开源项目的重要贡献者，并在其云平台上广泛支持 Linux 和其他开源技术。

经过多年的发展，Linux 内核及其构建的操作系统已在多个行业和领域得到广泛应用及认可，从知识共享网站，到纽约证券交易所，再到运行安卓的移动设备，它无处不在，已成为在数据中心和云部署中运行高可用性、高可靠性及关键工作负载的首选。

1.2.3　Linux 操作系统的主流发行版

Linux 操作系统有数百个发行版，其中主流的发行版很多，它们通常包含 Linux 内核，以及来自 GNU 计划的工具和库、基于 X Window 或者 Wayland 的图形用户界面、文档、数据库等。

各个发行版之间的差异主要体现在社区支持、发行周期、软件包管理、商业支持、目标用户群等方面。例如，有的发行版专注于提供良好的桌面体验；有的发行版适用于作为开发工作站；有的发行版则有良好的稳定性和安全性，可以作

V1-3　Linux 操作系统的主流发行版

为网络服务器操作系统。

这些发行版可以分为商业发行版（如 Ubuntu、RedHat Enterprise Linux、SUSE Linux Enterprise 等）和社区发行版（如 Debian、Fedora、CentOS Stream、Rocky Linux、openSUSE 和 Gentoo 等）。

服务器操作系统根据核心代码是否开放可分为闭源和开源两类。在厂商生态中，闭源操作系统以 Windows Server 为代表，开源操作系统以基于 Linux 内核的各种操作系统为主，其中，我国的 openEuler 系厂商正在迅速崛起。Linux 操作系统衍生版本如图 1-2 所示。

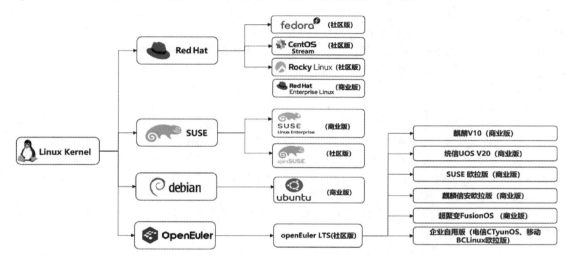

图 1-2　Linux 操作系统衍生版本

下面简单介绍几个基于 Linux 内核的商业和社区 Linux 发行版。

1. RedHat Enterprise Linux

RedHat Enterprise Linux（RHEL）是由红帽公司开发的以商业市场为导向的 Linux 发行版，提供长达 10 年的支持服务。从 RHEL 8 的发布开始，红帽公司承诺每 3 年发布一次 RHEL 主要版本，每 6 个月发布一次次要版本，用户可以按照自己的计划进行升级并在需要时采用新的功能。

作为一个开源操作系统，其源代码可以自由获取和使用。RHEL 是全球领先的企业级 Linux 操作系统，已获得数百个云服务及数千个硬件和软件供应商的认证，可支持边缘计算等特定的用例。RHEL 内置了安全防护功能，如实时内核修补、安全配置文件、安全标准认证和可信软件供应链等，可满足当今人们对安全与合规的高度期望。RHEL 经过优化，可以在服务器或高性能工作站上运行，支持广泛的硬件架构，如 x86、ARM、IBM Power；支持在任何位置上部署和运行应用，包括物理机、虚拟机、私有云和公有云，能为现代 IT 和企业混合云部署奠定必要的运维一致性基础。

2. CentOS

CentOS（Community Enterprise Operating System）基于 RHEL，依照开源 GPL 规定所发布的源代码重新编译而成。CentOS 的目标是 100% 兼容 RHEL，这意味着使用者可以共享 RHEL 的服务器软件或硬件生态系统，并和 RHEL 用户享受相同的安全级别，因此可以用 CentOS 替代 RHEL。CentOS 是使用最广泛的 RHEL 兼容版本之一。

2014 年，CentOS 宣布与红帽公司合作，但 CentOS 将会在新的委员会下继续运作，不受 RHEL 的影响。2020 年 12 月 8 日，红帽公司宣布终止 CentOS 的开发，这一决定引起了广泛的关注和讨论。CentOS 的创始人格雷戈里·库尔策（Gregory Kurzer）随后创建了 Rocky Linux 项目来作为 CentOS 的替代品，旨在提供一个在稳定和可靠性方面能与 CentOS 媲美的企业级

Linux 发行版。

3．CentOS Stream

CentOS Stream 是一种滚动发布的操作系统。它提供持续内容流，不断地收集最新的软件包，并在经过测试后发布。通过 CentOS Stream，用户可以提前获知红帽公司开发人员和工程师用于新版本 RHEL 的源代码，缩短生态系统开发人员[包括 OEM（Original Equipment Manufacture，原厂委托制造商）、ISV（Independent Software Vendor，独立软件供应商）和应用开发人员]的反馈循环以贡献变更。

通过 CentOS Stream，开源社区成员可以与红帽公司开发人员一起，参与 RHEL 的开发、测试与持续交付过程，使 CentOS Stream 成为 RHEL 未来版本的预览平台。CentOS Stream 开发平台衔接 Fedora 项目的操作系统创新，并为 RHEL 的生产稳定性提供持续演进的基础。在发布新的 RHEL 版本之前，红帽公司会在 CentOS Stream 中开发 RHEL 源代码，RHEL 9 是在 CentOS Stream 中构建的第一个主要版本。

4．Rocky Linux

Rocky Linux 是在红帽公司宣布提前终止 CentOS 生命周期的背景下创建的，旨在成为一个使用 RHEL 操作系统源代码的完整的下游二进制兼容版本。该项目提供一个由社区支持且可用于生产的企业操作系统。Rocky Linux 项目目前由 Rocky 企业软件基金会托管，该基金会的使命是确保企业级开源软件的长期性，并对其进行管理和创新，始终保持其免费可用性。Rocky Linux 的开发团队积极参与企业级 Linux 生态建设，不仅负责维护自身的发行版，还定期向 CentOS Stream、Fedora 等上游项目贡献代码和反馈，这种双向的协作模式促进了整个 Linux 生态系统的健康发展和持续创新。

Rocky Linux 的首个候选版本发布于 2021 年 4 月 30 日，首个正式版本发布于 2021 年 6 月 21 日。Rocky Linux 8 将提供支持至 2029 年。截至 2024 年，其最新版本是 Rocky Linux 9。

5．Ubuntu

Ubuntu 是一个流行的 Linux 操作系统发行版，是基于 Debian 的 unstable 版本加强而来的，以"最好的 Linux 桌面系统"而闻名。近些年，Ubuntu 推出了 Ubuntu Enterprise Linux，在企业级 Linux 操作系统的应用市场中的占有率有较大提高。Ubuntu 每年会发布两个版本，分别是 LTS（Long Term Support，长期支持）版本和 Non-LTS（Non-Long Term Support，短期支持）版本。LTS 版本会提供 5 年的升级和技术支持，而 Non-LTS 版本只会提供 9 个月的升级和技术支持。

6．Debian GNU/Linux

Debian GNU/Linux 是一种由 GPL 和其他自由软件许可协议授权的自由软件组成的 Linux 操作系统，由 Debian 计划社区组织和维护。它以坚守 UNIX 和自由软件的精神，以及给予用户众多选择而闻名。Debian 适用于个人计算机、服务器、嵌入式设备等平台。Debian 的特点在于稳定性和自由性，它提供了丰富的软件源，用户可使用包管理器 apt 进行软件的安装、升级和卸载。Debian 每年会发布至少 3 个版本，分别是稳定（stable）版本、测试（testing）版本和不稳定（unstable）版本。稳定版本提供稳定的软件环境，适用于生产环境；测试版本提供最新的软件包，供用户测试和反馈；不稳定版本提供最新的软件包和源代码，供开发人员测试。

7．SUSE Linux Enterprise

SUSE 是一家总部位于德国的软件公司，创立于 1992 年，主要业务是提供企业级 Linux 解决方案。其核心产品是 SUSE Linux Enterprise，这是一个面向企业的 Linux 发行版，提供高稳定性、安全性和长期支持，广泛应用于各类企业环境。此外，SUSE 积极参与多个开源项目的开发，包括广受欢迎的社区版发行版 openSUSE，为用户和开发者提供了一个自由、灵活的操作系统平台。

8．openEuler

openEuler 是面向数字基础设施的开源操作系统，可广泛部署于服务器、云计算、边缘计算、嵌入式等各种形态设备。2021 年 11 月，华为将 openEuler 捐赠给开放原子开源基金会，使其从创始企业主导的开源项目迈向产业共建和社区自治，加速操作系统产业发展。

openEuler 已支持 x86、ARM、SW64、RISC-V、LoongArch 多处理器架构，逐步扩展 PowerPC 等更多芯片架构支持，持续完善多样性算力生态体验。它的软件包管理方式和 RHEL、CentOS Stream、Rocky Linux 等操作系统一致，并提供了丰富的应用和工具。当前主流的国产操作系统供应商，包括麒麟软件、统信软件、麒麟信安、普华基础软件、中科红旗、中科创达、中国科学院软件所，均基于 openEuler 发布了各自的商业发行版，如麒麟 V10、统信 UOS V20、超聚变 FusionOS 等。

openEuler 的 LTS 版本通常具有 4 年的全生命周期（2 年主流支持+2 年扩展支持），在生命周期结束前半年至一年，由联合维护团队申请延长至 6 年。LTS 版本的 Service Pack（SP）分为小 SP 和大 SP，小 SP 的生命周期为 9 个月，大 SP 为 24 个月，建议大规模使用时选择大 SP。SP0 默认执行大 SP 策略，SP3 作为最后一个 SP，随 LTS 版本生命周期而结束。社区创新版本每 6 个月发布一次，支持周期为 6 个月。LTS 版本在主流支持阶段提供 CVE（Common Vulnerabilities and Exposures，公共漏洞与暴露）、缺陷修复、新硬件支持和少量新特性，而在扩展支持阶段主要修复重要的 CVE 和缺陷。

1.2.4　Linux 目录结构

对每一个 Linux 学习者来说，了解 Linux 目录结构是学好 Linux 至关重要的一步。文件系统层次结构标准（Filesystem Hierarchy Standard，FHS）定义了 Linux 操作系统中的主要目录及目录内容。FHS 由 Linux 基金会维护，当前版本为 3.0，于 2015 年发布。

V1-4　Linux 目录结构

Linux 目录结构如图 1-3 所示。

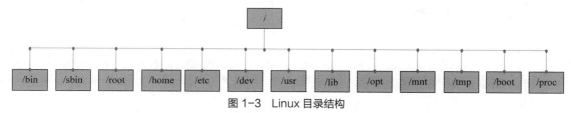

图 1-3　Linux 目录结构

在 Linux 操作系统中，"/"表示根目录。Linux 采用了单一的树形目录结构，所有文件和目录都从这个根目录开始组织。根目录是整个文件系统的起点，包含所有其他目录和文件。Linux 的目录结构可以形象地比喻为一棵倒置的树，根目录位于顶端，其他目录和文件像树枝和树叶一样向下延伸。

在 Windows 操作系统中，每个磁盘分区都有自己的根目录。例如，C:\是 C 盘的根目录，D:\是 D 盘的根目录，以此类推。

在 Linux 操作系统中，逻辑上所有目录只有一个顶点，即"/"，它是所有目录的起点。根下面的结构类似于一棵倒置的树，各目录的作用如表 1-1 所示。

表 1-1　Linux 中各目录的作用

序号	目录名称	作用
1	/bin	存放使用频率较高的命令
2	/sbin	存放涉及系统管理的命令
3	/root	系统管理员（也称作"超级权限者"）的主目录

续表

序号	目录名称	作用
4	/home	用户的主目录，在 Linux 操作系统中，每个用户都有一个自己的目录，一般该目录是以用户的账户命名的
5	/etc	存放所有系统管理需要的配置文件和子目录
6	/dev	dev 是 device（设备）的缩写，该目录下存放的是 Linux 操作系统的外部设备。在 Linux 操作系统中，访问设备的方式和访问文件的方式是相同的
7	/usr	这是一个非常重要的目录，用户的很多应用程序和文件都放在这个目录下，类似于 Windows 操作系统中的 program files 目录。 /usr/bin：存放用户命令 /usr/sbin：存放系统管理命令 /usr/local：存放本地自定义软件
8	/lib	存放系统最基本的动态链接共享库，其作用类似于 Windows 操作系统中的 DLL（Dynamic Link Library，动态链接库）文件。几乎所有的应用程序都需要用到这些共享库
9	/opt	这是给主机额外安装软件所设置的目录。通常，软件安装在/usr/local 目录下
10	/mnt	系统提供此目录是为了让用户临时挂载其他文件系统，可以将光驱挂载在/mnt 目录下，进入此目录就可以查看光驱中的内容
11	/tmp	存放一些临时文件，重要资料不可放在此目录下，系统重启后，会删除/tmp 目录下的文件
12	/boot	存放启动 Linux 操作系统时使用的一些核心文件
13	/proc	虚拟文件系统，提供访问系统内核信息的接口，将内核与进程状态归档为文本文件。/proc 目录下的文件和子目录以数字命名，每个数字都代表一个正在运行的进程或系统中的其他资源

1.3 项目实训

【实训任务】

本实训的主要任务是安装 VMware Workstation 并对虚拟机进行设置，利用虚拟机安装 CentOS Stream 9 操作系统。

【实训目的】

（1）掌握虚拟机的安装与设置方法，能够完成 VMware Workstation 和 CentOS Stream 9 的下载与安装。

（2）掌握利用虚拟机安装 Linux 操作系统的方法，能够完成系统关机、重启等操作。

【实训内容】

（1）使用 VMware Workstation 安装 CentOS Stream 9 操作系统。

（2）设置 Linux 虚拟机磁盘空间为 80GB，内存为 4GB，开启虚拟化功能。

（3）将 root 用户的密码设置为 redhat@123；添加一个普通用户 rhce，将密码设置为 redhat@123。

（4）将安装的操作系统软件类型设置为 "Server with GUI"。

（5）启用网络，设置自动分区。

【实训环境】

在进行本项目的实训操作前，提前准备好 Linux 操作系统环境，CentOS Stream、RHEL、Rocky Linux、华为 openEuler、麒麟等常见 Linux 发行版操作系统上都可以进行项目实训。

1.4 项目实施

1.4.1 使用虚拟化软件创建 Linux 虚拟机

V1-5 创建 Linux 虚拟机

1. 环境准备

第 1 步：开启 CPU 虚拟化支持。进入 BIOS（Basic Input/Output System，基本输入输出系统），根据计算机型号和 CPU、BIOS 的型号找到 Configuration（配置）选项或者 Security（安全）选项，选择 Virtualization（虚拟化）选项，在 Advanced 选项卡下将 Intel Virtualization Technology 的值设置为 Enabled（启用），如图 1-4 所示。保存 BIOS 设置，重启计算机。

图 1-4　开启 CPU 虚拟化支持

第 2 步：登录 CentOS 官网，在 CentOS Stream 版本选择页面中选择 x86_64 选项，下载 CentOS Stream 9 镜像文件。CentOS Stream 9 支持常见的 x86_64、64 位 ARM、IBM Power 架构的计算机，不同的架构需要下载不同的安装包，读者可以在官方网站自行选择。

2. 安装 VMware Workstation

VMware Workstation 是一款桌面计算机虚拟软件，它能够让用户在单一主机上同时运行多个不同的操作系统。从 VMware 官方网站可下载 VMware Workstation 安装包。

第 1 步：运行下载好的 VMware Workstation 安装包，将会进入图 1-5 所示的虚拟机程序安装向导初始界面。

第 2 步：接着进入安装向导界面，如图 1-6 所示。

图 1-5　虚拟机程序安装向导初始界面

图 1-6　安装向导界面

第 3 步：单击"下一步"按钮，在"最终用户许可协议"界面中勾选"我接受许可协议中的条款"复选框，如图 1-7 所示。

第 4 步：单击"下一步"按钮，在打开的界面中选择虚拟机的安装位置（可保持默认），勾选"增强型键盘驱动程序（需要重新引导以使用此功能）"复选框，如图1-8所示。

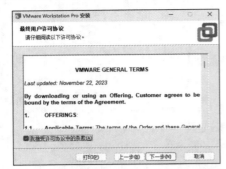

图1-7　勾选"接受许可协议中的条款"复选框　　　图1-8　选择安装位置

第5步：单击"下一步"按钮，在打开的界面中根据自身情况决定是否勾选"启动时检查产品更新"与"加入VMware客户体验提升计划"复选框，如图1-9所示。

第6步：单击"下一步"按钮，在打开的界面中勾选"桌面"与"开始菜单程序文件夹"复选框，如图1-10所示。

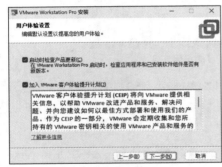
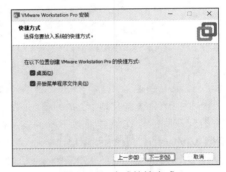

图1-9　用户体验设置　　　　　　　　　图1-10　生成快捷方式

第7步：单击"下一步"按钮，一切准备就绪后，单击"安装"按钮，开始安装虚拟机，如图1-11所示。

第8步：进入安装过程，如图1-12所示。

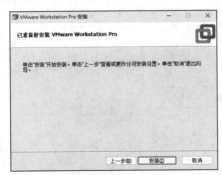
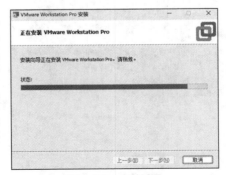

图1-11　开始安装虚拟机　　　　　　　图1-12　安装过程

第9步：进入图1-13所示的界面后，单击"许可证"按钮。

第10步：在弹出的界面中输入VMware Workstation Pro 17许可证密钥，如图1-14所示，单击"输入"按钮；或者单击"跳过"按钮，获得试用期限。

图 1-13　单击"许可证"按钮

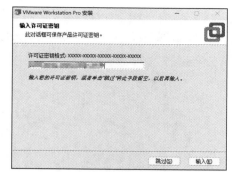

图 1-14　输入许可证密钥

第 11 步：在弹出的界面中单击"完成"按钮，完成虚拟机的安装，如图 1-15 所示。

第 12 步：双击桌面上的快捷方式图标，进入虚拟机管理界面，其中的"文件"菜单如图 1-16 所示。

图 1-15　完成虚拟机的安装

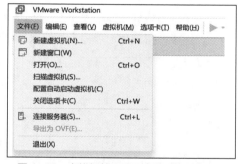

图 1-16　虚拟机管理界面中的"文件"菜单

进行以上操作后，VMware Workstation Pro 17 就安装好了。

3. 创建并设置虚拟机

安装好虚拟机后，如果想在虚拟机中安装操作系统，则需要创建虚拟机并对其进行设置。

第 1 步：在图 1-16 所示的界面中选择"文件"→"新建虚拟机"命令，并在弹出的"新建虚拟机向导"对话框中选中"自定义（高级）"单选按钮，单击"下一步"按钮，如图 1-17 所示。

第 2 步：选中"稍后安装操作系统"单选按钮，单击"下一步"按钮，如图 1-18 所示。

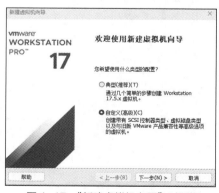

图 1-17　"新建虚拟机向导"对话框

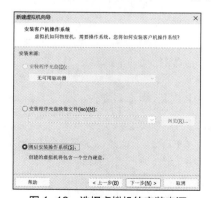

图 1-18　选择虚拟机的安装来源

第 3 步：设置"客户机操作系统"的类型为"Linux"，"版本"为"其他 Linux 5.x 内核 64 位"，单击"下一步"按钮，如图 1-19 所示。

第 4 步：填写虚拟机名称并选择合适的安装位置，单击"下一步"按钮，如图 1-20 所示。

图 1-19　选择操作系统及其版本　　　图 1-20　填写虚拟机名称并选择合适的安装位置

第 5 步：设置虚拟机处理器，填写合适的数值，单击"下一步"按钮，如图 1-21 所示。

第 6 步：设置虚拟机内存，填写合适的数值，单击"下一步"按钮，如图 1-22 所示。

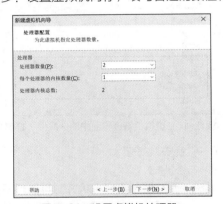 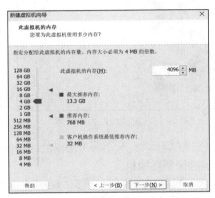

图 1-21　设置虚拟机处理器　　　　　　图 1-22　设置虚拟机内存

第 7 步：设置虚拟机网络类型，这里设置为 NAT 模式，单击"下一步"按钮，如图 1-23 所示。

第 8 步：选择 I/O 控制器类型，选中"LSI Logic（推荐）"单选按钮，单击"下一步"按钮，如图 1-24 所示。

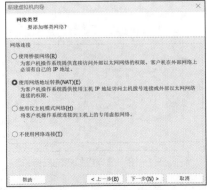 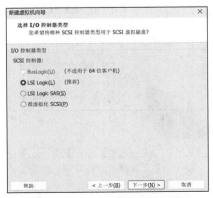

图 1-23　设置虚拟机网络类型　　　　　图 1-24　设置虚拟机 I/O 控制器

VMware Workstation 为用户提供了 3 种可选的网络连接模式，分别为桥接模式、NAT 模式和仅主机模式。

（1）桥接模式。此模式相当于在物理主机与虚拟机网卡之间架设一座桥梁，使虚拟机可以通过物理主机的网卡访问外部网络。

（2）NAT 模式。此模式使虚拟机的网络服务发挥路由器的作用，使得虚拟机模拟的主机可以通过物理主机访问外部网络。在物理主机中，NAT 模式模拟网卡对应的物理网卡是 VMnet8。

（3）仅主机模式。此模式仅让虚拟机内的主机与物理主机通信，虚拟机不能访问外部网络。在物理主机中，仅主机模式模拟网卡对应的物理网卡是 VMnet1。

第 9 步：选择磁盘类型，选中"SCSI（推荐）"单选按钮，单击"下一步"按钮，如图 1-25 所示。

图 1-25　选择磁盘类型

第 10 步：在弹出的界面中选择"创建新虚拟磁盘"单选按钮，单击"下一步"按钮，设置虚拟机磁盘大小，单击"下一步"按钮，如图 1-26 和图 1-27 所示。

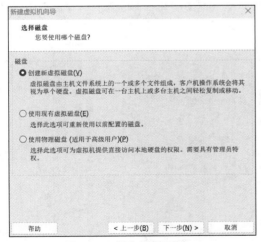

图 1-26　创建虚拟机磁盘

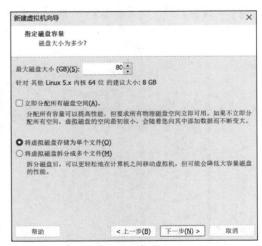

图 1-27　设置虚拟机磁盘大小

第 11 步：此时进入"已准备好创建虚拟机"界面，如图 1-28 所示。

第 12 步：单击"自定义硬件"按钮，弹出图 1-29 所示的"硬件"对话框，查看虚拟机配置。

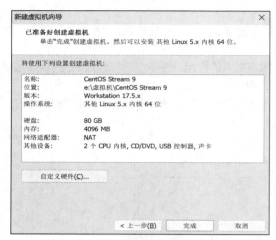

图 1-28　"已准备好创建虚拟机"界面

图 1-29　"硬件"对话框

第 13 步：选择"处理器"选项，并开启虚拟化引擎，如图 1-30 所示。

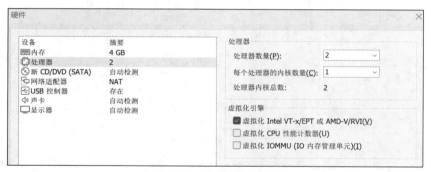

图 1-30　开启虚拟化引擎

第 14 步：选择"新 CD/DVD（SATA）"选项，选中"使用 ISO 映像文件"单选按钮，单击"浏览"按钮，选择下载好的 CentOS Stream 9 镜像文件，如图 1-31 所示。

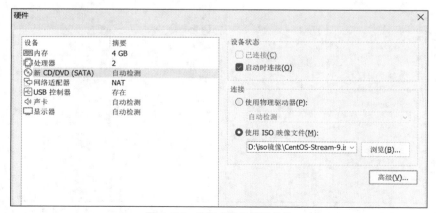

图 1-31　选择虚拟机镜像文件

第 15 步：虚拟机配置成功，其界面如图 1-32 所示。

图 1-32　虚拟机配置成功的界面

进行以上操作后，虚拟机设置完成，接下来就可以安装 CentOS Stream 9
操作系统了。

1.4.2　安装 Linux 操作系统

V1-6　安装 Linux
操作系统

第 1 步：设置完虚拟机后，单击"开启此虚拟机"链接，启动虚拟机，开机
后屏幕显示 CentOS Stream 9 GRUB（GRand Unified Bootloader）菜单，
如图 1-33 所示。

图 1-33　CentOS Stream 9 GRUB 菜单

第 2 步：单击进入虚拟机界面（可按 Ctrl+Alt 组合键释放鼠标），通过键盘选择"Install
CentOS Stream 9"选项，按 Enter 键后，进入语言选择界面（用户可根据情况自由选择不同语
言），单击右下角的"Continue"按钮，如图 1-34 所示。

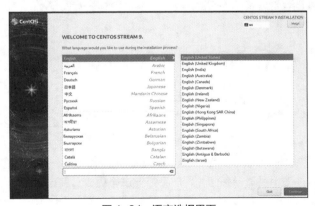

图 1-34　语言选择界面

15

第3步：进入安装信息摘要界面，如图1-35所示。选择"Root Password"选项，进入root用户密码设置界面，设置密码为"redhat@123"，如果root用户以SSH（Secure Shell，安全外壳）协议远程登录，则勾选"Allow root SSH login with password"复选框，如图1-36所示。单击界面左上角的"Done"按钮两次，返回安装信息摘要界面。

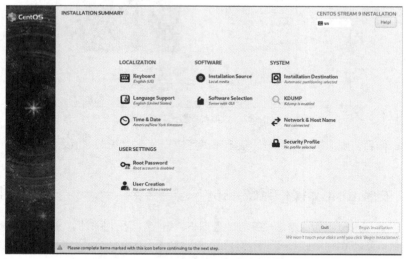

图1-35　安装信息摘要界面

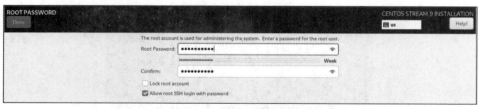

图1-36　root用户密码设置界面

在安装信息摘要界面中选择"User Creation"选项，创建普通用户rhce，并设置密码为"redhat@123"，如图1-37所示。最后单击界面左上角的"Done"按钮两次，返回安装信息摘要界面。

图1-37　创建普通用户并设置密码

第4步：在安装信息摘要界面中选择"Installation Destination"选项，进入安装目标位置界面，存储配置默认自动分区并使用逻辑卷存储，用户不需要进行更改。单击磁盘图标，图标背景变为蓝色后将其选中，如图1-38所示。最后单击界面左上角的"Done"按钮，返回安装信息摘要界面。

图 1-38　安装目标位置界面

第 5 步：在安装信息摘要界面中选择"Network & Host Name"选项，进入网络和主机名界面。打开该界面右上角的开关以开启网络，按钮的底色变为蓝色后，界面中显示此虚拟机的 IP（Internet Protocol，互联网协议）地址、默认路由地址、DNS 服务器地址信息，如图 1-39 所示。最后单击该界面左上角的"Done"按钮，返回安装信息摘要界面。

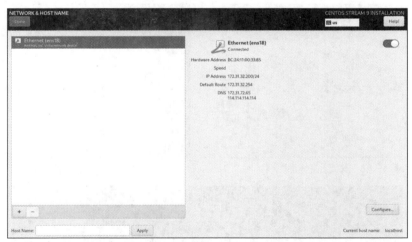

图 1-39　网络和主机名界面

第 6 步：在安装信息摘要界面中选择"Time & Date"选项，进入时间和日期界面，选择"Asia"和"Shanghai"选项。最后单击该界面左上角的"Done"按钮，返回安装信息摘要界面，如图 1-40 所示。

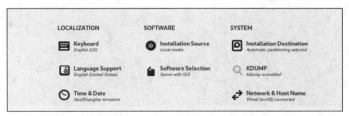

图 1-40　设置时间和日期后的安装信息摘要界面

第7步：在安装信息摘要界面中单击右下角的"Begin Installation"按钮，如图1-41所示，开始安装CentOS Stream 9操作系统。其安装进度界面如图1-42所示。

图1-41　单击"Begin Installation"按钮

第8步：安装完成后，单击右下角的"Reboot System"按钮，重启虚拟机系统，如图1-43所示。进入CentOS Stream 9登录界面，如图1-44所示。

图1-42　安装进度界面

图1-43　重启虚拟机系统

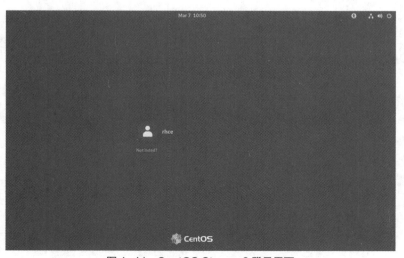

图1-44　CentOS Stream 9登录界面

在 CentOS Stream 9 登录界面中单击"Not listed?"按钮，输入"root"，如图 1-45 所示。按 Enter 键后，输入密码"redhat@123"，如图 1-46 所示。按 Enter 键，进入 CentOS Stream 9 默认桌面，如图 1-47 所示。

图 1-45　输入"root"

图 1-46　输入密码

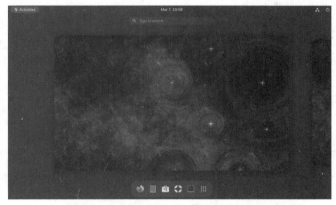

图 1-47　CentOS Stream 9 默认桌面

第 9 步：单击 CentOS Stream 9 默认桌面左上角的"Activities"按钮，可以看到底部快捷方式列表（见图 1-48）中显示了常用的应用程序，将鼠标指针移到快捷方式按钮上，可以看到相应的提示信息。单击从左向右的第 5 个按钮，打开 Terminal 工具，即可在终端中执行 Shell 命令，如图 1-49 所示。

图 1-48　快捷方式列表

图 1-49　在终端中执行 Shell 命令

///////// 项目练习题

（1）Linux 操作系统的内核最早由（　　）开发。
　　A. 史蒂夫·乔布斯　　　　　　　　　　B. 比尔·盖茨
　　C. 林纳斯·托瓦尔兹　　　　　　　　　D. 理查德·斯托曼

（2）下列选项中，（　　）不是 Linux 的主流发行版。
　　A. Debian、Ubuntu、openSUSE
　　B. RedHat Enterprise Linux、Fedora、Rocky Linux
　　C. Windows、Windows Server、macOS
　　D. CentOS Stream、openEuler、Ubuntu

（3）Linux 系统中，根目录的标识符是（　　）。
　　A. /bin　　　　　　　B. /root　　　　　　　C. /home　　　　　　　D. /

（4）在 Linux 中，默认的命令行解释器是（　　）。
　　A. Bash　　　　　　　B. Python　　　　　　C. Perl　　　　　　　D. Java

（5）在虚拟机管理中，快照的作用是（　　）。
　　A. 克隆整个虚拟机　　　　　　　　　　B. 备份当前虚拟机状态
　　C. 删除虚拟机　　　　　　　　　　　　D. 优化虚拟机性能

（6）下列选项中，（　　）是基于 openEuler 发布的 Linux 操作系统的发行版。
　　A. RedHat Enterprise Linux　　　　　　B. Ubuntu
　　C. 麒麟 V10　　　　　　　　　　　　　D. Windows Server

（7）openEuler 的 LTS 版本的生命周期和 openEuler LTS 版本的发布间隔周期通常是（　　）。
　　A. 10 年、每半年一次　　　　　　　　　B. 4 年、每 2 年一次
　　C. 6 年、每 3 年一次　　　　　　　　　D. 4 年、每 4 年一次

（8）openEuler 社区创新版本的支持周期是（　　）。
　　A. 3 个月　　　　　　B. 6 个月　　　　　　C. 1 年　　　　　　　D. 2 年

（9）在 VMware Workstation 中安装 CentOS Stream 9 操作系统，具体要求如下。
　① 在 VMware Workstation 中创建虚拟机，配置磁盘空间为 120GB、内存为 4GB，并启用虚拟化功能。
　② 选择安装类型为 GNOME 桌面，并在安装过程中将 root 用户的密码设置为 redhat@opencloud.fun，添加普通用户 rhca 并设置密码为 redhat@opencloud。
　③ 确保在安装过程中启用网络连接，并选择自动分区设置，以便安装后的系统能够正常联网和使用。

（10）重置 CentOS Stream 9 操作系统的 root 用户的密码，具体要求如下。
　① 重启 CentOS Stream 9 虚拟机，在 GRUB 界面中选择带有 rescue 的启动项，按 E 键进入编辑模式。
　② 在编辑模式中，将光标移动到 Linux 行末尾，添加 rd.break，按 Ctrl + X 组合键启动系统。
　③ 进入紧急模式后，重新挂载根文件系统为读写模式，执行 mount -o remount、rw /sysroot 命令。
　④ 切换到系统根目录，执行 chroot /sysroot 命令，使用 passwd root 命令重置 root 用户密码。
　⑤ 使用 touch /.autorelabel 命令创建隐藏文件.autorelabel 以更新 SELinux 标签。
　⑥ 退出并重启系统，验证新的 root 用户密码是否生效。

项目2
Linux常用命令与vim 编辑器

02

学习目标

【知识目标】

- 了解Linux命令的基本格式。
- 了解Linux命令行终端。
- 了解常用Linux命令的分类。
- 了解vim编辑器及其模式。

【技能目标】

- 掌握常用目录管理类命令。
- 掌握常用文件管理类命令。
- 掌握查找与搜索类命令。
- 掌握常用压缩与解压缩类命令。
- 掌握常用简单系统管理类命令。
- 掌握常用进程管理类命令。
- 理解vim编辑器的基本操作。

【素质目标】

- 培养读者的团队合作精神，加强团队意识和责任感，使其积极参与团队合作，共同完成任务，提高学习的积极性和兴趣。
- 培养读者的逻辑思维和分析能力，以及适应新技术发展变化的能力。

2.1 项目描述

小明所在公司的服务器由原来的 Windows 操作系统更换成了 Linux 操作系统，最直接的变化就是 Linux 服务器通常不提供图形用户界面，而是通过命令行界面进行管理。通过对命令的分类学习，小明需要掌握目录管理、文件管理、查找与搜索、压缩与解压缩、简单系统管理及进程管理等类别的命令，为日常的系统操作打下坚实基础。

掌握 Linux 操作系统的基础命令后，小明能够简单处理一部分问题。但是使用单个命令很难完成一些逻辑性较强的任务，于是小明决定学习使用 vim 编辑器来编写脚本。vim 编辑器是 Linux 下一款功能强大的文本编辑器，支持多种编程语言的语法高亮显示、代码补全等，特别适合编写和编辑代码。

本项目主要介绍 Linux 操作系统常用的命令，包括目录管理类命令、文件管理类命令、查找与搜索类命令、压缩与解压缩类命令、简单系统管理类命令和进程管理类命令，以及 Linux 操作系统下 vim 编辑器的使用方法。

2.2 知识准备

2.2.1 Linux 命令行终端

V2-1　Linux 命令
行终端与命令格式

在大多数 Linux 操作系统中，常见的 Shell 是 Bash，它是一个功能强大的、常用的命令解释器。Bash 提供了丰富的命令和功能，允许用户与系统进行交互，执行各种任务和操作。

在 CentOS Stream 9 图形化桌面中单击左上角的"Activities"按钮，可以看到底部的快捷方式列表（见图 2-1）中显示了常用的应用程序图标，将鼠标指针移到应用程序图标上，可以看到相应的提示信息。单击从左向右的第 5 个按钮，打开终端，即可执行 Shell 命令，如图 2-2 所示。

图 2-1　CentOS Stream 9 图形化桌面底部快捷方式列表

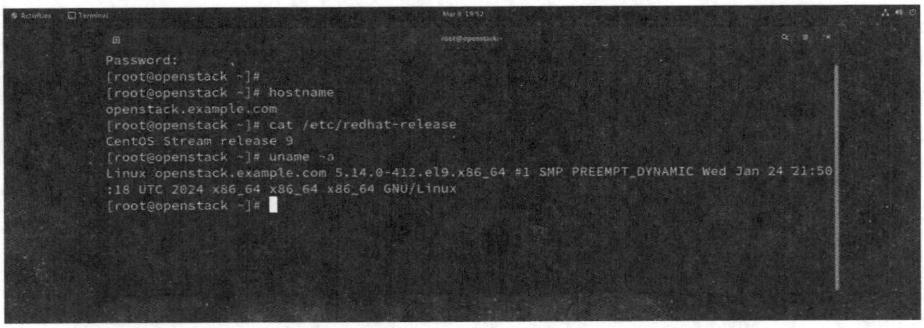

图 2-2　在终端中执行 Shell 命令

在终端中通常会看到一个命令行提示符，表示系统已经准备好接收用户的命令输入，提示符由 Shell 提供，如图 2-3 所示。

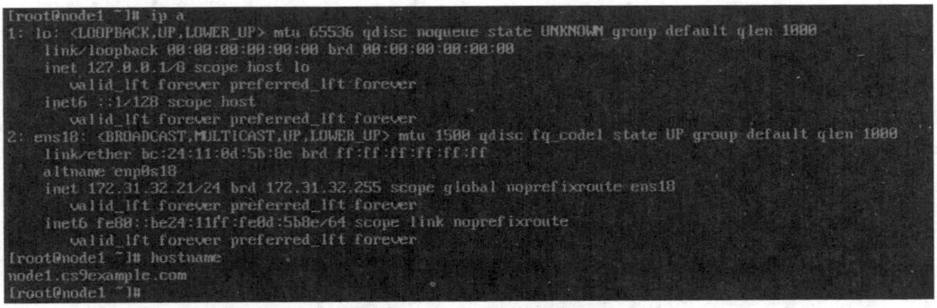

图 2-3　系统已经准备好接收用户的命令输入

在命令行提示符"[root@node1 ~]#"中，"root"表示登录系统的用户名，"node1"表示计算机名，"~"表示用户的当前目录，最后的"#"字符表示用户权限标识符。如果是普通用户登录系统，则用户权限标识符为"$"；如果是 root 用户登录系统，则用户权限标识符为"#"。为了叙述方便，本书使用 root 用户登录系统。

2.2.2 Linux 命令格式

Linux 操作系统的一大优势就是命令行操作功能强大，用户可以通过 Linux 命令来查看系统的状态，或者远程监控 Linux 操作系统，因此掌握常用的 Linux 命令是很有必要的。Linux 命令非常多，且对于同一个命令，使用不同的选项得到的操作结果也不一样，这给初学者造成了困难。

Linux 命令的基本语法通常包括以下几个部分：命令、选项和参数。具体语法结构如下。

```
命令 [选项] [参数]
```

其中，命令是执行特定任务的指令，如 ls、cp、rm 等；选项用于修改或扩展命令的行为，通常有短格式（如 -l、-a）和长格式（如 --help、--all）；参数是传递给命令或选项的输入值，如文件名、目录名或用户名。

使用 ls 命令列出/home/rhce 目录中内容的示例如下。

```
ls -l /home/rhce
# ls 命令用于列出指定目录中的文件和子目录
/* -l 是 ls 命令的选项，使用-l 选项后，ls 命令会显示文件的详细信息，包括权限、所有者、文件大小、最后修改时间等*/
# /home/rhce 是传递给 ls 命令的参数，ls 会列出该目录中的所有文件和子目录
```

初学者想要熟练掌握 Linux 基础命令，有以下几点需要注意。

（1）命令、选项和操作对象之间用空格分开，至少应有 1 个空格。

（2）命令区分字母大小写。例如，date、Date、DATE 是 3 个不同的命令。

（3）选项是对命令的特别定义，在同一个命令中使用不同的选项会得到不同的操作结果。

（4）选项一般以"-"开始，多个选项可以用"-"连接起来，如命令"ls -l -a"与"ls -la"的作用是一样的。

（5）一般来说，单字符选项前使用一个短横线（-），单词（多字符）选项前使用两个短横线（--），如"ls --help"。

（6）操作对象可以是文件，也可以是目录。

（7）有些命令的参数和操作对象可以省略，如 pwd 命令。

（8）有些命令的操作对象必须有多个，如 cp 命令和 mount 命令需要指定源操作对象和目标操作对象。

（9）输入命令的时候，可以按 Tab 键补全。

（10）可以通过键盘上的↑键或者↓键来查看执行的历史命令。

2.2.3 常用 Linux 命令分类

V2-2 常用 Linux 命令分类

由于篇幅有限，此处仅介绍一些常用的 Linux 命令。常用 Linux 命令及其作用如表 2-1 所示。

表 2-1 常用 Linux 命令及其作用

序号	类别	命令	作用
1	目录管理类命令	pwd	显示用户当前所处的目录
2		cd	改变工作目录
3		ls	显示用户当前目录或指定目录的内容
4		mkdir	创建目录

续表

序号	类别	命令	作用
5	文件管理类命令	touch	创建文件或修改文件/目录的时间戳
6		cp	复制文件或目录
7		rm	删除文件或目录
8		mv	移动或重命名现有的文件或目录
9		head	查看文件的开头部分
10		tail	查看文件的结尾部分
11		cat	查看小文件（一屏幕内）的内容
12		more	查看大文件的内容
13		less	查看大文件的内容
14	查找与搜索类命令	find	在指定目录中查找文件
15		grep	在文件中查找指定的字符串或关键字
16	压缩与解压缩类命令	tar	将文件和目录打包成一个单独的归档文件，或者从归档文件中提取文件和目录
17	简单系统管理类命令	man	查看命令帮助、配置文件帮助和编程帮助等信息
18		shutdown	执行重启或者关机操作
19		reboot	重启系统
20		echo	在终端输出字符串或变量提取后的值
21		>与>>	重定向输出到文件
22		|	将前一条命令的输出作为后一条命令的标准输入
23		who	显示系统中有哪些登录用户
24		su	切换用户
25		uname	查看系统内核与系统版本等信息
26	进程管理类命令	ps	查看系统的进程状态
27		kill	终止进程

此处对 Linux 常用命令做了一个简单归类，即目录管理类命令、文件管理类命令、查找与搜索类命令、压缩与解压缩类命令、简单系统管理类命令和进程管理类命令。当然，还有一些其他命令，如网络管理类命令、vi 编辑器类命令、用户管理类命令、权限管理类命令，这些会在后文中涉及时介绍。

2.2.4 vim 编辑器

1. 文本编辑器基本概念

在 Linux 系统中，许多配置文件、脚本和代码都是纯文本格式，使用文本编辑器可以方便地打开、编辑和保存这些文件，从而对系统进行个性化配置、自动化任务和故障排查。文本编辑器允许用户快速修改系统设置、编写 Shell 脚本、查看日志文件等，有助于在命令行环境下高效管理和控制系统。

Linux 文本编辑器的发展历程与 UNIX 密切相关，其中 vi 编辑器作为一个经典的计算机文本编辑器，奠定了后续编辑器的基础。vi 是由比尔·乔伊于 1976 年开发并以 BSD 协议授权发布的，它充分利用了终端屏幕的资源，提升了编辑的易用性。尽管其设计在当时被认为不符合人机交互的原则，但 vi 的"模式"设计，使得用户在不同模式下可以快速切换功能，极大提高了编辑效率。随着计算机技术的演进，vi 的源代码受限于法律问题，导致了多个克隆版本的诞生，其中最为著名的便是 Vim（Vi IMproved）。

Vim 是由布莱姆・穆勒纳尔在 1991 年发布的 vi 增强版，不仅保留了 vi 的模式编辑设计，还增加了许多实用特性，如语法高亮、插件支持和更强的自定义能力。尽管编辑模式的设计不够直观，但其操作的高效性使其在程序员中一直保持较高的使用率，适用于 Linux、Windows 和 macOS 等多种操作系统。Vim 最新稳定版本为 8.2，使用 C 和 VimScript 进行开发，广泛应用于代码编写和系统配置。

2. vim 编辑器模式

vim 编辑器内设有 3 种模式，即命令模式、编辑模式和末行模式，每种模式又分别支持多种不同的命令快捷键组合，3 种模式之间可以相互切换。下面对 3 种模式做简要说明。

（1）命令模式

当启动 vim 编辑器时，命令模式是 vim 编辑器的默认模式。在该模式下可以进行复制、粘贴、删除、撤销和查找等操作。

V2-3　vim 编辑器

（2）编辑模式

在命令模式或末行模式下，输入字母"i""a"或"o"，都可以进入编辑模式，在该模式下能正常进行文本的输入。

（3）末行模式

末行即最后一行，末行模式的一个明显特征就是有一个冒号（:），在该模式下可以对文档进行保存、设置行号和取消行号等操作，也可以退出文档。

vim 编辑器的 3 种模式的切换如图 2-4 所示。需要注意的是，编辑模式不能直接切换到末行模式，每次编辑完成后都需先返回到"命令模式"，再进入"末行模式"。

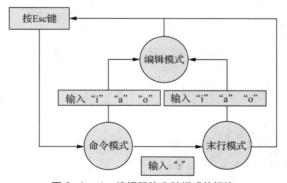

图 2-4　vim 编辑器的 3 种模式的切换

2.3　项目实训

【实训任务】

本实训的主要任务是在 CentOS Stream 9 中通过 Linux 基础命令操作 Linux 文件，并熟练使用和掌握常用的 Linux 命令，以及使用 vim 编辑器编辑文件。

【实训目的】

（1）掌握 Linux 命令的格式。

（2）掌握常用的目录管理类命令、文件管理类命令。

（3）掌握常用的查找与搜索类命令、压缩与解压缩类命令。

（4）掌握常用的简单系统管理类命令、进程管理类命令。

（5）掌握 vim 编辑器的基本操作。

【实训内容】

（1）使用 ls 命令列出当前目录中的文件和子目录。

（2）使用 mkdir 命令创建新目录，

（3）使用 cp 命令复制文件或目录，使用 mv 命令移动或重命名文件或目录。

（4）使用 cat、head、tail、more 等命令查看文件内容。

（5）使用 tar 命令对/etc 目录进行压缩和解压缩。

（6）使用 find 命令在系统中查找以 passwd 命名的所有文件，查找系统中拥有者为 rhce1 用户的所有文件，并将其复制到/root/findresults 目录中。

（7）使用 grep 命令找到/usr/share/dict/words 文件中所有包含"seismic"字符串的行，并将这些行按照原始文件中的顺序存放到/root/wordlist 文件中。

（8）使用 vim 编辑器进行基本操作，包括插入、删除、保存文件等。

（9）使用 vim 编辑器进行搜索、替换等操作。

【实训环境】

在进行本项目的实训操作前，提前准备好 Linux 操作系统环境，在 CentOS Stream、RHEL、Rocky Linux、华为 openEuler、麒麟等常见 Linux 发行版操作系统中都可以进行项目实训。

2.4　项目实施

2.4.1　目录管理类命令

1. pwd 命令（print working directory 命令的缩写）

功能：显示用户当前所处的目录（使用该命令的时候不需要指定参数和操作对象）。

格式：pwd。

显示当前的工作目录。

```
[root@localhost ~]# pwd
/root/
```

V2-4　目录管理类命令

2. cd 命令（change directory 命令的缩写）

功能：改变工作目录。

格式：cd　[目的目录]。

cd 命令常用操作及其作用如表 2-2 所示。

表 2-2　cd 命令常用操作及其作用

序号	命令	作用
1	cd	切换到用户主目录，Linux 操作系统中用户的主目录可以用~表示
2	cd　目录名称	切换到指定目录
3	cd ..	切换到上一层目录

（1）切换到用户主目录。

```
[root@localhost etc]# cd          #切换到用户主目录
[root@localhost ~]# pwd
/root
```

（2）切换到/home/rhce/目录。

```
[root@localhost ~]# cd  /home/rhce/      #切换到指定目录/home/rhce/
[root@localhost rhce]# pwd
/home/rhce
```

（3）切换到当前目录的上一层目录。

```
[root@localhost rhce]# pwd      #显示当前处于哪个目录
/home/rhce
[root@localhost rhce]# cd  ..  #切换到上一层目录
[root@localhost home]# pwd
/home
```

从结果中可以看出，当前所处目录由原来的/home/rche 切换到了上层目录/home。

（4）切换到当前目录的 rhce 目录。

```
[root@localhost home]# cd  rhce      #切换到指定目录 rhce
```

上面的操作涉及相对路径和绝对路径两个概念，初学者往往在目录的切换过程中出错，这是因为没有弄清相对路径和绝对路径的区别。

绝对路径：绝对路径一定是从根目录（/）写起的，如/usr/local/mysql。

相对路径：相对路径不是从根目录（/）写起的。例如，用户首先进入/home，然后进入 rhce 目录，执行的命令为"#cd /home""#cd rhce"，此时用户所在的目录为/home/ rhce。第一个 cd 命令后紧跟/home，前面有"/"；而第二个 cd 命令后紧跟 rhce，前面没有"/"。这个 rhce 是相对 /home 目录来讲的，所以称为"相对路径"。

在 Linux 操作系统中，用"."表示当前目录，用".."表示当前目录的上一层目录，用"~"表示用户主目录。

3. ls 命令（list 命令的缩写）

功能：显示用户当前目录或指定目录的内容。

格式：ls   [选项]   [目录或文件]。

ls 命令的选项较多，其常用选项及其作用如表 2-3 所示。

表 2-3   ls 命令常用选项及其作用

序号	选项	作用	备注
1	-l	显示详细格式列表	命令 ls-l 和命令 ll 的效果是一样的
2	-d	显示目录信息而非其内容	—
3	-a	显示目录中所有的文件和目录	隐藏文件也会显示出来

（1）以普通格式显示当前目录中的文件。

```
[root@localhost ~]# ls
anaconda-ks.cfg Documents f1br1.xml Music    Public    Videos
Desktop        Downloads iso       Pictures Templates
```

（2）显示根目录（/）中文件的详细信息。

要显示详细信息，可以输入命令"ls -l"。选项部分"-l"中的"l"是字母 L 的小写，注意不要看作数字 1。

```
[root@localhost ~]# ls -l /
total 28
dr-xr-xr-x.   2 root root    6 Aug 10  2021 afs
lrwxrwxrwx.   1 root root    7 Aug 10  2021 bin -> usr/bin
dr-xr-xr-x.   5 root root 4096 Feb 19 17:00 boot
drwxr-xr-x.  20 root root 3320 Mar  4 17:41 dev
drwxr-xr-x. 139 root root 8192 Mar  4 17:38 etc
drwxr-xr-x.   5 root root   41 Feb 20 14:29 home
drwxr-xr-x.   2 root root    6 Aug 10  2021 media
drwxr-xr-x.   2 root root    6 Aug 10  2021 mnt
drwxr-xr-x.   2 root root  142 Feb 27 15:14 opt
dr-xr-xr-x. 416 root root    0 Mar  4 17:38 proc
dr-xr-x---.  17 root root 4096 Mar  8 11:23 root
…
```

从上述（1）和（2）的显示结果来看，（2）显示的信息比（1）丰富。

（3）显示目录/home/rhce 的信息而非其内容。

```
[root@localhost ~]# ls -ld /home/rhce/
drwx------. 14 rhce  rhce 4096 11月  2 13:15 /home/rhce/
```

（4）显示当前目录中的全部文件。

```
 [root@localhost ~]# ls -a
 . anaconda-ks.cfg .bash_logout .bashrc .config Desktop Downloads .local Music
Public Templates .viminfo
 .. .bash_history .bash_profile .cache .cshrc Documents iso .lesshst .mozilla
Pictures .tcshrc Videos
```

对比上述（1）的结果，（4）多出了一些文件，这些文件的名称前面都有一个".",这种类型的文件是 Linux 操作系统中的隐藏文件。

4. mkdir 命令（make directory 命令的缩写）

功能：创建目录。

格式：mkdir [选项] [新的目录名称]。

mkdir 命令的选项有-m 和-p 两个，常用的是-p 或--parents，加上此选项后，若所要建立的目录的上层目录尚未建立，则上层目录会一并建立。

（1）在当前目录中创建 dir1 目录。

```
[root@localhost ~]# mkdir  dir1
```

（2）在/tmp 目录中创建 dir1、dir2、dir3 目录。

```
[root@localhost ~]# mkdir  /tmp/dir1  /tmp/dir2  /tmp/dir3
```

（3）在根目录中创建/data/share 目录。由于根目录中没有 data 目录，直接执行 mkdir /data/share 命令会出错，因此需要加上选项-p。

```
[root@localhost ~]# mkdir  -p  /data/share
```

2.4.2　文件管理类命令

1. touch 命令

功能：创建文件或修改文件/目录的时间戳。

格式：touch [选项] 文件。

V2-5　文件管理类
命令

　　touch 命令在创建空白文件的时候是不需要选项的，修改文件/目录的时间戳的操作本书不做介绍，因为该命令使用率不高。

　　创建一个空白文件 main.c。

```
[root@localhost ~]# touch main.c
```

2. cp 命令（copy 命令的缩写）

　　功能：复制文件或目录。

　　格式：cp　[选项]　源文件　目标文件。

　　使用 cp 命令复制文件的时候，还可以对其进行重命名。cp 命令常用选项及其作用如表 2-4 所示。

表 2-4　cp 命令常用选项及其作用

序号	选项	作用
1	-p	保留源文件或目录的属性
2	-v	显示命令执行过程
3	-R 或 -r	递归处理，将指定目录中的文件与子目录一并处理
4	-d	默认情况下，cp 命令会复制符号链接指向的目标文件或目录，而不是符号链接本身。-d 选项用于复制符号链接（符号链接是一种指向另一个文件或目录的快捷方式）本身，而不是链接指向的文件或目录
5	-a	此选项的效果和同时指定"-dpR"参数的效果相同

　　（1）复制/etc/profile 到当前目录中。

```
[root@localhost ~]# cp /etc/profile .
```

　　上述命令中，当前目录是用 "."来代替的。

　　（2）将/etc/profile 复制到当前目录中，并将其重命名为 profile.bak。

```
[root@localhost ~]# cp /etc/profile ./profile.bak
```

　　（3）将/etc 目录复制到当前目录中。

```
[root@localhost ~]# cp -av /etc/ .
```

3. rm 命令（remove 命令的缩写）

　　功能：删除文件或目录。

　　格式：rm　[选项]　[文件或目录]。

　　rm 命令常用选项及其作用如表 2-5 所示。

表 2-5　rm 命令常用选项及其作用

序号	选项	作用
1	-r 或 -R	递归处理，将指定目录中的所有文件及子目录一并处理
2	-f 或 --force	强制删除文件或目录
3	-i	在删除现有的文件或目录之前询问用户

　　rm 命令默认情况下因系统存在别名设置（等同于 rm-i），只能删除文件，不能删除目录。如果想删除目录，则需要添加选项-r。

　　（1）删除 file1 文件时，默认情况下会询问是否确认删除，输入"y"并按 Enter 键可确认删除操作。

```
[root@localhost ~]# rm file1
rm: 是否删除普通空文件 "file1"? y
```

（2）删除 dir 目录（dir 目录中有很多文件）时，如果只加选项-r，则系统会一个一个询问是否确认删除相应文件。

```
[root@localhost ~]# rm -r dir
rm: 是否进入目录"dir"? y
rm: 是否删除普通文件 "dir/l2ping"? y
```

（3）为了避免系统的询问，可以结合使用选项-r 和-f。

```
[root@localhost ~]# rm -rf dir
```

4. mv 命令（move 命令的缩写）

功能：移动或重命名现有的文件或目录。

格式：mv [选项] 源文件或目录 目标文件或目录。

（1）将当前目录中的 profile 文件移动到/tmp 目录中。

```
[root@localhost share]# mv profile /tmp
```

mv 命令的移动功能相当于 Windows 操作系统中的剪切和粘贴功能。

（2）把当前目录中的 profile.bak 重命名为 profile。

```
[root@localhost ~]# mv profile.bak profile
```

5. head 命令

功能：查看文件的开头部分。

格式：head [选项] 文件名称。

默认情况下，head 命令用于查看文件的前 10 行。如果只想查看文件的前 3 行，则可以使用选项-3 或者-n 3。

（1）查看当前目录中 anaconda-ks.cfg 文件的前 10 行。

```
[root@localhost ~]# head anaconda-ks.cfg
# Generated by Anaconda 34.25.1.4
# Generated by pykickstart v3.32
#version=RHEL9
# Use graphical install
…
```

（2）查看当前目录中 anaconda-ks.cfg 文件的前 3 行。

```
[root@localhost ~]# head -3 anaconda-ks.cfg
# Generated by Anaconda 34.25.1.4
# Generated by pykickstart v3.32
#version=RHEL9
```

6. tail 命令

功能：查看文件的结尾部分。

格式：tail [选项] 文件名称。

默认情况下，tail 命令用于查看文件末尾的 10 行。使用该命令可以查看日志文件中的重要系统信息，还可以观察日志文件被更新的过程。tail 命令常用的选项是-f，用于监视文件变化。如果只想查看文件的最后 3 行，则可以使用参数-3。

（1）查看/var/log/messages 文件的最后 3 行。

```
[root@localhost ~]# tail -3 /var/log/messages
 Mar  8 11:24:57 openstack dnsmasq-dhcp[4050]: DHCPOFFER(f1br1) 172.24.1.150
52:54:00:af:91:91
 Mar  8 11:25:14 openstack dnsmasq-dhcp[4050]: DHCPDISCOVER(f1br1) 172.24.1.150
```

```
52:54:00:af:91:91
   Mar  8 11:25:14 openstack dnsmasq-dhcp[4050]: DHCPOFFER(f1br1) 172.24.1.150
52:54:00:af:91:91
```

（2）实时观察/var/log/messages 文件的变化，可以随时按 Ctrl+C 组合键退出观察。

```
[root@localhost ~]# tail -f /var/log/messages
24.1.150 52:54:00:af:91:91
   Mar  8 11:24:57 openstack dnsmasq-dhcp[4050]: DHCPOFFER(f1br1) 172.24.1.150
52:54:00:af:91:91
   Mar  8 11:25:14 openstack dnsmasq-dhcp[4050]: DHCPDISCOVER(f1br1) 172.24.1.150
52:54:00:af:91:91
   Mar  8 11:25:14 openstack dnsmasq-dhcp[4050]: DHCPOFFER(f1br1) 172.24.1.150
52:54:00:af:91:91
   ……
```

7. cat 命令

功能：一般用来查看小文件（一屏幕内）的内容。

格式：cat [选项] 文件名称。

查看/etc/NetworkManager/system-connections/ens18.nmconnection 文件的内容。

```
[root@localhost ~]# cat /etc/NetworkManager/system-connections/ens18.nmconnection
[connection]
id=ens18
uuid=ef6b8262-9209-38b3-8d6e-826875d66472
type=ethernet
autoconnect-priority=-999
…
```

8. more 命令

功能：查看大文件的内容。

格式：more 文件名称。

使用 more 命令查看大文件的内容时，其内容会以一页一页的方式显示。按 Space 键可翻到下一页，且页面下方会显示百分比，用于提示阅读了多少内容。按 Q 键可以退出查看。

查看/etc/profile 文件的内容。

```
[root@localhost ~]# more /etc/profile
# /etc/profile
pathmunge () {
   case ":${PATH}:" in
     *:"$1":*)
        ;;
…
--More--(32%)
```

9. less 命令

功能：查看大文件的内容。

格式：less 文件名称。

less 命令的用法比 more 命令更加灵活。使用 more 命令时并没有办法向前翻页，只能向后翻页；但使用 less 命令时，可以使用 PageUp、PageDown 键来向前或向后翻页，这样更容易查看文件的内容。除此之外，less 命令还具有更强大的搜索功能，不仅可以向下搜索，还可以向上搜索。按 Q 键可以退出查看。

查看/etc/profile 文件的内容。

```
[root@localhost ~]# less /etc/profile
…
if [ -n "${BASH_VERSION-}" ] ; then
        if [ -f /etc/bashrc ] ; then
…
```

2.4.3　查找与搜索类命令

V2-6　查找与搜索
类命令

1. find 命令

功能：在指定目录中查找文件。

格式：find　查找路径　查找条件　文件名　[操作]。

find 命令常用选项及其作用如表 2-6 所示。

表 2-6　find 命令常用选项及其作用

序号	选项	作用
1	-name	按文件名称查找文件
2	-user	按文件拥有者查找文件
3	-group	按文件所属组查找文件
4	-atime	按文件访问时间查找文件，-n 指 n 天以内，+n 指 n 天以前
5	-ctime	按文件状态更改时间查找文件，-n 指 n 天以内，+n 指 n 天以前
6	-mtime	按文件更改时间查找文件，-n 指 n 天以内，+n 指 n 天以前
7	-exec command{} \;	对查找到的文件执行 command 操作，{}表示前面查找到的内容，注意，{}和\; 之间有空格
8	-ok	和-exec 功能相同，但在操作前要询问用户
9	-perm	按执行权限查找文件

（1）在系统中查找文件名为 passwd 的文件。

```
[root@localhost ~]# find  /  -name  passwd
/sys/fs/selinux/class/passwd
/sys/fs/selinux/class/passwd/perms/passwd
/etc/passwd
…
```

上述命令表示从根目录（/）开始查找以 passwd 命名的文件。

（2）从整个文件系统中找出所有属于 rhce1 用户的文件并将其复制到/root/findresults 目录中。

```
[root@localhost ~]# mkdir /root/findresults
[root@localhost ~]# find / -user rhce1 -exec cp -a {} /root/findresults/ \;
```

（3）查找系统中 10 天之前访问过的文件。

```
[root@localhost ~]# find  /  atime  +10
```

2. grep 命令

功能：在文件中查找指定的字符串或关键字。

格式：grep　[选项]　关键字　文件。

grep 命令的搜索功能非常强大，常用选项及其作用如表 2-7 所示。grep 命令除了可以查找固定的字符串之外，还可以结合通配符（*、?）进行复杂的模式匹配。

表 2-7　grep 命令常用选项及其作用

序号	选项	作用
1	-n	显示行号
2	-i	忽略字母大小写并进行查找
3	-v	反转查找，即找出不包含指定关键字的行

（1）搜索/etc/profile 文件中包含字符串"then"的行并显示对应的行数。

```
[root@localhost ~]# grep -n "then" /etc/profile
16:          if [ "$2" = "after" ] ; then
25:if [ -x /usr/bin/id ]; then
26:    if [ -z "$EUID" ]; then
37:if [ "$EUID" = "0" ]; then
…
```

（2）搜索/etc/vsftpd/vsftpd.conf 文件中不包含关键字"#"的行并显示对应的行数。

```
[root@localhost ~]# grep -vn "#" /etc/vsftpd/vsftpd.conf
12:anonymous_enable=YES
16:local_enable=YES
19:write_enable=YES
23:local_umask=022
…
```

2.4.4　压缩与解压缩类命令

tar 命令

功能：将多个文件和目录打包成一个单独的归档文件，或者从归档文件中提取文件和目录。

格式：tar　[选项]　文件。

V2-7　压缩与解压缩类命令

要理解 tar 命令，首先要弄清两个概念：打包和压缩。打包是将多个文件或目录合并成一个单一的文件，方便管理和传输；压缩是使用算法将一个大的文件缩小，以节省存储空间和传输时间。利用 tar 命令，可以将一大堆文件和目录打包成一个.tar 文件。这种方式对备份文件或将多个文件组合成一个文件以便于网络传输非常有用。

tar 命令本身不执行压缩操作，但它可以与压缩工具结合使用，通过-z、-j 选项分别使用 gzip、bzip2 进行压缩与解压缩操作。这使得 tar 命令成为一个功能强大的工具，能够高效地创建、管理和分发归档文件。tar 命令常用选项及其作用如表 2-8 所示。

表 2-8　tar 命令常用选项及其作用

序号	选项	作用
1	-c（小写）	创建新的备份文件
2	-z	以 gzip 格式压缩或解压缩
3	-j	以 bzip2 格式压缩或解压缩
4	-x	从备份文件中还原文件

续表

序号	选项	作用
5	-v	显示命令执行过程
6	-f	指定目标文件名
7	-C（大写）	将文件解压缩到指定目录中

（1）对/etc 目录进行打包备份。

```
[root@localhost ~]# tar -cvf etc.tar /etc
```

在上述命令中，.tar 扩展名不是必需的，但是一般会加上这个扩展名，以告诉用户这个文件是一个打包归档文件。使用-z 选项时，一般会指定扩展名为.tar.gz；使用-j 选项时，一般会指定扩展名为.tar.bz2。

（2）将/etc 目录以 gzip 格式进行打包压缩。

```
[root@localhost ~]# tar -zcvf etc.tar.gz /etc
```

（3）将/etc 目录以 bzip2 格式进行打包压缩。

```
[root@localhost ~]# tar -jcvf etc.tar.bz2 /etc
```

（4）将 etc.tar.gz 文件解压缩。

```
[root@localhost ~]# tar -zxvf etc.tar.gz
```

（5）将 etc.tar.bz2 文件解压缩到/tmp 目录中。

```
[root@localhost ~]# tar -jxvf etc.tar.bz2 -C /tmp
```

2.4.5 简单系统管理类命令

1. man 命令（manual 命令的缩写）

功能：查看 Linux 操作系统中的命令帮助、配置文件帮助和编程帮助等信息。

格式：man 选项 命令或配置文件。

使用 man 命令查看 cp 命令的帮助信息，示例如下。

V2-8 简单系统
管理类命令

```
[root@localhost ~]# man cp
```

按 Enter 键后，即可看到 cp 命令的帮助信息，如图 2-5 所示。

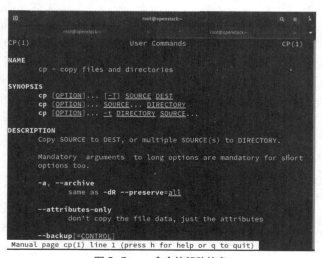

图 2-5 cp 命令的帮助信息

2．shutdown 命令

功能：执行重启或者关机操作。

格式：shutdown 选项 time。

shutdown 命令常用选项及其作用如表 2-9 所示。

表 2-9 shutdown 命令常用选项及其作用

序号	选项	作用
1	-h	关闭系统
2	-r	关闭系统并重启系统

（1）立即关机。

```
[root@localhost ~]# shutdown -h now
```

（2）关闭系统后重启系统。

```
[root@localhost ~]# shutdown -r now
```

（3）让系统于 15:30 重启。

```
[root@localhost ~]# shutdown -r 15:30
```

3．reboot 命令

功能：重启系统，和命令 shutdown -r 的作用类似。

格式：reboot。

重启系统，命令如下。

```
[root@localhost ~]# reboot
```

4．echo 命令

功能：在终端输出字符串或变量提取后的值。

格式：echo [字符串 | $ 变量]。

（1）把指定字符串"welcome to linux world"输出到终端。

```
[root@localhost ~]# echo "welcome to linux world"
welcome to linux world
```

（2）查看当前系统的语言。

```
[root@localhost ~]# echo $LANG
en_US.UTF-8
```

5．>与>>命令

功能：重定向输出到文件，如果文件不存在，则创建文件。>命令会重写文件，如果文件中有内容，则会将其覆盖；使用>>命令会追加内容，如果文件中有内容，则会把新内容追加到文件末尾，该文件中的原有内容不受影响。

该命令一般会结合其他命令一起使用，如 echo、cat 等命令。

（1）查看/home/rhce 目录中文件列表的详细信息，并将其保存到 123.txt 文件中。

```
[root@localhost ~]# ls -al /home/rhce >> 123.txt
[root@localhost ~]# cat 123.txt
```

（2）找到/usr/share/dict/words 文件中所有包含"seismic"字符串的行，并将这些行按照原始文件中的顺序追加存放到/root/wordlist 文件的末尾，/root/wordlist 文件中不能包含空行。

```
[root@localhost ~]# grep seismic /usr/share/dict/words >> /root/wordlist
[root@localhost ~]# cat /root/wordlist
anaseismic
antiseismic
```

```
aseismic
bradyseismical
coseismic
isoseismic
…
```

6. |命令（管道命令）

功能：将前一条命令的输出作为后一条命令的标准输入。

格式：命令 1 | 命令 2 | 命令 3。

（1）逐页逐行查看/etc 目录的内容。

```
[root@localhost ~]# le -al /etc | less
```

（2）查看/etc 目录中有关 ssh 命令的信息。

```
[root@localhost ~]# ls -al /etc | grep ssh
drwxr-xr-x.  2 root root     62 Jan 31 17:31 libssh
drwxr-xr-x.  4 root root   4096 Jan 31 17:34 ssh
```

使用|命令时有以下几个需要注意的事项。

（1）|命令只处理前一个命令的正确输出，不处理错误输出。

（2）|命令右边的命令必须能够接收标准输入流。

（3）常用于接收数据管道的命令有 head、tail、more、less、sed、awk、wc 等。

7. who 命令

功能：显示系统中有哪些登录用户。

格式：who ［选项］［用户］。

who 命令常用选项及其作用如表 2-10 所示。

表 2-10 who 命令常用选项及其作用

序号	选项	作用
1	-H	显示输出结果时添加标题行
2	-u	显示每个用户的登录时间和空闲时间（即用户最后一次操作之后的时间）
3	-m	仅显示与当前终端相关的用户信息

显示当前登录系统的用户，命令如下。

```
[root@localhost ~]# who -Hm
NAME       LINE       TIME            COMMENT
root       pts/4      2024-03-08 11:40 (::1)
```

8. su 命令（switch user 命令的缩写）

功能：切换用户。从超级用户切换到普通用户时不需要输入密码，从普通用户切换到超级用户或者其他普通用户时需要输入要切换到的用户的密码。

格式：su [-] [用户]。

其中，"-"的作用是把当前用户的环境变量也切换过来。

从当前的 root 用户切换为 rhce 用户，命令如下。

```
[root@localhost ~]# whoami
root
[root@localhost ~]# su - rhce
[rhce@localhost ~]$ whoami
rhce
```

这里需要说明 su 命令和 su -命令的区别：使用 su 命令只切换 root 用户的身份，但 Shell 环境仍然是普通用户的 Shell；而使用 su -命令会将用户和 Shell 环境一起切换为 root 用户。

9. uname 命令

功能：用于查看系统内核与系统版本等信息。

格式：uname [-a]。

查看当前系统的信息，命令如下。

```
[root@localhost ~]# uname -a
Linux localhost 5.14.0-412.el9.x86_64 #1 SMP PREEMPT_DYNAMIC Wed Jan 24 21:50:18
UTC 2024 x86_64 x86_64 x86_64 GNU/Linux
```

如果想查看当前系统版本的详细信息，则需要查看/etc/redhat-release 文件。

```
[root@localhost ~]# cat /etc/redhat-release
CentOS Stream release 9
```

2.4.6 进程管理类命令

V2-9 进程管理类命令

1. ps 命令

功能：查看系统的进程。

格式：ps [选项]。

ps 命令常用选项及其作用如表 2-11 所示。

表 2-11 ps 命令常用选项及其作用

序号	选项	作用
1	-a	显示现行终端机下的所有进程，包括其他用户的进程
2	-e	显示所有的进程
3	-f	把相关信息更为完整地列出
4	-u	显示用户以及其他详细信息
5	-x	显示没有控制终端的进程，通常与-a 选项一起使用，可列出较完整的信息
6	-l	较长、较详细地将该进程控制符（Process Identifier，PID）的信息列出

显示当前登录的 PID 与相关信息，命令如下。

```
[root@localhost ~]# ps -l
F S   UID    PID    PPID   C PRI NI ADDR SZ WCHAN    TTY      TIME     CMD
4 S  1000   16242  16241  0  80  0  -   56028 do_wai pts/4   00:00:00 bash
0 R  1000   16276  16242  0  80  0  -   56375 -      pts/4   00:00:00 ps
```

上述示例中各信息列的含义如表 2-12 所示。

表 2-12 各信息列的含义

序号	信息列	含义
1	F	相应程序的旗标（Flag），4 代表使用者为超级用户
2	S	相应程序的状态（Station），常见状态包括以下几种：R——运行中（Running）；S——睡眠中（Sleeping）；D——不可中断睡眠（Uninterruptible Sleep）；Z——僵尸进程（Zombie）；T——停止或追踪中（Stopped/Traced）
3	UID	执行者的用户 ID（User ID）

序号	信息列	含义
4	PID	进程的唯一标识符，用于唯一标识系统中的每个进程
5	PPID	父进程的 ID
6	C	CPU 使用的资源百分比
7	PRI	Priority 的缩写，指进程的执行优先级，其值越小，进程优先级越高，就越早被调度执行
8	NI	相应进程的 nice 值，负值表示较高的优先级，正值表示较低的优先级
9	ADDR	内核函数，指出该程序在内存的哪个部分。如果是一个执行的程序，则一般显示"–"
10	SZ	使用的内存大小
11	WCHAN	目前相应的程序是否正在运行中，如果显示 –，则表示正在运行，否则显示该进程正在等待的内核函数名
12	TTY	显示与该进程关联的终端设备
13	TIME	表示进程从启动到现在所使用的 CPU 时长
14	CMD	显示启动该进程的命令

2. kill 命令

功能：终止进程。

格式：kill ［-signal］ PID。

其中，-signal 表示向进程发出的信号，如果没有指定任何信号，则默认发送的信号为 SIGTERM(-15)，可将指定进程终止。若无法终止该进程，则可使用更强力的 SIGKILL(-9)信号。

终止 SSH 服务连接进程，命令如下。

```
# 使用 ps 命令查看与 SSH 服务相关的进程信息
[root@localhost ~]# ps -ef | grep ssh
root         1017      1  0 Mar04 ?        00:00:00 sshd: /usr/sbin/sshd -D
[listener] 0 of 10-100 startups
rhca         4293   3691  0 Mar04 pts/1    00:00:00 ssh root@172.24.1.100
root        16176  16013  0 11:40 pts/3    00:00:00 ssh root@localhost
root        16177   1017  0 11:40 ?        00:00:00 sshd: root [priv]
root        16182  16177  0 11:40 ?        00:00:00 sshd: root@pts/4
root        16317  16289  0 11:46 pts/4    00:00:00 grep --color=auto ssh
# 使用 kill 命令终止编号为 4293 的进程
[root@localhost ~]# kill -9 4293
```

2.4.7　vim 编辑器基本操作

1. 启动 vim 编辑器

在命令提示符后输入"vi"（或"vim"）和想要编辑（或创建）的文件名称，按 Enter 键即可进入 vim 编辑器，如图 2-6 所示。

编写脚本文档的第一步就是为文件命名，这里将其命名为 test.py，命令如下。如果该文件存在，则打开该文件；如果该文件不存在，则创建一个临时的输入文件。

```
[root@redhat ~]# vim test.py
```

打开 test.py 文件后，默认进入 vim 编辑器的命令模式。此时只能执行该模式下的命令，而不能随意输入文本内容，要想编辑文件内容，需要切换到编辑模式。

图 2-6　vim 编辑器

2. vim 编辑器内容输入

要输入文件内容，需要先输入编辑命令，即"i""a"或"o"命令（这 3 个命令之间的区别将在后文中讲解）。

输入编辑命令以后，编辑器窗口底部显示"INSERT"，如图 2-7 所示。进入编辑模式后，可以随意输入文本内容，vim 编辑器不会把输入的文本内容当作命令执行。

图 2-7　进入编辑模式

3. vim 编辑器保存与退出

当文件编辑完成以后，需要保存并退出时，必须先按 Esc 键从编辑模式返回命令模式，然后输入"："以进入末行模式，最后输入"wq"并按 Enter 键，即可保存并退出当前文件。使用 cat 命令可以查看 test.py 文件内容。

```
[root@redhat ~]# cat test.py
print("Hello World")
```

编辑/etc/selinux/config 文件，把 SELINUX 参数的值设定为 permissive，保存并退出当前文件。

```
[root@redhat ~]# vim /etc/selinux/config
```

找到 SELINUX 参数并把值修改为 permissive，即 SELINUX=permissive，修改完成后，按 Esc 键，再输入"：wq"并按 Enter 键，保存并退出该文件，如图 2-8 所示。

```
# This file controls the state of SELinux on the system.
# SELINUX= can take one of these three values:
#     enforcing - SELinux security policy is enforced.
#     permissive - SELinux prints warnings instead of enforcing.
#     disabled - No SELinux policy is loaded.
# See also:
# https://access.redhat.com/documentation/en-us/red_hat_enterprise_linux/9/html/using_selinux/
changing-selinux-states-and-modes_using-selinux#changing-selinux-modes-at-boot-time_changing-s
elinux-states-and-modes
#
# NOTE: Up to RHEL 8 release included, SELINUX=disabled would also
# fully disable SELinux during boot. If you need a system with SELinux
# fully disabled instead of SELinux running with no policy loaded, you
# need to pass selinux=0 to the kernel command line. You can use grubby
# to persistently set the bootloader to boot with selinux=0:
#
#     grubby --update-kernel ALL --args selinux=0
#
# To revert back to SELinux enabled:
#
#     grubby --update-kernel ALL --remove-args selinux
#
SELINUX=permissive
```

图 2-8　修改参数

4. vim 编辑器编辑模式下的命令

使用前面提到的编辑命令"i""a"或"o"都可以进入编辑模式，该模式下的常用命令及其作用如表 2-13 所示。

表 2-13　编辑模式下的常用命令及其作用

序号	命令	作用
1	i	从光标所在位置前开始插入文本，光标后的文本随新增文本向后移动
2	I	从光标所在行的第一个非空白符前开始插入文本
3	a	从光标所在位置后开始插入文本，光标后的文本随新增文本向后移动
4	A	从光标所在行的行尾开始插入文本
5	o	在光标所在行下方新增一行并进入编辑模式
6	O	在光标所在行上方新增一行并进入编辑模式

5. vim 编辑器命令模式下的命令

进入 vim 编辑器窗口后，当前默认模式为命令模式，该模式下的常用命令及其作用如表 2-14 所示。

表 2-14　命令模式下的常用命令及其作用

序号	命令	作用
1	yy	复制光标所在的整行
2	nyy 或者 yny	复制从光标开始的 n 行
3	p	粘贴
4	dd	删除（剪切）光标所在的整行
5	ndd 或者 dnd	删除（剪切）从光标处开始的 n 行
6	/字符串	在文本中从上至下搜索该字符串
7	?字符串	在文本中从下至上搜索该字符串
8	n	按照最初搜索指令（/ 或 ？）的方向，跳转到下一个匹配项
9	N	按照与上一次搜索指令相反的方向，跳转到下一个匹配项

续表

序号	命令	作用
10	u	撤销上一次操作
11	gg	将光标定位到第一行
12	ngg	将光标定位到第 *n* 行
13	G	将光标定位到最后一行

在 vim 编辑器中查找/etc/profile 文件中的 "PATH" 字符串。打开/etc/profile 文件后，在 vim 编辑器命令模式下执行 "/PATH" 命令即可查找 "PATH" 字符串，查找到的字符串将会高亮显示，按 n 键可以继续查找符合条件的字符串，如图 2-9 所示。

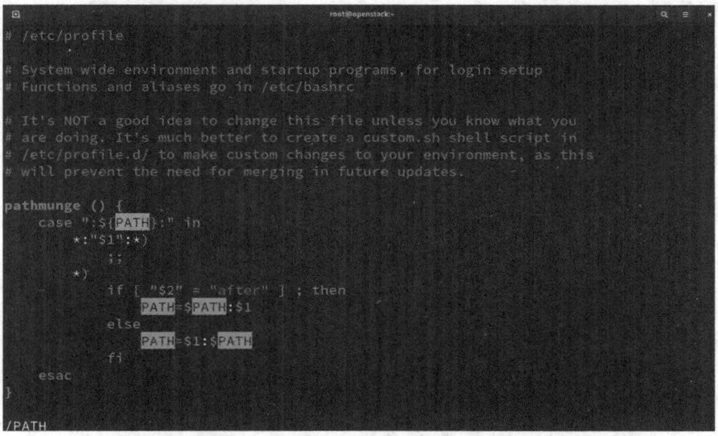

图 2-9　在 vim 编辑器中查找 "PATH" 字符串

6. vim 编辑器末行模式下的命令

在末行模式下可进行保存、退出、设置行号、替换等操作，末行模式下的常用命令及其作用如表 2-15 所示。

表 2-15　末行模式下的常用命令及其作用

序号	命令	作用
1	:wq	保存并退出文件
2	:w	保存文件
3	:w!	强制保存文件，如果文件属性为只读，则强制写入该文件。能否真正写入与文件的权限相关
4	:q	退出文件
5	:q!	强制退出文件，若文件被修改过，则不保存操作
6	:set nu	设置行号
7	:set nonu	取消行号
8	:n1,n2s/被替换字符/替换字符/g	替换第 n1~n2 行中的指定字符 如果是全文替换，则 n1=1, n2=$

（1）在/etc/profile 文件中显示行号。在末行模式下输入 ":set nu" 命令，按 Enter 键即可显示行号，如图 2-10 所示。

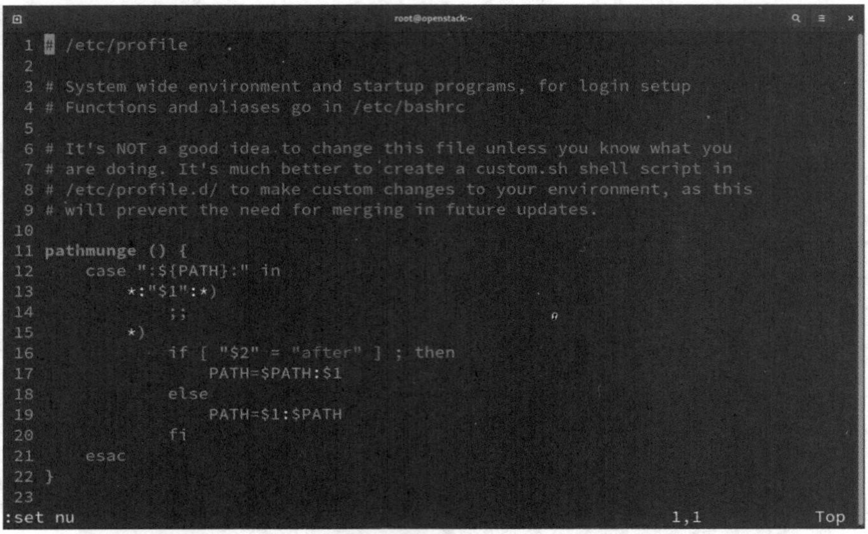

图 2-10　显示行号

（2）以字符串"LOAD"替换/etc/profile 文件中的字符串"PATH"。

在末行模式下执行":1,$s/PATH/LOAD/g"命令，如图 2-11 所示。

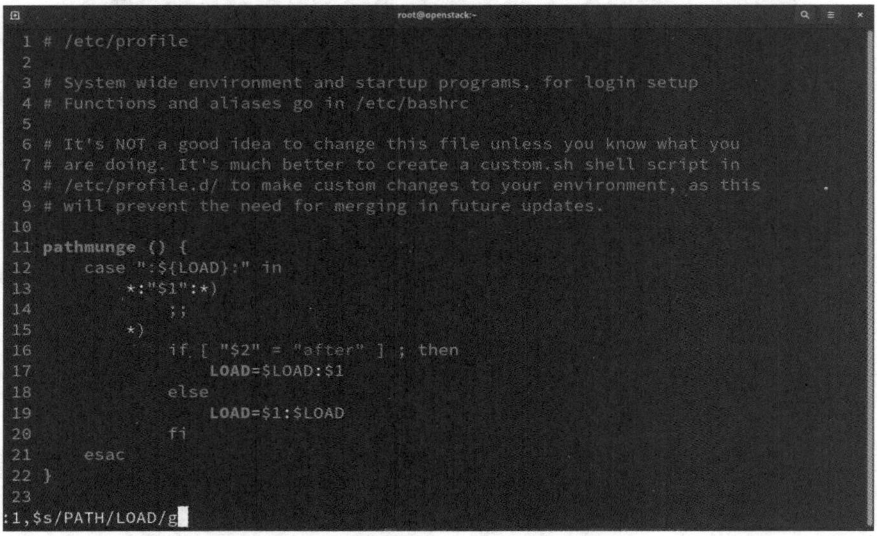

图 2-11　替换字符串

项目练习题

（1）Linux 命令的基本格式通常包括（　　　）。

    A. 命令、路径、参数　　　　　　　　　　B. 命令、选项、参数

    C. 选项、参数、脚本　　　　　　　　　　D. 命令、路径、选项

（2）以下（　　　）命令用于列出当前目录中的文件和子目录。

    A. ls　　　　　　　　B. cd　　　　　　　　C. mkdir　　　　　　　　D. touch

（3）vim 编辑器主要用于（　　　）操作。

    A. 文件压缩　　　　　B. 文件编辑　　　　　C. 文件删除　　　　　D. 文件复制

（4）（　　　）命令用于创建一个新目录。

    A. rmdir　　　　　　B. mkdir　　　　　　C. touch　　　　　　D. rm

（5）以下（　　　）命令用于删除文件。

    A. rm　　　　　　　B. cp　　　　　　　C. mv　　　　　　　D. ls

（6）以下（　　　）命令可以将文件从一个目录移动到另一个目录。

    A. cp　　　　　　　B. mv　　　　　　　C. ln　　　　　　　D. cat

（7）以下（　　　）命令用于查看系统中正在运行的进程。

    A. top　　　　　　　B. find　　　　　　C. kill　　　　　　D. 以上都是

（8）以下（　　　）命令用于强制终止一个进程。

    A. kill　　　　　　　B. end　　　　　　　C. stop　　　　　　D. quit

（9）以下选项中，（　　　）用于解压缩一个名为 archive.tar.gz 的文件。

    A. tar –cvf archive.tar.gz　　　　　B. tar –jxvf archive.tar.gz

    C. tar –zcvf archive.tar.gz　　　　　D. tar –zxvf archive.tar.gz

（10）在 Linux 操作系统中使用命令管理目录和文件，具体要求如下。

① 在终端中使用 pwd 命令查看当前用户所在的目录路径，并记录输出结果。

② 使用 cd 命令切换到/var 目录，使用 ls –l 命令查看该目录中的文件和子目录，确保显示详细信息，包括文件的权限、所有者、大小和修改时间。

③ 返回到用户的主目录中，使用 mkdir 命令创建一个名为 testdir 的新目录，在 testdir 目录中创建一个子目录 subdir。进入 subdir 后，使用 touch 命令创建一个名为 file1.txt 的文件，并使用 echo "Hello, World!" > file1.txt 命令将内容写入该文件。

④ 返回到主目录中，使用 rm –r testdir 命令删除整个 testdir 目录及其内容。

（11）在 Linux 操作系统中使用命令查找并归档文件，具体要求如下。

① 在用户的主目录中创建一个名为 backup_test 的目录，并在该目录中创建多个测试文件（如 file1.txt、file2.log 等）。

② 使用 find 命令在 backup_test 目录中搜索所有.txt 文件，并将搜索结果输出到屏幕上。

③ 使用 tar 命令将 backup_test 目录中的所有.txt 文件打包成一个名为 backup.tar.gz 的压缩文件，并将其保存在用户的主目录中。

④ 完成压缩后，删除 backup_test 目录中的所有.txt 文件，并使用 tar 命令解压 backup.tar.gz 文件到 backup_test 目录中，验证所有.txt 文件已成功还原。

项目3
网络接口管理

学习目标

【知识目标】
- 了解网络配置的基本概念。
- 理解网络配置文件参数的含义。
- 了解本地域名解析文件。
- 了解DNS解析文件。
- 了解主机名配置文件。
- 掌握常用网络命令。

【技能目标】
- 能够使用ip命令管理网络参数。
- 能够使用nmcli命令管理网络参数。
- 能够使用配置文件管理网络。
- 能够使用图形化工具管理网络参数。

【素质目标】
- 培养读者的责任感和独立思考能力，使其能够对自己的行为和决策负责。
- 提升读者诚信、务实和严谨的职业素养，使其在工作中保持诚信、踏实、严谨细致的态度，提高服务质量和工作效率。
- 培养读者的网络安全意识，强调个人隐私保护的重要性，指导读者如何在网络活动中保护个人信息安全。

3.1 项目描述

小明所在公司新安装的 Linux 操作系统服务器还没有配置 TCP/IP 网络参数，不能与外界进行通信。为方便管理服务器，作为网络管理员，小明决定为服务器配置一个静态的 IP 地址，并使服务器可以通过互联网被外部网络访问。

本项目主要介绍 Linux 操作系统 IP 地址的配置方法，包括命令配置、文件配置、图形化工具配置，以及本地域名解析和主机名设置方法。

3.2 知识准备

3.2.1 网络配置基本概念

V3-1 网络配置
基本概念

1. 网络配置文件

Linux 操作系统中的每个网络端口都有一个名称，可以使用该名称来配置和识别网络信息。系统中的网络配置参数都保存在相关的配置文件中，要配置相关参数，如 IP 地址、网关等，可以使用命令、图形化工具，也可以直接修改相关配置文件。不管采用哪种方法，参数配置的最终结果都保存在相关文件中，重要的网络配置目录和文件及其描述如表 3-1 所示。

表 3-1　重要的网络配置目录和文件及其描述

序号	配置目录和文件	描述
1	/etc/sysconfig/network-scripts/	在 RHEL 7、CentOS 7 中，该目录用于存储与网络配置相关的脚本和配置文件，配置文件名通常以 "ifcfg-" 开头，后面加上网络接口的名称，如 ifcfg-eth0、ifcfg-ens33
2	/etc/NetworkManager/system-connections/	在 RHEL 8、RHEL 9、CentOS Stream 9 中，该目录用于存储与网络配置相关的脚本和配置文件，配置文件名通常以 ".nmconnection" 结尾，前面加上网络接口的名称，如 ens18.nmconnection
3	/etc/hosts	本地域名解析文件，定义主机名和 IP 地址的对应关系，并优先于 DNS 服务器进行解析
4	/etc/resolv.conf	DNS 解析文件，配置系统使用的 DNS 服务器和搜索域，以进行域名解析
5	/etc/hostname	主机名配置文件，存储系统的主机名，该主机名会在系统启动时被读取

2. 网络物理设备名

网络物理设备名是指实际的硬件设备名称，用于标识系统中安装的物理网络接口。这些名称通常是由硬件制造商设定的，并与操作系统中的设备驱动程序关联。物理设备名通常是固定的，不会随系统配置的改变而变化。

3. 网络连接名

网络连接名是指在系统中建立的网络连接的标识符，通常由系统自动生成或者用户自定义创建。网络连接名用于标识正在进行的网络通信，在网络配置中，这些连接名通常与网络（如以太网、WLAN）接口及配置文件关联。

在早期版本的 RHEL 6 和 CentOS 6 中，网卡命名采用了传统的 eth0、eth1、eth2 等格式，这种命名方式基于网卡的物理接口顺序。在 RHEL 7 及更新版本中，网卡命名采用了新的格式，如 eno16777736 是系统默认的第一块网卡的名称。其中，"en"代表 ethernet（以太网）；"o"代表 onboard（内置）；16777736 是根据网卡提供的索引编号自动生成的，以保证其唯一性。和原先的命名方式相比，这种新的格式比较长，难以记忆，但优点在于编号唯一，进行系统迁移的时候不容易出错。

4. NetworkManager

红帽公司在 2004 年启动了 NetworkManager 项目，NetworkManager 是一款常用的 Linux 网络配置工具套件。它支持从桌面、服务器到移动设备的广泛网络设置，并能与流行的桌面环境和服务器配置管理工具很好地集成。

NetworkManager 是一个用于自动化和简化网络配置的服务，默认情况下能够自动管理以太网、Wi-Fi 和移动宽带等，并附带 systemd 服务文件，可以在大多数 Linux 发行版中通过 systemd 启动和管理。NetworkManager 支持大多数网络安全方法和协议，对于用户特定的连接，密钥存储在用户的密钥环中。对于系统范围的连接，通过系统管理员权限保护。

3.2.2 网络配置文件参数

1. NetworkManager 网络配置文件及参数

RHEL 9、CentOS Stream 9、Rocky Linux 9 等 Linux 操作系统的网络配置文件位于 /etc/NetworkManager/system-connections/目录中，配置文件采用 INI 格式，配置文件名称为 ens18.nmconnection，文件内容包含网络接口的配置信息，如 IP 地址、网关、子网掩码、DNS 等参数，其部分重要的参数含义如表 3-2 所示。

表 3-2　NetworkManager 网络配置文件中部分重要的参数含义

序号	参数	含义
1	[connection]	连接配置部分，包含连接的基本信息
2	id=ens18	网络连接的名称
3	uuid=c7a7330c-fe39-3651-b591-c1216b3bb455	网络连接的全局唯一标识符
4	type=ethernet	网络连接的类型，如 ethernet、bond（绑定）、bridge（桥接）等
5	autoconnect-priority=-999	自动连接的优先级，数值越大表示优先级越高
6	interface-name=ens18	网络接口的名称
7	[ethernet]	以太网配置部分，用于指定以太网连接的特定参数
8	[ipv4]	IPv4 配置部分，用于指定 IPv4 地址和相关设置
9	address1=172.31.32.33/24,172.31.32.254	IPv4 地址、子网掩码和网关地址（如果有多个网关地址，则各网关地址间用逗号分隔）
10	dns=202.102.192.68	DNS 服务器的地址
11	method=manual	IPv4 配置的方法，manual 表示手动配置，dhcp 表示自动分配
12	[ipv6]	IPv6 配置部分，用于指定 IPv6 地址和相关设置
13	[proxy]	代理配置部分，用于指定代理设置

RHEL 7、CentOS 7 网络配置文件保存在/etc/sysconfig/network-scripts/目录中，网络配置文件名称以"ifcfg-"开头，如 ifcfg-ens18，文件采用 Shell 变量赋值格式，文件内容包含网络接口的配置信息，如 IP 地址、网关、子网掩码、DNS 等参数，传统 ifcfg 网络配置文件中部分重要的参数含义如表 3-3 所示。

V3-2　网络配置参数

表 3-3　传统 ifcfg 网络配置文件中部分重要的参数含义

序号	参数	含义
1	TYPE=ethernet	网络接口的类型，如 ethernet、bond（绑定）、bridge（桥接）等
2	BOOTPROTO=dhcp	网络接口获取 IP 地址的方式，dhcp 表示动态获取，static 表示静态手动配置
3	DEFROUTE=yes	是否将此接口设置为默认路由，如果设置为 yes，则该接口将成为默认路由接口。默认路由用于发送所有没有特定路由的流量
4	NAME=eno16777736	网络连接的名称
5	PEERDNS=yes	决定是否使用 /etc/resolv.conf 文件中的 DNS 配置，如果设置为 yes，则网络启动后将从/etc/resolv.conf 文件中读取 DNS 服务器的地址
6	UUID=67517ccc-611d-4bd8-b894-6dd46e1c06b3	为网络连接分配一个全局唯一标识符
7	DEVICE=eno16777736	实际的网络接口名称，系统根据 DEVICE 参数来确定对哪个物理或虚拟网络接口进行配置
8	ONBOOT=yes	系统启动时是否激活该网络接口
9	IPADDR=192.168.1.100	网络接口的 IPv4 地址
10	NETMASK=255.255.255.0	网络接口的子网掩码，也可以通过 PREFIX 参数指定，如 PREFIX=24
11	GATEWAY=192.168.1.254	网络接口的网关地址
12	DNS=202.102.192.68	DNS 服务器的地址

2. 本地域名解析文件

本地域名解析文件是/etc/hosts，该文件记录了计算机 IP 地址对应的主机名称。将常用的域名与 IP 地址的对应关系添加到/etc/hosts 文件中，能够提高访问速度。

下述命令执行后，执行结果中的第 1 列是 IP 地址，第 2 列是主机名，第 3 列是主机别名。

```
[root@localhost ~]# cat /etc/hosts
172.24.1.100    openstack.example.com          openstack
172.24.1.30     ansible.example.com            ansible
172.24.1.51     k8smaster.example.com          k8smaster
①               ②                              ③
IP 地址          主机名                          主机别名
```

3. DNS 解析文件

DNS 解析文件是/etc/resolv.conf，该文件是 DNS 域名解析的配置文件。它的格式很简单，每行以一个关键字开头，后接配置参数。resolv.conf 的关键字主要如下。

（1）nameserver：定义 DNS 服务器的 IP 地址，可以指定最多 3 个 nameserver 指令，以在某台 DNS 服务器停机时提供备用的 DNS 服务器。

（2）search：定义域名的搜索列表。在解析短主机名时，会尝试附加这些域名进行搜索。search 或 domain 应在同一文件中设置，如果两者都设置，则仅最后一个条目生效。

下面通过 cat 命令查看域名解析配置文件。

```
[root@localhost ~]# cat /etc/resolv.conf
# Generated by NetworkManager
search localdomain
```

```
nameserver 114.114.114.114
nameserver 8.8.8.8
```

4. 主机名配置文件

主机名配置文件是/etc/hostname，该文件只有一行，记录了本机的主机名。主机名可以通过命令 hostnamectl 配置，也可以把主机名写入/etc/hostname 文件。查看主机名的命令是 hostname。

hostnamectl 命令格式如下。

```
hostnamectl  set-hostname  主机名
```

（1）配置主机名为 ansible.control.com。

```
[root@localhost ~]# hostnamectl  set-hostname  ansible.control.com
[root@localhost ~]# bash
```

实际上，主机名 ansible.control.com 写入了主机名配置文件/etc/hostname。

（2）查看主机名。

```
[root@www ~]# hostname
ansible.control.com
```

（3）查看/etc/hostname 文件。

```
[root@www ~]# cat /etc/hostname
ansible.control.com
```

3.2.3　常用网络命令

1. ping 命令

ping 命令用来测试本地主机和目标主机的联通性。在 Linux 操作系统中，使用该命令测试联通性的时候，默认会一直循环发送 ping 请求，可以通过按 Ctrl+C 或者 Ctrl+Z 组合键停止，也可以通过添加选项-c 指定 ping 的循环次数以使 ping 操作停止。

V3-3　常用网络命令

使用 ping 命令测试与目标主机（IP 地址为 192.168.1.1）的联通性，循环次数为 3 次。

```
[root@www ~]# ping -c 3 192.168.1.1
PING 192.168.1.1 (192.168.1.1) 56(84) bytes of data.
64 bytes from 192.168.1.1: icmp_seq=1 ttl=128 time=0.332 ms
64 bytes from 192.168.1.1: icmp_seq=2 ttl=128 time=0.630 ms
64 bytes from 192.168.1.1: icmp_seq=3 ttl=128 time=0.649 ms
--- 192.168.1.1 ping statistics ---
3 packets transmitted, 3 received, 0% packet loss, time 4009ms
rtt min/avg/max/mdev = 0.173/0.481/0.649/0.195 ms
```

2. traceroute 命令

traceroute 命令用于显示本地主机到达目标主机的路由路径。当然，数据包从同一出发点到达同一目的地，每次所走的路径可能不一样，但大部分时间走的路径是相同的。

```
[root@www ~]# traceroute www.opencloud.fun
traceroute to www.opencloud.fun (101.35.80.229), 30 hops max, 60 byte packets
 1 * * *
 2 192.168.10.5 (192.168.10.5)  0.204 ms  0.350 ms  0.256 ms
 3 1.34.22.218.broad.static.hf.ah.cndata.com (218.22.34.1)  2.470 ms  2.188 ms
```

```
2.428 ms
    4  61.190.239.233 (61.190.239.233)  1.062 ms 61.190.2.165 (61.190.2.165)  1.472 ms
    6  * * *
    7  117.71.0.98 (117.71.0.98)  5.183 ms 117.71.0.102 (117.71.0.102)  2.765 ms
1.478 ms
    8  * * *
    9  * * *
   10  101.35.80.229 (101.35.80.229)  12.750 ms !X  15.117 ms !X *
```

3. netstat 命令

netstat 命令用于显示网络连接、路由表和网络接口统计数等信息。

netstat 命令常用选项及其作用如表 3-4 所示。

表 3-4　netstat 命令常用选项及其作用

序号	选项	作用
1	-r	显示路由表信息
2	-t	显示 TCP 连接信息
3	-u	显示 UDP 连接信息
4	-a	显示所有连接和监听端口，包括正在监听的套接字和非监听的连接
5	-n	以数字形式显示地址和端口号
6	-l	显示正在监听的套接字信息
7	-s	显示网络统计信息，按协议分类显示网络层的统计数据，如 TCP、UDP、ICMP 和 IP

显示路由表、网络连接信息、网络服务信息，代码如下。

```
[root@www ~]# netstat -r      #显示路由表
[root@www ~]# netstat -an     #显示网络连接信息
[root@www ~]# netstat -tul    #显示网络服务信息
```

4. ss 命令

ss 命令是 netstat 的替代工具，且在性能上更加优越。它具有更快的执行速度和更多的选项，允许用户更精确地过滤网络连接信息。

（1）列出所有 TCP 连接的详细信息。

```
[root@www ~]# ss -t
```

（2）列出所有 UDP（User Datagram Protocol，用户数据报协议）连接的详细信息。

```
[root@www ~]# ss -u
```

（3）列出所有监听状态的 TCP 和 UDP 连接的详细信息。

```
[root@www ~]# ss -l
```

（4）列出所有 TCP 连接的详细信息，包括进程信息。

```
[root@www ~]# ss -t -p
```

（5）列出所有 TCP 连接的详细信息，包括定时器信息。

```
[root@www ~]# ss -t -o
```

（6）列出所有 TCP 和 UDP 连接的数值地址及端口号。

```
[root@www ~]# ss -n
```

（7）列出所有处于 ESTABLISHED 状态的 TCP 连接的详细信息。

```
ss state established
```

（8）列出所有处于 TIME-WAIT 状态的 TCP 连接的详细信息。

```
ss state time-wait
```

（9）列出所有 IPv4 地址的连接信息。

```
ss -4
```

（10）列出所有 IPv6 地址的连接信息。

```
ss -6
```

（11）查看所有本地监听在端口 80（HTTP 服务的默认端口）的 TCP 连接信息。

```
ss -tln 'sport = :80'
```

（12）查看所有本地监听在端口 3306（MySQL 服务的默认端口）的 TCP 连接信息。

```
ss -tln 'sport = :3306'
```

（13）查看所有目标端口为 3306（MySQL 服务的默认端口）的 TCP 连接信息，无论连接是否由本地发起。

```
ss -tn dst :3306
```

3.3 项目实训

【实训任务】
本实训的主要任务是在 CentOS Stream 9 中配置 TCP/IP 网络参数，并联通网络。

【实训目的】
（1）了解在 Linux 操作系统中配置 IP 地址的几种常用方法。
（2）掌握网络配置文件中配置参数的作用。
（3）掌握使用命令检查网络配置的方法。

【实训内容】
（1）使用 ip 命令管理网络参数。
（2）使用 nmcli 命令管理网络参数。
（3）通过配置文件管理网络参数。
（4）通过图形化工具管理网络参数。

【实训环境】
在进行本项目的实训操作前，提前准备好 Linux 操作系统环境，CentOS Stream、RHEL、Rocky Linux、华为 openEuler、麒麟等常见 Linux 发行版操作系统中都可以进行项目实训。

3.4 项目实施

3.4.1 使用 nmcli 命令管理网络参数

nmcli 是 NetworkManager 的命令行工具，用于在 Linux 操作系统中管理网络连接。它允许用户通过命令行工具配置和控制网络连接，包括以太网、Wi-Fi、VPN 等。nmcli 常用命令及其作用如表 3-5 所示。

V3-4 使用 nmcli
命令管理网络参数

表 3-5 nmcli 常用命令及其作用

序号	命令	作用
1	nmcli dev status	显示所有网络设备的状态
2	nmcli con show	列出所有连接

续表

序号	命令	作用
3	nmcli con show name	列出 name 连接的当前设置
4	nmcli con add con-name name	添加一个名为 name 的新连接
5	nmcli con mod name	修改 name 连接
6	nmcli con reload	重新加载配置文件（在手动编辑配置文件之后使用）
7	nmcli con up name	启用 name 连接
8	nmcli dev dis devname	在网络设备 devname 上停用并断开当前连接
9	nmcli con del name	删除 name 连接及其配置文件

1. 查看联网信息

（1）显示所有网络设备的状态。

```
[root@redhat ~]# nmcli dev status
nmcli device status
DEVICE    TYPE      STATE                   CONNECTION
ens18     ethernet  connected               ens18
lo        loopback  connected (externally)  lo
docker0   bridge    connected (externally)  docker0
virbr0    bridge    connected (externally)  virbr0
ens19     ethernet  disconnected            --
```

（2）列出所有连接。若要仅列出活动的连接，则可使用--active 参数。

```
[root@redhat ~]# nmcli con show
nmcli connection show
NAME     UUID                                   TYPE      DEVICE
ens18    ef6b8262-9209-38b3-8d6e-826875d66472   ethernet  ens18
lo       e6a1d2ec-1680-407e-a74e-098529216797   loopback  lo
docker0  94d2ebec-d301-430b-91be-fdf29e615a99   bridge    docker0
virbr0   793fd4bb-a666-4649-999d-f1eeb6031d7a   bridge    virbr0
ens19    61f76687-b65b-4d86-8fae-c9fa46a9b151   ethernet  --
[root@redhat ~]# nmcli con show - -active
```

2. 管理网络连接

（1）为接口 ens19 添加一个新连接 ens19，此连接将使用 DHCP 获取 IPv4 联网信息并在系统启动后自动连接。

```
[root@redhat ~]# nmcli con add con-name ens19 type ethernet ifname ens19
```

（2）使用静态 IPv4 地址为 ens20 的设备创建 static-ens20 连接，且使用 IPv4 地址和网络前缀 192.168.0.5/24 及默认网关 192.168.0.254。

```
[root@redhat ~]# nmcli con add con-name static-ens20 type ethernet ifname ens20
ipv4.address 192.168.0.5/24 ipv4.gateway 192.168.0.254
```

（3）激活名为 static-ens20 的连接。

```
[root@redhat ~]# nmcli con up static-ens20
```

（4）停用并断开网络设备 ens20 的网络连接。

```
[root@redhat ~]# nmcli dev dis ens20
```

（5）将 static-ens3 连接的 IPv4 地址设置为 192.0.2.2/24，并将其默认网关设置为 192.0.2.254。

```
[root@redhat ~ ]# nmcli con mod static-ens3 ipv4.address 192.0.2.2/24
ipv4.gateway 192.0.2.254
```

（6）删除名为 static-ens20 的连接及其配置文件。

```
[root@redhat ~]# nmcli con del static-ens20
```

3.4.2 nmtui 图形化工具管理网络参数

同 Windows 操作系统图形用户界面一样，Linux 操作系统也有通过图形用户界面配置 IP 地址的方法。在命令行终端运行 nmtui 命令，即可进入图形用户界面，如图 3-1 所示。

V3-5 nmtui 管理
网络参数

图 3-1　Linux 操作系统的图形用户界面

进入图形用户界面后，使用↑、↓键在菜单中导航，选择"Edit a connection（编辑连接）"选项，按 Enter 键，进入接口选择界面，如图 3-2 所示。

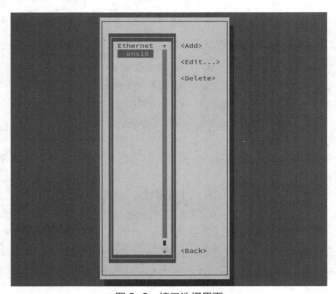

图 3-2　接口选择界面

在图 3-2 所示的界面中选择网络接口，再选择"<Edit...>"选项，按 Enter 键，进入配置 IP 地址界面，如图 3-3 所示，进行配置即可。

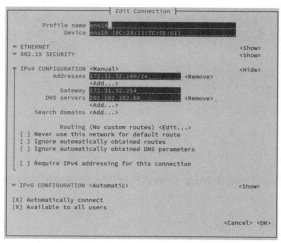

图 3-3　配置 IP 地址界面

设置完所有网络参数后，按 Tab 键导航至"OK"按钮处并按 Enter 键，再使用方向键导航至"OK"按钮，按 Enter 键以保存所做的更改，退出图形化工具。

3.4.3　通过配置文件管理网络参数

Linux 网络设定的配置参数都保存在相关的配置文件中，因此可以通过相应的文件重新配置网络参数，主要有编辑网络配置文件和激活网络接口两个重要步骤。

1. 在 RHEL 7、CentOS 7 中通过配置文件管理网络参数

第 1 步：编辑网络配置文件。

编辑网络配置文件时，可以保留必要参数，删除其他的参数或采用默认形式。必要参数主要有 BOOTPROTO、NAME、DEVICE、ONBOOT、IPADDR、GATEWAY、NETMASK 和 DNS 等。

```
[root@redhat ~]# vi /etc/sysconfig/network-scripts/ifcfg-eno16777736
TYPE=Ethernet
BOOTPROTO=static
NAME=eno16777736
DEVICE=eno16777736
ONBOOT=yes
IPADDR=192.168.1.100
GATEWAY=192.168.1.254
NETMASK=255.255.255.0
DNS=202.102.192.68
```

上述代码通过网络配置文件配置网络参数，配置的 TCP/IP 相关参数信息如下：IP 地址是 192.168.1.100，网关是 192.168.1.254，子网掩码是 255.255.255.0，DNS 服务器的 IP 地址是 202.102.192.68。

第 2 步：激活网络接口。

要使网络配置文件中的参数生效，可以通过重启网络服务实现。

```
[root@redhat ~]# systemctl restart network
```

systemctl 命令的功能、格式如下。

V3-6　通过配置
文件管理网络参数

功能：systemctl 是一个用于控制 systemd 系统和服务管理器的命令。在基于 systemd 的 Linux 发行版中，systemctl 提供了一系列命令来管理系统服务和守护进程，通常用于启动、停止、重启服务，查看服务状态。

格式：systemctl start|stop|restart|status 服务名。

其中，各参数的含义如下。

start：启动服务。

stop：停止服务。

restart：先停止服务，再启动服务。

status：查看服务的状态。

2. 在 RHEL 9、CentOS Stream 9 中通过配置文件管理网络参数

第 1 步：编辑网络配置文件。

RHEL 9、CentOS Stream 9、Rocky Linux 9 等 Linux 操作系统的网络配置文件位于 /etc/NetworkManager/system-connections/目录中，配置文件采用 INI 格式，配置文件名通常以 ".nmconnection" 结尾，其前面加上网络接口的名称，如 ens18.nmconnection，文件内容中包含了网络接口的配置信息，如 IP 地址、网关、子网掩码、DNS 等。

```
[root@redhat ~]#
cat /etc/NetworkManager/system-connections/ens18.nmconnection
[connection]
id=ens18
uuid=ef6b8262-9209-38b3-8d6e-826875d66472
type=ethernet
autoconnect-priority=-999
interface-name=ens18
timestamp=1709984835
[ethernet]
[ipv4]
address1=172.31.32.60/24,172.31.32.254
dns=172.31.32.253;
may-fail=false
method=manual
[proxy]
```

第 2 步：激活网络接口。

在修改了配置文件后，需要重新启动 NetworkManager 服务，并使用 nmcli 命令启用网络连接，从而使修改生效。

（1）重新启动 NetworkManager 服务。

```
[root@redhat ~]# systemctl restart NetworkManager
```

（2）启用名为 ens18 的网络连接。

```
[root@redhat ~]# nmcli con up ens18
```

3.4.4 使用 ip 命令管理网络参数

ip 命令是 Linux 操作系统中较新的工具，提供了更多的功能并逐渐替代了 ifconfig 命令。ifconfig 命令的输出格式比较简单，以文本形式显示网络接口的配

V3-7　使用 ip 命令
管理网络参数

置信息。ip 命令的输出格式更加丰富，可以显示更多的信息，且支持更多的选项和格式化输出。

（1）显示所有网络接口信息。

```
[root@redhat ~]# ip addr show
```

（2）显示特定接口（如 enp1s0）的详细信息。

```
[root@redhat ~]# ip addr show enp1s0
```

（3）添加 IP 地址到指定接口（例如，将 192.168.1.100/24 添加到 enp1s0 接口）。

```
[root@redhat ~]# ip addr add 192.168.1.100/24 dev enp1s0
```

（4）删除指定接口的 IP 地址（例如，删除 enp1s0 接口上的 IP 地址 192.168.1.100/24）。

```
ip addr del 192.168.1.100/24 dev enp1s0
```

（5）激活或禁用特定接口（如 enp1s0）。

```
# 激活特定接口
[root@redhat ~]# ip link set enp1s0 up
# 禁用特定接口
[root@redhat ~]# ip link set enp1s0 down
```

（6）显示路由表。

```
[root@redhat ~]# ip route show
```

（7）添加静态路由，将所有发往 192.168.2.0/24 网络的数据通过网关 192.168.1.254 并使用网络接口 enp1s0 传输。

```
[root@redhat ~]# ip route add 192.168.2.0/24 via 192.168.1.254 dev enp1s0
```

（8）删除静态路由。

```
[root@redhat ~]# ip route del 192.168.2.0/24 via 192.168.1.254 dev enp1s0
```

（9）添加静态路由，将所有发往 192.168.2.0/24 网络的数据通过网关 192.168.1.254 传输。

```
[root@redhat ~]# ip route add 192.168.2.0/24 via 192.168.1.254
```

（10）添加静态路由，将所有发往 10.0.0.0/8 网络的数据通过网络接口 eth0 直接传输。

```
[root@redhat ~]# ip route add 10.0.0.0/8 dev eth0
```

（11）添加静态路由，设置 192.168.1.254 为默认网关，将所有未明确匹配的流量通过这个网关传输。

```
[root@redhat ~]# ip route add default via 192.168.1.254
```

（12）添加静态路由，为特定源 IP 地址设置路由，将来自源 IP 地址 192.168.1.11 的流量发往 172.16.0.0/16 网络，并通过网关 192.168.1.1 传输。

```
[root@redhat ~]# ip route add 172.16.0.0/16 via 192.168.1.1 src 192.168.1.11
```

项目练习题

（1）在 RHEL 7 和 CentOS 7 中，与网络配置相关的脚本和配置文件通常存储在（   ）目录下。

    A. /etc/network/   B. /etc/sysconfig/network-scripts/

    C. /etc/NetworkManager/   D. /var/lib/network

（2）在 RHEL 9 和 CentOS Stream 9 中，与网络配置相关的脚本和配置文件通常存储在（   ）目录下。

    A. /etc/network/   B. /etc/sysconfig/network-scripts/

    C. /etc/NetworkManager/   D. /var/lib/network

（3）在 RHEL 9 和 CentOS Stream 9 中，网络配置文件的扩展名通常为（　　　）。

    A．.conf　　　　　　　B．.config　　　　　　C．.nmconnection　　　D．.network

（4）在 DNS 配置中，指定系统使用的 DNS 服务器的文件是（　　　）。

    A．/etc/hosts　　　　　　　　　　　　B．/etc/resolv.conf

    C．/etc/named.conf　　　　　　　　　D．/etc/dns.conf

（5）在 RHEL 9、CentOS Stream9、openEuler 系统中显示所有网络设备的详细信息，包括每台设备的硬件地址、IP 配置，可以使用的命令是（　　　）。

    A．nmcli con show　　　　　　　　　B．nmcli con up

    C．nmcli dev show　　　　　　　　　D．nmcli con reload

（6）使用 nmcli 命令查看所有网络设备状态的正确命令是（　　　）。

    A．nmcli con show　　　　　　　　　B．nmcli dev status

    C．nmcli con add　　　　　　　　　　D．nmcli con mod

（7）在使用 nmcli 命令时，可以激活一个指定的网络连接的命令是（　　　）。

    A．nmcli con show　　　　　　　　　B．nmcli con up

    C．nmcli dev dis　　　　　　　　　　D．nmcli con reload

（8）在 Linux 操作系统中配置网络参数，具体要求如下。

① 在 CentOS Stream 9 或 RHEL 9 中，给虚拟机添加一个新的网络适配器，使用 nmcli 命令为这块新网卡设备创建网络连接，名称为 my-network，类型为 Ethernet。

② 将 IPv4 地址配置为 192.168.10.20/24，将网关设置为 192.168.10.2，并指定 DNS 服务器为 192.168.10.2。

③ 完成配置后，启用 my-network 连接，并使用 nmcli dev status 命令查看当前网络设备状态，确保新连接已成功激活并显示为已连接状态。

项目4
用户管理

04

学习目标

【知识目标】
- 了解Linux用户和用户组的基本概念。
- 了解Linux用户文件和用户组文件的作用。
- 了解sudo权限的基本概念。
- 了解计划任务的基本概念。

【技能目标】
- 掌握用户管理命令。
- 掌握用户组管理命令。
- 掌握sudo权限设置方法。
- 掌握计划任务创建方法。

【素质目标】
- 培养读者的项目管理与执行能力，强调团队成员之间的有效沟通和协作，鼓励读者在项目管理过程中采用敏捷和灵活的方法，以适应不断变化的需求和环境。
- 培养读者的批判性思维和解决问题的能力，面对复杂问题时，读者应运用创造性方法和新技术来应对挑战。

4.1 项目描述

小明所在的公司由于一部分员工离职，又招聘了一批员工。作为系统工程师，小明决定删除离职员工的账户，为每位新员工创建一个账户，并将这些新员工的账户分配到各个部门。

本项目主要介绍 Linux 操作系统中用户和用户组的基本概念、用户文件和用户组文件，以及用户管理命令和用户组管理命令。

4.2 知识准备

4.2.1 Linux 用户和用户组的基本概念

1. 用户

Linux 操作系统具有多用户、多任务的特点，用户是使用和管理操作系统的基础。Linux 操作系统中的用户可以分为 3 种：超级用户、系统用户和普通用户。需要注意的是，用户名是用来标识用户的名称，可以是由字母和数字组成的字符串，且字母区分大小写。

（1）超级用户：Linux超级用户指root用户，它在Linux操作系统中拥有最高的权限，可以对任意文件进行增删、权限修改等操作。Linux操作系统的管理员之所以是root，并不是因为其叫作root，而是因为该用户的UID（User Identification，用户标识）为0。在Linux操作系统中，UID相当于人们的身份证号码，具有唯一性，因此可通过UID来判断用户身份。

（2）系统用户：Linux操作系统为了避免因某个服务程序出现漏洞而被黑客提权至整台服务器，默认服务程序由独立的系统用户负责运行，这样可以有效控制被破坏的范围。在RHEL 9、CentOS Stream 9中，系统用户的UID为1～999；在CentOS 6中，系统用户的UID为1～499。

（3）普通用户：普通用户是由管理员创建的用于日常工作的用户，在RHEL 9、CentOS Stream 9中，普通用户的UID从500开始。

在Linux操作系统中，用户名是不能重复的，每个用户和用户组都具有唯一的UID和GUID（Globally Unique Identifier，全局唯一标识符）。

2. 用户组

在Linux操作系统中，为了方便管理同一属性的用户、统一设置权限或指定任务，还引入了用户组的概念。使用GID（Group Identification，用户组标识）可以把多个用户添加到同一个组中。假设一个公司中有多个部门，每个部门中又有很多员工。如果只想让员工访问其部门内的资源，则可以针对部门而非具体的员工来设置权限。例如，可以对技术部门设置权限，使得只有技术部门的员工可以访问数据库信息等。

在Linux操作系统中创建用户时，默认会在/home目录中创建一个与用户名同名的目录，作为该用户的主目录。创建用户的时候还将自动创建一个与其同名的基本组（又称"主组"或"起始组"），且这个基本组只有该用户一个人。如果该用户以后被添加到其他用户组，则其他用户组被称为附属组。一个用户只有一个基本组，但是可以有多个附属组，以满足日常的工作需要。

V4-1　Linux用户和用户组的基本概念

3. Linux用户文件与用户组文件

在Linux操作系统中，与用户和用户组相关的文件有多个，如/etc/passwd、/etc/shadow、/etc/group、/etc/gshadow、/etc/login.defs等，其作用如表4-1所示。

表4-1　用户文件与用户组文件的作用

序号	文件名	作用
1	/etc/passwd	保存用户名、UID、GID、用户描述信息、主目录路径及默认Shell等信息
2	/etc/shadow	保存用户的加密密码、密码过期信息、密码策略等。它只能由root用户读取和写入，用于存储用户的安全信息
3	/etc/group	保存组名、GID、组成员等信息
4	/etc/gshadow	保存用户组的加密密码及组的管理信息
5	/etc/login.defs	保存系统中用户登录的默认设置，如密码最短长度、密码过期时间、UID和GID范围等信息

下面分别介绍3个主要文件的内容。

1. 用户账户文件/etc/passwd

在Linux操作系统中，所有创建的用户及其相关信息（密码除外）均放在/etc/passwd配置文件中，/etc/passwd文件的每一行代表一个用户，有几行就代表系统中有几个用户。这个文件中的很多用户是系统正常运行所必需的，即前面介绍的系统用户，如bin、daemon、adm和apache等，这些用户不能被轻易删除。

```
[root@localhost ~]# cat /etc/passwd
root:x:0:0:root:/root:/bin/bash
bin:x:1:1:bin:/bin:/sbin/nologin
…
named:x:25:25:Named:/var/named:/sbin/nologin
redhat:x:1000:1000::/home/redhat:/bin/bash
```

在/etc/passwd 文件中，每行有 7 个字段，各字段之间用冒号（:）分开，以第一行为例，各字段的含义如表 4-2 所示。

```
root:x:0:0:root:/root:/bin/bash
```

表 4-2　用户账户文件各字段的含义

序号	字段位置	含义
1	第 1 个字段	用户名，用于登录和标识用户
2	第 2 个字段	早期的 UNIX 操作系统将用户密码的加密散列值存储在 /etc/passwd 文件中，但该文件对所有用户可读，存在安全风险。为了增强安全性，将密码的加密散列值存储在只有 root 用户可读的 /etc/shadow 文件中。x 作为占位符填充该字段，避免在/etc/passwd 中显示实际的密码
3	第 3 个字段	用户 UID，用户的唯一标识。0 是超级用户（root），其他用户有不同的 UID
4	第 4 个字段	用户 GID，用户所属组的唯一标识。0 是 root 组
5	第 5 个字段	用户的描述信息，通常用于存储用户的全名或其他描述信息
6	第 6 个字段	用户的主目录路径，用户登录后默认的工作目录
7	第 7 个字段	用户登录时默认使用的 Shell 解释器，如 /bin/bash、/sbin/nologin 等

2. 用户密码文件/etc/shadow

所有用户对/etc/passwd 文件均有读取权限，为了增强系统的安全性，将用户的密码经过加密之后存放在/etc/shadow 文件中。

```
[root@localhost ~]# cat /etc/shadow
root:$6$yYJUSmwTDVgneIpz$SwBYQ8LzGNjNuhIZ13uDkq19txckJ5OuIqVKGz6CQnvJRlagzS4
IAJvYvjOkPX2lKtbgmE.iuTl4QK01jbWTk0::0:99999:7:::
bin:*:16659:0:99999:7:::
daemon:*:16659:0:99999:7:::
…
```

同/etc/passwd 文件一样，文件中的每一行代表一个用户，同样使用 ":" 作为分隔符。不同之处在于，每一行的用户信息被划分为 9 个字段。以第一行为例，各字段的含义如表 4-3 所示。

```
root:$6$yYJUSmwTDVgneIpz$SwBYQ8LzGNjNuhIZ13uDkq19txckJ5OuIqVKGz6CQnvJRlagzS4
IAJvYvjOkPX2lKtbgmE.iuTl4QK01jbWTk0::0:99999:7:::
```

表 4-3　用户密码文件各字段的含义

序号	字段位置	含义
1	第 1 个字段	用户名，与/etc/passwd 文件中的用户名相对应
2	第 2 个字段	用户密码的加密哈希值，如果用户被锁定，则通常会在哈希值前添加！或 *。6: 表示使用 SHA-512 加密算法。yYJUSmwTDVgneIpz: 表示盐值，用于增加密码哈希值的复杂性和安全性。在用户登录时，系统对输入的密码进行相同的加密处理，并与存储的哈希值进行比较以验证密码的正确性

续表

序号	字段位置	含义
3	第3个字段	上次更改密码的日期，通常是从某个固定日期（如 1970-01-01）开始的天数
4	第4个字段	两次更改密码之间的最小天数，限制用户更改密码的频率。0 表示用户可以随时更改密码，没有时间限制
5	第5个字段	密码有效的最大天数，99999 表示密码永不过期，用户不需要定期更改密码
6	第6个字段	密码过期前开始警告用户的天数。7 表示在密码过期前 7 天，系统将提醒用户更改密码，以确保用户有足够的时间更新密码，避免用户被锁定
7	第7个字段	密码过期后，用户可以保持未激活状态的天数，超过此期限后，用户必须重新激活用户才能使用，空值表示未设置此限制，用户在密码过期后仍然可以正常使用
8	第8个字段	密码过期的日期，通常是从某个固定日期（如 1970-01-01）开始的天数。空值表示未设置过期日期，用户不会因为此字段被锁定
9	第9个字段	预留供将来使用，为未来可能增加的功能或字段预留位置，目前通常为空

目前，Linux 操作系统采用 SHA 512 算法加密用户的密码，原来采用的是 MD5 或 DES 算法。SHA 512 算法的加密等级更高，也更加安全。在/etc/shadow 文件中，密码经加密后产生的乱码不能手动修改，如果手动修改，则系统将无法识别密码，导致密码失效。另外，密码字段为"*"表示该用户被禁止登录，密码字段为"!"表示该用户被锁定，密码字段为"!!"表示该用户没有设置密码。

3. 用户组管理文件/etc/group

在 Linux 操作系统中，有关用户组的信息存放在/etc/group 文件中，任何用户都可以读取该文件的内容。

```
[root@localhost ~]# cat /etc/group
root:x:0:
bin:x:1:
…
```

与/etc/passwd 和/etc/shadow 文件的结构一样，每个组用户在 group 文件中占用一行，且用":"分隔为 4 个字段。每一行的格式如下。

```
组名: 组口令（一般为空）: GID: 组成员列表
```

Linux 操作系统在安装过程中创建了一些标准的用户组，如 bin 组、adm 组等，在一般情况下，不要对这些用户组进行删除和修改。

4.2.2　sudo 权限

V4-2　sudo 权限

在 Linux 操作系统中，sudo 是一个非常重要的命令，它允许普通用户以超级用户或其他特定用户的权限来执行特定的命令。通常情况下，sudo 命令需要用户输入自己的密码，以确认其拥有执行 sudo 命令的权限。sudo 命令的主要作用是提供对系统资源的安全管理，它允许系统管理员授予普通用户在需要时执行 sudo 命令的权限，而无须将其提升为超级用户。

sudo 的默认配置文件是/etc/sudoers，该文件中包含授权用户或用户组执行特定命令时的权限规则，这些规则定义了哪些用户能够以超级用户的权限执行特定的命令，以及哪些命令可以被执行。

通常情况下，只有具有 root 权限的用户才能编辑/etc/sudoers 文件，RHEL、CentOS 提供了 visudo 命令，用于编辑/etc/sudoers 文件。

1. 用户规则

用户规则的基本语法结构如下。

```
user1 ALL=(ALL) /bin/ls, /bin/cat
```

```
# username hostname= (run_as_user) path/to/command, path/to/command
# username 表示要配置权限的用户名
# hostname 表示规则适用的主机名
/* run_as_user 表示用户在执行命令时可以切换的身份。其通常是 root，但也可以是其他用户。如果
省略，则默认使用 root*/
/* path/to/command 表示允许用户执行的命令的绝对路径。可以指定多个命令，多个命令之间用逗号
加空格分隔*/
```

下面的规则允许 user1 以任何用户身份（ALL）执行/bin/ls 和/bin/cat 命令。

```
user1 ALL=(ALL) /bin/ls, /bin/cat
```

下面的规则允许 user1 在 host1.example.com 上执行 dnf 和 reboot 命令。

```
user1 host1.example.com = /bin/dnf, /sbin/reboot
```

2. 用户组规则

用户组规则类似于用户规则，但适用于整个用户组。组规则以%开头，后接组名，然后是命令列表。下面的规则允许 admins 组的所有成员以任何用户身份执行任何命令。

```
%admins ALL=(ALL) ALL
```

3. /etc/sudoers.d 目录

/etc/sudoers.d 目录是用于存放 sudo 配置文件的目录，与直接编辑/etc/sudoers 文件相比，使用此目录可以更加模块化地管理 sudo 规则。在许多 Linux 发行版中，包括 RHEL、CentOS、Ubuntu 和 Debian 等，使用/etc/sudoers.d 目录来存放 sudo 规则的配置文件是一种常见的做法。

/etc/sudoers.d 目录中的文件会被 sudo 命令自动包含，可以用来配置 sudo 权限。该目录中的每个文件都是一个单独的 sudoers 配置文件，配置文件通常包含一个或多个 sudo 规则，以为特定用户或组设置权限。这些文件名通常以数字开头，如 10_example，这样可以确保在应用规则时按顺序应用。文件名的数字部分决定了应用规则的顺序，数字小的文件优先于数字较大的文件被应用。

4. wheel 组和 sudo 组

在 RHEL、CentOS、openEuler 中，wheel 组控制了可以执行 sudo 命令的用户权限。 将用户 user1 添加到 wheel 组，代码如下。

```
[root@localhost ~]# usermod -aG wheel user1
```

在 Debian、Ubuntu 中，sudo 组控制了可以执行 sudo 命令的用户权限。将用户 user1 添加到 sudo 组，代码如下。

```
[root@localhost ~]# usermod -aG sudo user1
```

4.2.3　计划任务

在 Linux 操作系统中，计划任务是系统管理中的一个重要概念。它允许用户在特定的时间或日期自动执行某些任务，而无须人工干预。cron 是 Linux 操作系统中用于定时执行任务的工具，它通过守护进程 crond 来执行预定的任务，这些任务被称为计划任务。cron 允许用户在特定的时间间隔内自动执行命令或脚本，而无须手动操作。

cron 使用特定的时间表达式来定义任务的执行时间，这个表达式由 5 个字段组成，分别表示分、时、日、月和星期。其基本语法格式如下。

```
* * * * * command
```

其中，每个星号代表一个时间字段，分别对应分、时、日、月和星期。command 是要执行的命令或脚本。计划任务时间格式如表 4-4 所示。

V4-3　计划任务

表 4-4　计划任务时间格式

序号	时间格式	描述
1	分	指定任务在每小时的哪一分钟执行。取值为 0~59
2	时	指定任务在每天的哪一小时执行。取值为 0~23，其中 0 表示凌晨 0 点，23 表示晚上 11 点
3	日	指定任务在每月的哪一天执行。取值为 1~31，具体取值根据月份有所不同
4	月	指定任务在哪个月执行。取值为 1~12，分别代表一年中的 1~12 月
5	星期	指定任务在星期中的哪一天执行。取值为 0~7，其中 0 和 7 都表示星期日，1 表示星期一，以此类推
6	连续区间	连续区间用 "–" 分隔起始值和结束值，表示一个范围内的连续数值。例如，10-15 表示从第 10~15min
7	步长	可以在数值范围中使用步长来指定间隔。步长由 "/" 和一个数值组成，表示每隔多少时间执行一次任务。例如，"*/5" 表示每隔 5min 执行一次任务
8	通配符	使用 "*" 表示匹配所有可能的值。例如，"*" 表示匹配所有的分、时、日、月或星期
9	范围和列表结合	可以指定一组特定的值。例如，1-5,20-25 表示第 1~5min 以及第 20~25min

　　crontab 命令用于创建、编辑、查看和删除用户的计划任务。crontab 命令常用选项及其作用如表 4-5 所示。

表 4-5　crontab 命令常用选项及其作用

序号	选项	作用
1	-e	编辑当前用户的计划任务。如果当前用户没有设置过计划任务，则会创建一个新的计划任务。默认情况下，会使用指定的文本编辑器打开计划任务表供用户编辑。编辑完成后，保存计划任务表并退出文本编辑器，计划任务表会被更新
2	-l	列出当前用户的计划任务内容，但不进行编辑。该选项会将计划任务表的内容输出到标准输出（通常是终端），供用户查看当前设置的计划任务
3	-r	删除当前用户的计划任务。使用该选项会删除当前用户的计划任务表，所有已设置的计划任务都会被清除
4	-u	指定用户名。使用该选项可以让当前用户以指定用户的身份来编辑、查看或删除计划任务表。如果不指定用户，则默认操作当前用户的计划任务表

　　（1）查看特定用户的计划任务。

```
[root@localhost ~]# crontab -l -u username
```

　　（2）编辑特定用户的计划任务。

```
[root@localhost ~]# crontab -e -u username
```

　　（3）删除特定用户的所有计划任务。

```
[root@localhost ~]# crontab -r -u username
```

4.3　项目实训

【实训任务】

　　本实训的主要任务是使用用户管理命令和用户组管理命令，以及设置 sudo 权限和创建计划任务。

【实训目的】

　　（1）理解用户和用户组的作用及关系。

　　（2）理解用户的基本组、附属组的概念。

（3）掌握常用的用户管理命令。

（4）掌握常用的用户组管理命令。

（5）掌握 sudo 权限的设置方法。

（6）掌握创建计划任务的方法。

【实训内容】

（1）使用 useradd、userdel、usermod 等命令进行用户管理。

（2）使用 groupadd、groupdel、gpasswd 等命令进行用户组管理。

（3）使用 visudo 命令设置 sudo 权限。

（4）创建计划任务。

【实训环境】

在进行本项目的实训操作前，提前准备好 Linux 操作系统环境，CentOS Stream、RHEL、Rocky Linux、华为 openEuler、麒麟等常见 Linux 发行版操作系统中都可以进行项目实训。

4.4　项目实施

Linux 操作系统作为一种多用户的操作系统，允许多个用户同时登录，并响应每一个用户的请求。对系统管理员而言，一个非常重要的工作就是对用户账户和用户组进行管理，包括添加和删除用户、分配用户主目录、限制用户的权限等。

一个用户可以只属于一个用户组，也可以属于多个用户组。一个用户组可以只包含一个用户，也可以包含多个用户。因此，用户和用户组之间存在一对一、一对多、多对一和多对多这 4 种对应关系。当一个用户属于多个用户组时，就有了基本组和附属组的概念。

当用户登录系统时，会自动拥有某个组的权限，这个组称为用户的基本组。一般来说，当添加新用户的时候，如果没有明确指定新用户所属的组，那么系统会默认创建一个和用户名同名的用户组，这个用户组就是新用户的基本组。用户的基本组是可以修改的，但每个用户只能属于一个基本组。除了基本组外，用户加入的其他组被称为附属组。一个用户可以同时加入多个附属组，并拥有每个附属组的权限。/etc/passwd 文件中的第 4 个字段 GID 指的就是基本组的 GID。

4.4.1　用户管理命令与用户组管理命令

与用户管理相关的命令有 useradd、passwd、userdel、usermod 和 id。

1. useradd 命令

功能：创建新的用户。

格式：useradd [选项] 用户名。

可以使用 useradd 命令创建用户账户。使用该命令创建用户账户时，默认的用户主目录存放在/home 目录中，默认的 Shell 解释器为/bin/bash，且默认会创建一个与该用户同名的基本组。useradd 命令常用选项及其作用如表 4-6 所示。

V4-4　用户管理命令与用户组管理命令

表 4-6　useradd 命令常用选项及其作用

序号	选项	作用
1	-d	指定用户的主目录（默认为/home/username）
2	-u	指定用户的默认 UID，默认按顺序递增
3	-g	指定一个初始的基本组（必须已存在）

续表

序号	选项	作用
4	-G	指定一个或多个附属组
5	-N	不创建与用户同名的基本组
6	-s	指定该用户的默认 Shell 解释器

新建一个用户 test，UID 为 5000，指定其附属组为 wheel，默认主目录为/home/data，不允许 test 用户登录系统。

```
[root@localhost ~]# useradd -u 5000 -d /home/data -G wheel -s  /sbin/nologin test
```

如果用户的解释器被设置为/sbin/nologin，则该用户不能够登录系统。可以看到，/etc/passwd 文件中增加了一行。

```
[root@localhost ~]# tail -1 /etc/passwd
test:x:5000:5000::/home/data:/sbin/nologin
```

/etc/shadow 文件中也增加了一行。

```
[root@localhost ~]# tail -1 /etc/shadow
test:!!:18479:0:99999:7:::
```

2. passwd 命令

功能：为指定用户添加或者修改密码。

格式：passwd [选项] 用户名。

passwd 命令常用选项及其作用如表 4-7 所示。

表 4-7　passwd 命令常用选项及其作用

序号	选项	作用
1	-l	锁定用户账户，适用于某用户在未来较长的一段时间内不会登录系统的情形
2	-u	解除锁定，允许用户登录

（1）为 test 用户设置一个密码，出于安全考虑，要求设置的密码不少于 8 个字符。

```
[root@localhost ~]# passwd test
Changing password for user test.
New password:                              #输入新密码
Retype new password:                       #确认新密码
passwd: all authentication tokens updated successfully.   #更新密码成功
```

（2）设置好密码后，检查/etc/shadow 文件，此时密码字段从原来的"!!"变成了字符乱码。

```
[root@localhost ~]# tail -1 /etc/shadow
test:$6$XR1t/mUMiyNJxJix$qwD6wEGXU6Bir64nMzW6U/q2VnNiVJdhDXeOVyu1JH9sGaEo.gv
ocj/Vul1MR2mnWyzhpnhfo3lfqC28FnLD2/:19795:0:99999:7:::
```

（3）锁定用户账户。

```
[root@localhost ~]# passwd -l test
Locking password for user test.
passwd: Success
```

此时会发现/etc/shadow 文件密码字段前多了"!!"

```
[root@localhost ~]# tail -1 /etc/shadow
test:!!$6$XR1t/mUMiyNJxJix$qwD6wEGXU6Bir64nMzW6U/q2VnNiVJdhDXeOVyu1JH9sGaEo.
gvocj/Vul1MR2mnWyzhpnhfo3lfqC28FnLD2/:19795:0:99999:7:::
```

3. userdel 命令

功能：删除指定用户。

格式：userdel [选项] 用户名。

其常用选项为-r，用于删除用户时将用户主目录中的所有内容一并删除。

删除 test 用户及相关文件，代码如下。

```
[root@localhost ~]# userdel -r test
```

4. usermod 命令

功能：修改用户的相关属性。

格式：usermod [选项] 用户名。

该命令的常用选项与 useradd 命令的常用选项相同。

修改一个已经存在的用户 redhat 的相关属性，代码如下。

```
#查看用户信息
[root@localhost ~]# cat /etc/passwd | grep redhat
redhat:x:5001:5001::/home/redhat:/bin/bash
#修改用户属性
[root@localhost ~]# usermod -u 2000 -d /opt/redhat redhat
#再次查看用户信息
[root@localhost ~]# cat /etc/passwd | grep redhat
redhat:x:2000:5001::/opt/redhat:/bin/bash
#查看 redhat 用户所属组的信息
[root@localhost ~]# id redhat
uid=2000(redhat) gid=5001(redhat) groups=5001(redhat)
#将 redhat 用户添加到 wheel 组中
[root@localhost ~]# sudo usermod -G wheel redhat
```

5. id 命令

功能：查看用户的 UID、GID。

格式：id 用户名。

查看 redhat 用户的 UID、GID，代码如下。

```
[root@localhost ~]# id redhat
uid=2000(redhat) gid=5001(redhat) groups=5001(redhat),10(wheel)
```

与用户组管理相关的命令有 groupadd、groupdel、gpasswd 和 groupmod。

6. groupadd 命令

功能：创建用户组。

格式：groupadd [选项] 组名。

其常用的选项为-g，用于在创建用户组的时候指定 GID。

添加一个名为 product 的用户组，并指定 GID 为 4000，代码如下。

```
[root@localhost ~]# groupadd -g 4000 product
#查看用户组信息
[root@localhost ~]# tail -1 /etc/group
product:x:4000:
```

7. groupdel 命令

功能：删除一个已有的用户组。

格式：groupdel 用户组。

删除 group1 组，代码如下。

```
[root@localhost ~]# groupadd group1
[root@localhost ~]# usermod -G group1 user1
[root@localhost ~]# id user1
uid=1001(user1) gid=1001(user1) groups=1001(user1),1003(group1)
#删除 user1 组，提示不能删除用户 user1 的基本组
[root@localhost ~]# groupdel user1
groupdel: cannot remove the primary group of user 'user1'
#删除 group1 组
[root@localhost ~]# groupdel group1
[root@localhost ~]# id user1
uid=1001(user1) gid=1001(user1) groups=1001(user1)
```

从上述提示信息可知，只有在删除的用户组不是基本组的情况下，才能把这个组删除。如果删除基本组，则要确保基本组中没有用户。

8. gpasswd 命令

功能：向用户组中添加用户，也可以把用户从组中删除。

格式：gpasswd [选项] 用户组。

gpasswd 命令常用选项及其作用如表 4-8 所示。

表 4-8　gpasswd 命令常用选项及其作用

序号	选项	作用
1	-a	向用户组中添加用户
2	-d	将用户从组中删除

添加用户 p1 到 product 组中，代码如下。

```
[root@localhost ~]# tail -1 /etc/group              #查看用户组信息
product:x:4000:
[root@localhost ~]# useradd p1                       #添加 p1 用户
[root@localhost ~]# gpasswd -a p1 product            #添加用户p1到product组中
[root@localhost ~]# tail /etc/group | grep product   #查看用户组信息
product:x:4000:p1
```

9. groupmod 命令

功能：修改用户组的属性。

格式：groupmod [选项] 用户组。

groupmod 命令常用选项及其作用如表 4-9 所示。

表 4-9　groupmod 命令常用选项及其作用

序号	选项	作用
1	-n	修改用户组名
2	-g	修改 GID

把 product 组名修改为 sales，同时修改 GID 为 1200，代码如下。

```
[root@localhost ~]# groupmod -n sales -g 1200 product
```

4.4.2 设置 sudo 权限

（1）使用 visudo 命令添加规则，允许 user1 用户执行/sbin/shutdown
命令。

V4-5 设置 sudo
权限

```
[root@localhost ~]# visudo
user1 ALL=(ALL) /sbin/shutdown
```

（2）使用 visudo 命令添加规则，授予 rhce 用户在所有主机上以 root 权限执行所有命令的
权限。

```
[root@localhost ~]# visudo
rhce ALL=(ALL) ALL
```

（3）允许 rhce 用户在任何主机上，在特定时间执行/usr/sbin/shutdown -h now 命令且无须
密码，同时允许其在任何时间执行/usr/sbin/reboot 命令且无须密码。

```
[root@localhost ~]# vi /etc/sudoers.d/10_temp
rhce ALL=(ALL) NOPASSWD: /usr/sbin/shutdown -h now, NOPASSWD: /usr/sbin/reboot
```

（4）编写规则，允许 rhca 用户在任何主机上执行/usr/bin/systemctl restart httpd 命令，且无
须输入密码。

```
[root@localhost ~]# vi /etc/sudoers.d/11_temp
rhca ALL=(ALL) NOPASSWD: /usr/bin/systemctl restart httpd
```

（5）编写规则，允许 rhca 用户在名为 server1 的主机上执行/usr/bin/rsync -av /var/www/
/backup 命令。

```
[root@localhost ~]# vi /etc/sudoers.d/12_temp
rhca server1=(ALL) /usr/bin/rsync -av /var/www/ /backup
```

（6）编写规则，允许 rhca 用户以 backupuser 用户的身份在任何主机上执行/usr/bin/rsync
-av /var/www/ /backup 命令。

```
[root@localhost ~]# vi /etc/sudoers.d/13_temp
rhca ALL=(backupuser) /usr/bin/rsync -av /var/www/ /backup
```

4.4.3 创建计划任务

（1）创建计划任务，在每小时的整点执行/path/to/backup_script.sh 脚本。

```
0 * * * * /path/to/backup_script.sh
```

（2）创建计划任务，在每星期日的 0 点 0 分执行/path/to/db_backup_script.sh 脚本，用
于执行数据库备份操作。

```
0 0 * * 0 /path/to/db_backup_script.sh
```

（3）创建计划任务，在每月 1 日的 0 点 0 分执行/path/to/log_cleanup_script.sh 脚本，用于执行
日志文件的清理操作。

```
0 0 1 * * /path/to/log_cleanup_script.sh
```

（4）创建计划任务，每隔 30min 执行一次/path/to/system_health_check.sh 脚本，用于检
查系统的运行状态。

```
*/30 * * * * /path/to/system_health_check.sh
```

（5）创建计划任务，每天上午 8 点执行/path/to/email_send_script.sh 脚本，用于定时发
送邮件。

```
0 8 * * * /path/to/email_send_script.sh
```

（6）创建计划任务，在每星期五的下午 4 点执行/path/to/data_backup.sh 脚本进行数据备份，并使用 scp 命令将备份文件传输到远程服务器。

```
    0   16   *   *   5   /path/to/data_backup.sh   &&   scp   /path/to/backup.tar.gz
user@remote_host:/remote_path
```

（7）创建计划任务，每天晚上 10 点执行 find 命令，查找/tmp 目录中超过 1 天未被访问的临时文件，并将其删除。

```
0 22 * * * find /tmp -type f -mtime +1 -delete
```

项目练习题

（1）使用（　　　）命令可以更改用户的基本组。
　　A. usermod –aG　　　B. usermod –g　　　C. groupadd　　　　　D. useradd –g

（2）（　　　）命令用于将用户 user1 添加到附属组 admin 中。
　　A. groupadd admin user1　　　　　　　B. usermod –aG admin user1
　　C. usermod –G admin user1　　　　　　D. useradd –G admin user1

（3）在 Linux 操作系统中，sudo 命令的作用是（　　　）。
　　A. 查看系统信息　　　　　　　　　　　B. 以 root 权限运行命令
　　C. 更改用户密码　　　　　　　　　　　D. 删除用户

（4）在 sudoers 文件中添加 user1 ALL=(ALL) ALL，表示（　　　）。
　　A. user1 无法使用 sudo 运行命令
　　B. user1 可以使用 sudo 运行所有命令
　　C. user1 只能运行指定的系统命令
　　D. user1 只能在 root 用户下运行命令

（5）在 crontab 中，代表"每天晚上 11:30"执行任务的是（　　　）。
　　A. 30 23 * * *　　　B. 11 30 * * *　　　C. * * 23 30 *　　　D. 30 11 * * *

（6）要在每星期六凌晨 3:00 自动运行 backup.sh 脚本，应设置 crontab 时间为（　　　）。
　　A. 0 3 0 * * 1　　　B. 0 0 3 * * 1　　　C. * 0 3 1 * *　　　D. 0 3 1 * * *

（7）在 Linux 操作系统中管理用户和用户组，具体要求如下。

① 在终端中使用 useradd 命令创建一个新用户，用户名为 projectuser，并设置密码为 secure@123。

② 使用 groupadd 命令创建一个新的用户组，组名为 projectgroup，并将 projectuser 用户添加到 projectgroup 组中。

③ 使用 id 命令查看 projectuser 的用户信息，确认该用户属于 projectgroup 组。

④ 使用 usermod 命令将 projectuser 设置为 projectgroup 的基本组，并验证更改是否成功。

（8）在 Linux 操作系统中创建计划任务，具体要求如下。

① 在终端中使用 crontab –e 命令为当前用户创建一个新的计划任务。设置该任务每天上午 6:30 自动运行 tar 命令，将/home/userdata 目录打包备份至/backup 目录中，备份文件命名为 userdata_日期.tar.gz（如 userdata_20231030.tar.gz）。

② 计划任务创建完成后，使用 crontab –l 命令查看已创建的计划任务，确保任务已成功添加，并显示预定的执行时间和命令路径。

项目5
权限管理

05

学习目标

【知识目标】
- 了解Linux系统权限的基本概念。
- 了解Linux系统权限的表示方法。

【技能目标】
- 掌握基本权限控制的操作。
- 掌握特殊权限控制的操作。
- 掌握ACL规则的设置方法。

【素质目标】
- 培养读者的终身学习和自我提升意识,强调学习新技能和知识对于适应技术快速变化的重要性,鼓励读者利用在线资源、培训课程等多种途径进行学习。
- 培养读者的沟通和表达能力,通过实际演练和反馈,强调有效沟通在团队合作中的重要性。

5.1 项目描述

小明在进行系统管理及维护的时候,发现不同部门之间的用户不但可以相互访问对方的机密文件,而且能够删除和修改这些机密文件,这给公司带来了安全隐患。因此,小明决定根据工作性质对每个部门和每个用户在服务器上的可用空间进行限制,并对一些机密文件进行访问权限控制。

本项目主要介绍 Linux 操作系统的权限管理知识,包括权限的表示方法、基本权限设置、特殊权限设置、隐藏属性设置和访问控制列表设置。

5.2 知识准备

5.2.1 Linux文件系统权限概述

Linux 操作系统是多用户系统,能使不同的用户同时访问不同的文件,因此一定要有文件权限控制机制。Linux 操作系统的权限控制机制和 Windows 操作系统的权限控制机制有很大的差别。

V5-1 Linux 文件
系统权限概述

当 Linux 操作系统的文件被一个用户拥有时，这个用户即文件的拥有者（又称"文件主"）；同时文件被指定的用户组所拥有，这个用户组被称为文件"所属组"。文件的权限由权限标志决定，权限标志决定了文件的拥有者、文件的所属组、其他用户对文件访问的权限。

Linux 系统文件的访问权限体现在哪里呢？当使用 ls -l 命令的时候，可以看到文件的详细信息，共有 7 列信息：第 1 列表示文件的类型和权限，第 2 列表示文件的连接数（子文件夹个数），第 3 列表示文件的拥有者，第 4 列表示文件拥有者所属组，第 5 列表示文件大小，第 6 列表示文件最后被修改的时间，第 7 列表示文件名。从上面的说明可以看出，文件的权限体现在第 1、3 和 4 列。

```
[root@localhost ~]# ls -l
total 8
         ①          ②    ③      ④     ⑤      ⑥              ⑦
-rw-------.   1  root  root  1167   Jan 31 17:11  anaconda-ks.cfg
drwxr-xr-x.   2  root  root     6   Jan 31 17:23  Desktop
drwxr-xr-x.   2  root  root     6   Jan 31 17:23  Documents
drwxr-xr-x.   2  root  root     6   Jan 31 17:23  Music
…
```

第 1 列的 10 个字符表示文件的类型和权限，其中第一个字符表示文件的类型。常见的文件类型如表 5-1 所示。

表 5-1　常见的文件类型

序号	字符	文件类型
1	–	普通文件
2	d	目录文件
3	l	链接文件
4	b	块设备文件
5	c	字符设备文件
6	p	管道文件

剩下的 9 个字符表示文件的权限。这 9 个权限位的每 3 位被分为一组，如图 5-1 所示。它们分别是属主权限位，可以用字符 u 表示；属组权限位，可以用字符 g 表示；其他用户权限位，可以用字符 o 表示。

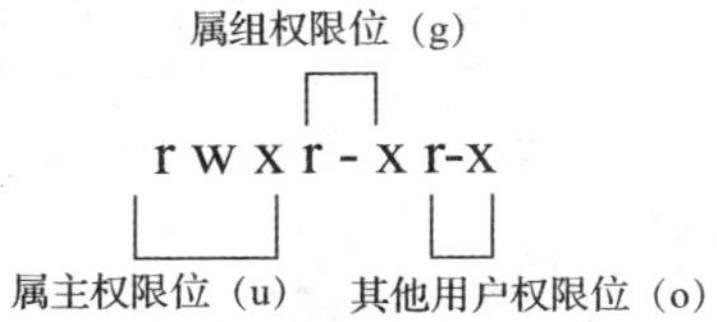

属组权限位（g）

r w x r - x r - x

属主权限位（u）　　其他用户权限位（o）

图 5-1　文件权限

需要注意的是，每组权限都是由 r、w 或 x 组成的，分别表示可读（r）、可写（w）、可执行（x）等，且权限的顺序是"可读—可写—可执行"，是不能改变的。如果相应的权限位置是"–"，则表示没有该权限。以 rwxr-xr-x 为例，它表示文件的拥有者具有可读、可写、可执行的权限，与拥有者同组的用户具有可读、可执行的权限，其他用户具有可读、可执行的权限。

对一般文件来说，权限比较容易理解："可读"表示能够读取文件的实际内容；"可写"表示能够编辑、新增、修改、删除文件的实际内容；"可执行"表示能够运行一个脚本程序。

对目录文件来说，"可读"表示能够读取目录内的文件列表；"可写"表示能够在目录内新增、删除、重命名文件；而"可执行"表示能够进入该目录。

5.2.2 Linux 文件系统权限表示方法

V5-2 Linux 文件
系统权限表示方法

Linux 系统权限表示方法有两种：字符表示（符号表示）和数字表示。

例如，rwxr-xr-x 这种权限表示方法为字符表示。但也可以用数字来表示权限，即文件的 r、w、x、-权限分别用数字 4、2、1、0 来表示，再把每组对应的数字相加就可以得到权限的数字表示。文件权限的字符表示和数字表示如表 5-2 所示。

表 5-2　文件权限的字符表示和数字表示

序号	权限分配	属主权限位			属组权限位			其他用户权限位		
1	权限项	读	写	执行	读	写	执行	读	写	执行
2	字符表示	r	w	x	r	w	x	r	w	x
3	数字表示	4	2	1	4	2	1	4	2	1

文件权限的数字表示基于字符表示的权限计算而来，其目的是简化权限的表示。例如，若某个文件的权限为 7，则代表可读、可写、可执行（4+2+1）；若权限为 6，则代表可读、可写（4+2）。例如，一个文件的所有者拥有可读、可写、可执行的权限，其所属组拥有可读、可写的权限，而其他用户只有可读的权限，那么这个文件的权限的字符表示为 rwxrw-r--，数字表示为 764。

5.3　项目实训

【实训任务】

本实训的主要任务是对文件访问权限进行控制，并修改文件权限。

【实训目的】

（1）掌握基本权限控制的操作。

（2）掌握特殊权限控制的操作。

（3）掌握 ACL 规则的设置方法。

【实训内容】

（1）使用 chmod、chown、chgrp 命令管理文件基本权限。

（2）使用 chmod 命令设置文件特殊权限。

（3）使用 setfacl 命令设置 ACL 规则。

【实训环境】

在进行本项目的实训操作前，提前准备好 Linux 操作系统环境，在 CentOS Stream、RHEL、Rocky Linux、华为 openEuler、麒麟等常见 Linux 发行版操作系统中都可以进行项目实训。

5.4　项目实施

5.4.1　基本权限控制

新建文件或目录默认的权限有时不能满足实际需求，这时需要修改文件或者目录的权限。在 Linux 操作系统中，与权限控制相关的基本命令有 3 个，即 chmod 命令、chown 命令和 chgrp 命令。

1. 权限变更

在 Linux 操作系统中，权限变更可以通过 chmod 命令实现。

功能：改变文件或目录的权限。

格式：chmod　[选项] [{ugoa}{+-}{rwx}]文件或目录。

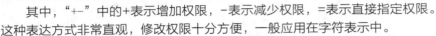

V5-3　基本权限
控制

其常用选项为-R，作用是递归修改，即在改变目录权限的同时，修改相应
目录中所有文件的权限。

其中，"+-" 中的+表示增加权限，-表示减少权限，=表示直接指定权限。
这种表达方式非常直观，修改权限十分方便，一般应用在字符表示中。

将/home/test 文件的权限修改如下：文件的拥有者有可读、可写、可执行的权限，同组用户具
有可读、可写权限，其他用户具有可读权限。

（1）字符表示法。

```
[root@localhost ~]# cd /home/       #切换到/home 目录
[root@localhost home]# touch test
[root@localhost home]# ls -l test      #查看 test 文件的当前权限
-rw-r--r--. 1 root root 0 Mar 14 10:05 test
[root@localhost home]# chmod u=rwx,g=rw,o=r-- test  #修改 test 文件的权限
[root@localhost home]# ls -l  test  #查看 test 文件的权限是否被修改
-rwxrw-r--. 1 root root 0 Mar 14 10:05 test
```

（2）数字表示法。

文件的拥有者有可读、可写、可执行的权限，那么文件拥有者的权限用数字表示为 7，即读（4）
+写（2）+执行（1）。同组用户具有可读、可写权限，用数字表示为 6，即读（4）+写（2）+执行
（0）。其他用户具有可读权限，用数字表示为 4，即读（4）+写（0）+执行（0）。组合这 3 个数字
得到 764，即 test 文件的最终权限。

```
[root@localhost home]# touch test
[root@localhost home]# chmod 764 test
[root@localhost home]# ll -l test
-rwxrw-r--. 1 root root 0 Mar 14 10:10 rhca
```

文件的默认权限是-rw-r--r--，用字符表示（u=rwx、g=rw、o=r）和数字表示（764）都可
以实现文件的权限变更，从而使文件拥有者具有可读、可写、可执行的权限，同组用户具有可读、
可写权限，其他用户具有可读权限。

2. 用户变更

在 Linux 操作系统中，更改文件的拥有者可以通过 chown 命令实现。

功能：将指定文件的拥有者修改为指定的用户或组。

格式：chown　[选项]　[所有者][:[组]] 文件或目录。

其常用选项为-R，作用是递归修改，即在改变目录权限的同时，修改相应目录中所有文件的
权限。

（1）把/home/test 文件的拥有者修改为 rhca 用户。

```
[root@localhost home]# useradd rhca
[root@localhost home]# useradd rhce
[root@localhost home]# ls -l test
-rwxrw----. 1 root root 0 Mar 14 10:05 test    # 此时 test 文件的拥有者为 root
[root@localhost home]# chown rhca test         # rhca 用户需要提前存在于系统内
[root@localhost home]#  ll -l test
```

```
-rwxrw----. 1 rhca root 0 Mar 14 10:05 test    # 此时 test 文件的拥有者为 rhca
```

（2）把/home/test 文件的所属组修改为 wheel 组。

```
[root@localhost home]# chown :wheel test
[root@localhost home]# ll -l test
-rwxrw----. 1 rhca wheel 0 Mar 14 10:05 test
```

执行上述命令时需要注意的是，组前面有一个冒号，组必须提前存储在系统内。

（3）把/home/test 文件的拥有者修改为 rhce 用户，所属组修改为 rhca 组。

```
[root@localhost home]# chown rhce:rhca test
[root@localhost home]# ll -l test
-rwxrw----. 1 rhce rhca 0 Mar 14 10:05 test
```

3. 用户组变更

在 Linux 操作系统中，更改文件所属组时除了可以使用 chown 命令之外，还可以使用 chgrp 命令。与 chown 命令不同，chgrp 命令只能变更用户组。

功能：变更文件所属组。

格式：chgrp ［选项］［组］ 文件或目录。

其常用选项为–R，作用是递归修改，即在改变目录权限的同时，修改相应目录中所有文件的权限。

把/home/test 文件的所属组修改为 adminuser 组。

```
[root@localhost home]# ll -l test
-rwxrw----. 1 rhce rhca 0 Mar 14 10:05 test
[root@localhost home]# chgrp adminuser test
[root@localhost home]#  ll -l test
-rwxrw----. 1 rhce adminuser 0 Mar 14 10:05 test
```

5.4.2 特殊权限控制

在 Linux 操作系统中，除了前面介绍的可读、可写和可执行 3 种权限外，还有一些文件具有特殊的权限。

```
[root@localhost home]# ls -ld /tmp;ls -l /usr/bin/passwd
drwxrwxrwt. 16 root root 4096 Mar 14 08:32 /tmp
-rwsr-xr-x. 1 root root 32648 Aug 10  2021 /usr/bin/passwd
```

V5-4　特殊权限
控制

从上述结果中可以看到文件还具有 t、s 等权限，这些权限就是文件的特殊权限。在复杂多变的生产环境中，单纯设置文件的 rwx 权限无法满足对安全和灵活性的需求，因此便有了 SUID、SGID 与 SBIT 等特殊权限位，它们的权限值分别是 4、2、1。

1. SUID 特殊权限位

SUID 是一种对二进制程序进行设置的特殊权限，可以让二进制程序的执行者临时拥有属主的权限（仅对拥有执行权限的二进制程序有效）。

SUID 的权限值为 4，执行者对该程序具有 x 权限，此权限仅在执行该程序时有效，执行者将具有该程序拥有者的权限。

赋予文件 SUID 权限位同样有字符和数字两种表示方式。

数字表示：chmod 4xxx test.file（xxx 中的任何一个有可执行权限即可）。

字符表示：chmod u+x test.file。

赋予/home/test 文件 SUID 权限位后，文件拥有者的权限位从原来的 rwx 变成了 rws。

```
[root@localhost home]# ls -l test
-rwxrw----. 1 rhce adminuser 0 Mar 14 10:05 test
[root@localhost home]# chmod 4764 test    #数字表示
[root@localhost home]# ls -l test
-rwsrw-r--. 1 rhce adminuser 0 Mar 14 10:05 test
[root@localhost home]# chmod u-s test    #字符表示
```

2. SGID 特殊权限位

SGID 主要有以下两种功能。

功能 1：让执行者临时拥有属组的权限（对拥有执行权限的二进制程序进行设置）。

功能 2：在某个目录中创建的文件自动继承该目录的用户组（主要针对目录设置，对二进制程序也可设置，以实现执行者临时拥有属组权限的功能）。

SGID 的权限值为 2，执行者对该程序具有 x 权限，执行者将具有该程序组的权限。

同样，赋予文件 SGID 权限位有数字表示和字符表示两种。

```
[root@localhost home]# ls -l test
-rwsrw-r--. 1 rhce adminuser 0 Mar 14 10:05 test
[root@localhost home]# chmod 2764 test    #数字表示
[root@localhost home]# ls -l test
-rwxrwSr--. 1 rhce adminuser 0 Mar 14 10:05 test  /* 如果原先权限位上没有 x 执行权
限，那么权限位被赋予特殊权限后将变成大写的 S */
[root@localhost home]# chmod g-s test    #字符表示
```

3. SBIT 特殊权限位

在 Linux 操作系统中，SUID、SGID 和 SBIT 的权限显示方式有所不同，SUID 设置在文件所有者的执行权限位上，显示为 s（有 x 执行权限）或 S（无 x 执行权限）；SGID 设置在文件所属组的执行权限位上，显示为 s（有 x 执行权限）或 S（无 x 执行权限）；SBIT 设置在其他用户的执行权限位上，显示为 t（有 x 执行权限）或 T（无 x 执行权限）。

SBIT 的权限值为 1，当文件设置了 SBIT 权限位时，该文件只有 root 用户和文件的拥有者才能删除。

```
[root@localhost home]# chmod 1764 test    #数字表示
[root@localhost home]# ls -l test
-rwxrw-r-T. 1 rhce adminuser 0 Mar 14 10:05 test
[root@localhost home]# chmod o-t test      #字符表示
```

5.4.3 设置 ACL 规则

前面讲解的一般权限、特殊权限都是针对某一类用户设置的权限。

如果希望对某个指定的用户进行单独的权限控制，则应该怎么办呢？这时就需要用到文件访问控制列表（Access Control List，ACL）。

通俗来讲，基于普通文件或目录设置 ACL 规则，其实就是针对指定的用户或用户组设置文件或目录的操作权限。

需要注意的是，如果针对某个目录设置了 ACL 规则，则该目录中的文件会继承其 ACL 规则；若针对某个文件设置了 ACL 规则，则该文件不再继承其所在目录的 ACL 规则。

V5-5 设置 ACL 规则

1. 设置 ACL 规则

在 Linux 操作系统中，设置 ACL 规则可以通过 setfacl 命令实现。

功能：设置文件的 ACL 规则。

格式：setfacl [选项] 文件名称。

setfacl 命令常用选项及其作用如表 5-3 所示。

表 5-3　setfacl 命令常用选项及其作用

序号	选项	作用
1	-m	为文件设置后续 ACL 参数的文件访问控制列表 针对特定用户的方式：setfacl -m u:[用户账户列表]:[rwx] 文件名 针对特定用户组的方式：setfacl -m g:[用户账户列表]:[rwx] 文件名 针对其他用户组的方式：setfacl -m o:[用户账户列表]:[rwx] 文件名
2	-x	对文件删除后续的 ACL 参数 setfacl -x u:[用户账户列表] 文件名
3	-b	删除所有的 ACL 参数

设置用户 t1 对/home/acl_test1 文件有可读和可写的权限。

```
[root@localhost ~]# touch acl_test1          #创建一个测试文件
[root@localhost ~]# setfacl -m u:t1:rw- acl_test1 #单独赋予用户 t1 可读写权限
[root@localhost ~]# ls-l acl_test1
-rw-rw-r--+ 1 root root 0 11月  21 17:12 acl_test1
```

当设置了 ACL 后，使用 ls-l 命令查看文件的属性，发现权限栏最后多了一个"+"，这就是刚才设置的 ACL 规则。

2. 显示 ACL 规则

在 Linux 操作系统中，显示 ACL 规则可以通过 getfacl 命令实现。

功能：查看设置的 ACL 规则。

格式：getfacl 文件名称。

显示/home/acl_test1 文件的 ACL 规则的代码如下。

```
[root@ahptc123 home]# setfacl -m u:t1:rw acl_test1
[root@ahptc123 home]# getfacl acl_test1
# file: acl_test1
# owner: root
# group: root
user::rw-
user:t1:rw-
group::r--
mask::rw-
other::r--
```

项目练习题

（1）在 Linux 中，文件权限为 rwxr-xr--，表示该文件的权限为（　　　）。

　　A. 所有者和组成员均有读写、执行权限，其他用户仅有读权限

    B. 所有者有读写、执行权限，组成员有读、执行权限，其他用户仅有读权限

    C. 所有者有读写权限，组成员有执行权限，其他用户无权限

    D. 所有者和组成员均有读、执行权限，其他用户无权限

（2）要授予文件 testfile 的所有用户读写权限，可以使用的命令是（　　）。

    A. chmod a+rwx testfile   B. chmod a+rw testfile

    C. chmod o+rw testfile   D. chmod u+rw testfile

（3）可以为文件 script.sh 添加 SUID 权限的命令是（　　）。

    A. chmod u+s script.sh   B. chmod +s script.sh

    C. chmod g+s script.sh   D. chmod o+s script.sh

（4）要为目录 project 添加 SGID 权限，以便新文件继承目录的组属性，可以使用的命令是（　　）。

    A. chmod g+s project   B. chmod u+s project

    C. chmod o+s project   D. chmod +t project

（5）使用 setfacl –m u:user1:rw file.txt 命令为文件 file.txt 设置 ACL 权限的效果是（　　）。

    A. 为用户 user1 授予读写权限   B. 为用户 user1 授予执行权限

    C. 删除用户 user1 的权限   D. 更改文件的所有者为 user1

（6）为目录 project 添加默认 ACL 规则，使所有新文件自动继承读写权限的命令是（　　）。

    A. setfacl –m d:u:user1 project   B. chmod u+s project

    C. getfacl project   D. chown user1 project

（7）对于带有 SUID 位的文件，当用户执行该文件时，进程将以（　　）运行。

    A. 执行用户的权限   B. 文件所有者的权限

    C. 系统管理员的权限   D. 文件组的权限

（8）在 Linux 操作系统中使用命令管理文件权限，具体要求如下。

① 在终端中创建一个名为 project 的目录，并使用 chmod 命令将该目录的权限设置为所有者读写、执行，同组用户和其他用户仅可读。

② 为 project 目录添加 SGID 权限，以确保同组用户创建的文件继承目录的组属性。

③ 为特定用户 user1 添加 ACL 规则，使其对 project 目录拥有读写权限。

④ 使用 getfacl 命令查看 project 目录的 ACL 规则，确保 user1 的读写权限已成功添加。

项目6
软件包的安装与管理

学习目标

【知识目标】
- 了解RPM软件包管理器的基本知识。
- 了解YUM和DNF的基本知识。

【技能目标】
- 掌握以RPM方式管理软件的方法。
- 掌握以YUM方式管理软件的方法。

【素质目标】
- 培养读者的数字素养和获取信息技术的能力，通过实践教学，提高读者在数据分析、网络安全和软件应用等方面的能力。
- 培养读者的项目规划和执行能力，读者应通过参与实际项目，学会如何有效执行计划并达成目标。

6.1 项目描述

小明所在的公司需要实现常用软件的快速安装与管理。作为系统工程师，小明决定搭建一个软件仓库，供公司内部员工使用，完成软件的安装、卸载和自动升级。

本项目主要介绍在 Linux 操作系统中安装软件包的常用方法，包括 RPM 软件包的安装特点与命令、YUM 仓库的创建命令和软件包的管理命令。

6.2 知识准备

在 Linux 操作系统中，软件包（Package）是一种用于管理、分发和安装软件的标准化方式。软件包通常是一组文件和元数据的集合，其中包含软件程序的源代码、可执行文件、库文件、配置文件、文档等内容。

每个软件包都包含元数据，如软件描述、版本信息及依赖关系等。这些元数据由软件包管理器使用，以实现各种功能，包括搜索、安装和卸载软件包，自动更新软件包到最新版本，以及解决软件包之间的依赖关系。

在不同的操作系统中，软件包的类型有很大的区别。在 Linux 操作系统中，软件包主要以两种形式出现：源代码包和二进制包。

1. 源代码包

源代码包是软件的原始代码文件的压缩包，其中包含软件的源代码文件、编译配置文件（如Makefile）、依赖项清单等。

用户需要将源代码包下载到本地并解压缩，然后手动进行编译、配置和安装，这通常需要用户具有一定的编程和操作系统知识。

编译源代码包时，用户可以根据自己的需求进行定制和配置，如选择编译选项及指定安装路径等。

2. 二进制包

二进制包是经过编译的软件包，其中包含可执行文件、库文件、配置文件等二进制文件，用户可以直接在系统中安装和运行软件包。

安装二进制包无须进行编译，因此安装速度相对较快，用户只需简单地使用相应的包管理工具（如rpm、dpkg等）即可完成安装。

二进制包通常会根据特定的操作系统和架构进行编译，因此可以直接在相应的操作系统中运行，不需要进行额外的配置和编译。

在Linux操作系统中，常见的二进制格式主要有RPM（RedHat Package Manager，红帽软件包管理器）和DEB（Debian Package，Debian软件包）。

6.2.1 RPM 软件包管理器概述

1. RPM 简介

RPM是一个可运行在RHEL、CentOS Stream、Fedora、Rocky Linux、openEuler等Linux发行版操作系统中的软件包管理系统。用户可以使用RPM对在这些操作系统中创建的软件进行分发、管理和更新。

V6-1　RPM 软件
包管理器概述

通过软件包管理器，用户可以方便地管理操作系统中的软件，确保软件的安装、更新和卸载都能够顺利进行。软件包管理器还能够自动处理软件包之间的依赖关系，从而简化软件管理的流程，提高系统的稳定性和可维护性。

与在传统存档文件中分发软件相比，RPM可以独立安装、更新或删除软件包的形式管理软件，从而更轻松地维护操作系统。

RPM软件包有两种类型，这两种类型共享文件格式和工具，但内容不同，并具有不同的目的。

（1）SRPM（Source RPM，源RPM）：SRPM包含源代码和SPEC文件，这些文件描述了如何将源代码构建为二进制RPM。

（2）二进制RPM：二进制RPM包含根据源代码和补丁构建的二进制文件。

RPM软件包主要包含以下内容。

（1）GPG（GNU Privacy Guard）签名：用于验证软件包的完整性。

（2）标头（软件包元数据）：用于确定软件包依赖项、安装文件的位置等信息。

（3）payload：包含要安装到系统中文件的cpio归档。

RPM的主要任务包括安装、升级和删除软件。用户可以通过RPM轻松地管理系统中的软件；查询关于软件的详细信息，包括版本号、依赖关系等；验证软件的完整性，确保软件包在传输过程中没有被篡改；从软件源构建用户自己的软件包，并完成构建说明，为软件包的分发提供定制化选项；使用GPG工具对软件包进行数字签名，确保软件包的来源可靠和完整性；在YUM存储库中发布软件包，使其他用户可以方便地访问和安装。这使得RPM成为一种强大而灵活的软件包管理工具，为用户提供了便捷的软件管理和分发机制。

2. rpm 命令

使用 RPM 管理软件是通过 rpm 命令实现的，格式为"rpm　选项　软件包名"。rpm 命令常用选项及其作用如表 6-1 所示。

表 6-1　rpm 命令常用选项及其作用

序号	选项	作用
1	-i	用于安装指定的 RPM 软件包
2	-v	显示详细的信息
3	-h	显示安装进度
4	-e	删除已安装的 RPM 软件包
5	-U	升级指定的 RPM 软件包
6	-F	仅升级旧版本的软件包
7	-q	查询指定的软件包是否安装
8	-qa	查询系统中安装的所有软件包
9	-ql	查询安装软件包所包含的文件列表
10	-R	显示软件包的依赖关系，通常和-q 选项组合使用
11	-V	验证软件包的完整性
12	--nodeps	安装/升级软件包时不检查依赖关系

6.2.2　YUM 和 DNF 概述

1. YUM 简介

V6-2　YUM 和 DNF 概述

YUM 是一种基于 RPM 包管理器的软件包管理器，被广泛应用于 RHEL、Fedora、CentOS、openEuler、Rocky Linux 等操作系统中。

YUM 具有查询软件包信息（包括版本、依赖关系等）的功能；还可以从指定的软件包存储库中获取软件包，并自动处理依赖关系，以一次性安装所有必要的依赖软件包；支持升级已安装的软件包，并能够自动解析依赖关系，保证软件包的完整性。

除了基本功能外，YUM 还支持配置新的软件包存储库或软件包来源，以及提供插件来增强和扩展其功能。通过简单的命令行工具，用户可以轻松地执行软件包的管理操作，使得软件包管理变得简单而高效。YUM 的适用范围广泛，可用于个人用户、企业环境及大型数据中心等，为用户提供了方便快捷的软件包管理解决方案，提高了系统的稳定性和安全性。

注意：YUM 通过启用 GPG 签名验证来提供安全的软件包管理。启用 GPG 签名验证后，YUM 将拒绝安装任何未使用正确 GPG 密钥签名的软件包。这样可以确保用户在系统中下载和安装的 RPM 软件包来自可信的来源（如红帽、欧拉等软件仓库），并在传输过程中未被修改。

2. 软件仓库

在 Linux 操作系统中，软件仓库（Software Repository）用于存储软件包及其相关信息，通常由软件开发者、Linux 发行版的维护者或第三方组织提供和管理。软件仓库是 Linux 操作系统的重要组成部分，它为用户提供了一种便捷的方式来获取、安装和更新软件包。

软件仓库包括应用程序、系统工具、库文件、驱动程序等。每个软件包通常包含一个或多个文件，这些文件被打包成特定的格式（如 RPM、DEB 等），以便在 Linux 操作系统中进行安装和管理。

软件仓库不仅存储了软件包本身，还提供与软件包相关的详细信息，如软件包的名称、版本、描述、依赖关系、发布日期等。这些信息可以帮助用户选择合适的软件包并了解其功能和特性。

软件仓库提供了一种标准化的方式来管理软件包，用户可以使用命令行工具或图形化工具来进行操作。通过软件仓库，用户可以方便地浏览和搜索可用的软件包，并按需安装和更新软件。

Linux 软件仓库一般由官方或社区维护，我国的一些公司、高校及组织等提供了相关的 Linux 软件仓库，以满足国内用户的软件需求。知名的 Linux 软件仓库包括 Fedora 软件仓库、CentOS 软件仓库、Ubuntu 软件仓库、清华大学开源软件镜像站、中国科学技术大学开源软件镜像站、阿里云开源镜像站、华为开源镜像站。

3. DNF 简介

DNF 是一种用于管理 RPM 软件包的先进软件包管理工具，适用于 Linux 操作系统。它能够查询软件包信息、从指定的软件仓库获取软件包、自动处理软件包的依赖关系并进行安装或卸载，以及将系统更新至最新可用版本。与 YUM 相比，DNF 保留了 CLI 兼容性，并为扩展和插件提供了严格的 API（Application Program Interface，应用程序接口），以实现更强大的功能。

因为涉及系统级操作，使用 DNF 需要具有管理员权限，所有使用 DNF 执行的命令都必须由管理员执行，以确保系统的稳定性和安全性。

DNF 作为 YUM 的下一个主要版本，为用户提供了更现代化、更灵活的软件包管理解决方案，提升了用户的体验。

在 RHEL 9、CentOS Stream 9、openEuler 22 及 openEuler 24 中，默认使用 DNF 工具来管理软件。为了与之前的版本兼容，这些操作系统中仍然可以使用 YUM 工具。

4. dnf 命令

软件配置成功后，可以使用 dnf 命令对软件包进行管理，dnf 常用命令及其作用如表 6-2 所示。在 RHEL 9、CentOS Stream 9、openEuler、Rocky Linux 中，yum 命令和 dnf 命令都是兼容的。

表 6-2　dnf 常用命令及其作用

序号	命令	作用
1	dnf search package-name	使用关键字来搜索软件包的名称或描述
2	dnf list	列出所有可用的软件包
3	dnf list --installed	列出已安装的软件包
4	dnf repolist	列出所有启用的软件仓库及其软件包数量
5	dnf info package-name	显示软件包的详细信息，如版本、大小、依赖关系等
6	dnf module list	列出所有可用的模块
7	dnf module info module-name	显示指定模块的详细信息
8	dnf group list	列出所有可用的软件包组
9	dnf install package-name	安装指定名称的软件包
10	dnf install package-url	安装指定 URL 的软件包
11	dnf group install group-name	安装指定名称的软件包组
12	dnf update package-name	升级软件包
13	dnf remove package-name	删除软件包
14	dnf clean all	清除所有仓库缓存
15	dnf check-update	检查可更新的软件包
16	dnf provides package-name	查询特定文件属于哪个软件包

续表

序号	命令	作用
17	dnf config-manager --add-repo <repository_url>	添加新的软件仓库
18	dnf config-manager --disable <repository_id>	禁用指定的软件仓库
19	dnf config-manager --enable <repository_id>	启用指定的软件仓库

6.3 项目实训

【实训任务】

本实训的主要任务是使用 rpm 和 yum 命令进行软件包的安装、升级、删除和查询，并搭建和管理本地软件仓库，提高系统管理的效率和灵活性。

【实训目的】

（1）掌握以 RPM 方式管理软件的方法。

（2）掌握以 YUM 方式管理软件的方法。

【实训内容】

（1）使用 rpm 命令安装、查询、卸载软件包。

（2）使用 yum 命令安装、查询、卸载软件包。

（3）编写本地 YUM 仓库配置文件。

【实训环境】

在进行本项目的实训操作前，提前准备好 Linux 操作系统环境，在 CentOS Stream、RHEL、Rocky Linux、华为 openEuler、麒麟等常见 Linux 发行版操作系统中都可以进行项目实训。

6.4 项目实施

6.4.1 RPM 软件包管理

V6-3 RPM 软件包管理

（1）从指定 URL 下载名为 epel-release-latest-9.noarch.rpm 的软件包。这个软件包是 EPEL（Extra Packages for Enterprise Linux，企业版 Linux 的额外软件包）存储库的最新版本，用于在 CentOS、RHEL 操作系统中安装额外的软件包。

```
[root@openstack yum.repos.d]# wget https://dl.fedoraproject.org/pub/epel/epel-release-latest-9.noarch.rpm
```

（2）使用 rpm 命令安装 epel-release-latest-9.noarch.rpm 软件包。

```
[root@openstack yum.repos.d]# rpm -ivh epel-release-latest-9.noarch.rpm
…
Updating / installing...
   1:epel-release-9-7.el9            ############################### [100%]
Many EPEL packages require the CodeReady Builder (CRB) repository.
It is recommended that you run /usr/bin/crb enable to enable the CRB repository.
```

（3）查询系统中是否安装了 epel-release 软件包，并显示其版本信息。

```
[root@openstack yum.repos.d]# rpm -q epel-release
epel-release-9-7.el9.noarch
[root@openstack yum.repos.d]# pwd
/etc/yum.repos.d
[root@openstack yum.repos.d]#
[root@openstack yum.repos.d]# ls
centos-addons.repo  epel-cisco-openh264.repo          epel.repo
centos.repo         epel-testing.repo
```

（4）显示已安装的 epel-release 软件包的详细信息，包括名称、版本、描述等。

```
[root@openstack yum.repos.d]# rpm -qi epel-release
Name        : epel-release
Version     : 9
Release     : 7.el9
…
Description :
This package contains the Extra Packages for Enterprise Linux (EPEL) repository
GPG key as well as configuration for yum.
```

（5）列出安装 epel-release 软件包所需的其他软件包或依赖项。

```
[root@openstack yum.repos.d]# rpm -qR epel-release
```

（6）显示 epel-release 软件包安装后的配置文件列表。

```
[root@openstack yum.repos.d]# rpm -qc epel-release
```

（7）查询 /etc/yum.repos.d/epel.repo 文件属于哪个软件包。

```
[root@openstack yum.repos.d]# rpm -qf /etc/yum.repos.d/epel.repo
epel-release-9-7.el9.noarch
```

（8）卸载或删除名为 epel-release 的软件包。这将导致系统中 epel-release 软件包的相关配置文件和设置被删除。

```
[root@openstack yum.repos.d]# rpm -e epel-release
[root@openstack yum.repos.d]# ls
centos-addons.repo  centos.repo
```

（9）查询所有软件包组。

```
[root@openstack yum.repos.d]# dnf group list
```

（10）查询已安装的软件包组。

```
[root@openstack yum.repos.d]# dnf group list --installed
```

（11）安装名为 Development Tools 的软件包组及其包含的所有软件包。

```
[root@openstack yum.repos.d]# dnf group install "Development Tools"
```

6.4.2　本地软件仓库管理

V6-4　本地软件
仓库管理

1. 配置本地软件仓库

　　配置本地软件仓库通常有以下 6 个步骤，分别是装载镜像、新建挂载点、查看设备名、挂载镜像、编辑软件仓库配置文件、测试软件仓库的有效性。下面对这 6 个步骤做详细介绍。

第 1 步：装载镜像。在虚拟机菜单栏中选择"虚拟机"→"设置"选项，打开"虚拟机设置"界面，在"硬件"选项卡中选择"新 CD/DVD（SATA）"选项，在"连接"选项组中选中"使用 ISO 映像文件"单选按钮，单击"浏览"按钮，将镜像装载到虚拟机中，如图 6-1 所示。

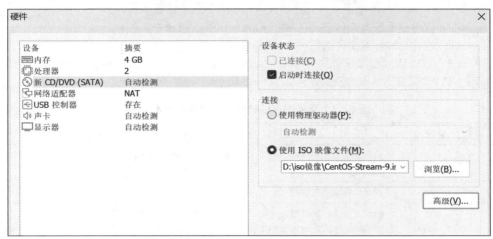

图 6-1　装载镜像

第 2 步：新建挂载点。将镜像文件挂载到指定目录中，挂载外部设备，一般挂载点选择/mnt 目录，可以使用 mkdir 命令创建 centosstream9 目录。

```
[root@compute ~]# mkdir /mnt/centosstream9
```

第 3 步：查看设备名。查看镜像文件在虚拟机内显示的设备名称，从结果可以看出来，sr0 是镜像文件在虚拟机内显示的设备名称。

```
[root@compute ~]# lsblk
NAME              MAJ:MIN RM  SIZE RO TYPE MOUNTPOINT
sda               8:0      0   30G 0 disk
└─sda1            8:1      0 27.4G 0 part
  ├─cs-root       253:0    0   70G 0 lvm  /
  └─cs-swap       253:1    0    6G 0 lvm  [SWAP]
  └─cs-home       253:2    0 222.4G 0 lvm /home
  sr0             11:0     1  8.9G 0 rom
```

第 4 步：挂载镜像。将装载到虚拟机中的镜像挂载到刚才新建的挂载点目录，挂载文件的时候应尽量把镜像文件挂载在空目录中，不能重复挂载分区。

```
[root@compute ~]# mount /dev/cdrom /mnt/centosstream9  #挂载到指定目录
[root@compute ~]# ls /mnt/centosstream9  #显示挂载目录中的内容，即镜像文件内容
AppStream  EULA            images        RPM-GPG-KEY-redhat-beta
BaseOS     extra_files.json isolinux     RPM-GPG-KEY-redhat-release
EFI        GPL             media.repo
```

如果需要持久挂载镜像文件，则可以编辑/etc/fstab 文件，使用 mount -a 命令将/etc/fstab 文件的所有内容重新加载，使挂载规则及时生效。

```
[root@compute ~]# cat /etc/fstab
/dev/cdrom  /mnt/centosstream9  iso9660 defaults 0 0
[root@compute ~]# mount -a
```

```
[root@compute ~]# lsblk /dev/sr0
NAME MAJ:MIN RM  SIZE RO TYPE MOUNTPOINTS
sr0  11:0    1  8.9G  0 rom  /mnt/centosstream9
```

第5步：编辑软件仓库配置文件。编辑文件时有以下几个注意事项。

（1）YUM 软件仓库配置文件必须在/etc/yum.repos.d/目录中。

（2）YUM 软件仓库配置文件的名称必须以.repo 结尾。

（3）一个 YUM 软件仓库配置文件可以定义多个软件仓库参数，但仓库标识必须是唯一的。

常用的 YUM 配置文件参数及其作用如表 6-3 所示。

表 6-3 常用的 YUM 配置文件参数及其作用

序号	参数	作用
1	[REPOS_ID]	YUM 仓库的唯一标识符，用于区分不同的仓库，避免与其他仓库冲突，如[base]、[updates]
2	name	YUM 仓库的名称描述，便于识别仓库的用途，如 name=CentOS-Stream9-Base
3	baseurl	指定 YUM 仓库的地址。可以是本地路径（file://）、HTTP（http://）、FTP（ftp://）等，如 file:///opt/centosstream/baseos、baseurl=https://mirrors.aliyun.com/centos-stream/$stream/BaseOS/$basearch/os/
4	enabled	设置此源是否可用，1 表示可用，0 表示禁用
5	gpgcheck	设置此源是否进行 GPG 签名验证，1 表示验证，0 表示不验证
6	gpgkey	当 gpgcheck=1 时，指定用于验证软件包的 GPG 公钥文件地址，如 gpgkey=file:////etc/pki/rpm-gpg/RPM-GPG-KEY-centosofficial、gpgkey=https://mirrors.aliyun.com/kubernetes-new/core/stable/v1.30/rpm/repodata/repomd.xml.key

（4）RHEL 9 和 CentOS Stream 9 镜像文件中有两个主要的软件仓库：BaseOS 仓库和 AppStream 仓库。BaseOS 仓库旨在提供底层操作系统功能的核心组件，作为后续软件安装、系统运行的基础支撑。AppStream 仓库的内容包括额外的用户空间应用程序、运行时语言和数据库，以支持各种工作负载和使用案例。

编写软件仓库配置文件。

```
[root@compute yum.repos.d]# cd /etc/yum.repos.d/
[root@compute yum.repos.d]# vim /etc/yum.repos.d/local.repo
[appstream]                                  #仓库的名称
name=local appstream                         #仓库的描述
baseurl=file:///var/www/repos/AppStream      #仓库的 URL 地址
enabled=1                                    #启用该仓库
gpgcheck=0                                   #不检查软件包的 GPG 签名
[baseos]
name=local baseos
baseurl=file:///var/www/repos/BaseOS
enabled=1
gpgcheck=0
```

第6步：测试软件仓库的有效性。使用 dnf 或者 yum 命令测试软件仓库的有效性。

```
[root@compute yum.repos.d]# dnf repolist
repo id                                      repo name
```

```
appstream                                    local appstream
baseos                                       local baseos
[root@compute yum.repos.d]# yum repolist
repo id                                      repo name
appstream                                    local appstream
baseos                                       local baseos
```

2. 以 YUM 方式安装软件

（1）安装 nginx 软件。

```
[root@compute yum.repos.d]# yum -y install nginx
```

（2）查询软件包是否安装。

```
[root@compute yum.repos.d]# yum info nginx
```

如果查询结果中出现"Installed Packages"，则说明软件已经安装。

（3）升级软件包。

当软件包 nginx 需要升级的时候，可以使用 yum update 或者 yum upgrade 命令实现。这里配置的是本地 YUM 源，默认安装的是最新的软件，所以在更新软件的时候不会有任何动作。

```
[root@compute ~]# yum upgrade nginx
```

（4）卸载软件包。

当不需要某个软件包的时候，可以使用 yum remove 命令卸载。

```
[root@compute ~]# yum remove -y nginx
```

项目练习题

（1）在 RPM 命令中，用于安装指定的 RPM 软件包的选项是（   ）。

    A．-e   B．-i   C．-U   D．-q

（2）若要查询系统中安装的所有 RPM 软件包，则使用的选项是（   ）。

    A．-qa   B．-ql   C．-R   D．-v

（3）使用 RPM 命令时，选项 -F 的作用是（   ）。

    A．安装新软件包   B．显示详细信息

    C．仅升级旧版本的软件包   D．删除已安装的软件包

（4）RPM 包含的组件（   ）用于验证软件包的完整性。

    A．payload   B．标头   C．GPG 签名   D．SPEC 文件

（5）在 RHEL、CentOS Stream、openEuler、麒麟等操作系统中，（   ）命令可以使用 DNF 来列出系统中启用的所有仓库。

    A．dnf repolist   B．dnf list   C．dnf clean all   D．dnf provides

（6）以下（   ）命令用于在 DNF 中搜索包含特定关键字的软件包。

    A．dnf list   B．dnf info   C．dnf search   D．dnf install

（7）在 Linux 操作系统中配置本地软件仓库，具体要求如下。

① 在系统中搭建本地 YUM 仓库，使用 mount /dev/cdrom /mnt 命令将光盘挂载到/mnt 目录。

② 在/etc/yum.repos.d/目录下创建一个名为 localrepo.repo 的 YUM 配置文件，仓库名称分别配置为 baseos 和 appstram。确保配置文件中设置 enabled=1 和 gpgcheck=0 以启用本地仓库并禁用 GPG 检查。

③ 使用 dnf clean all 命令清除缓存，使用 dnf repolist 命令确认本地仓库已成功启用并显示在仓库列表中。尝试从本地仓库安装一个软件包，以验证本地 YUM 仓库是否配置成功。

（8）在 Linux 操作系统中使用华为镜像仓库，安装 Docker-CE 软件包，具体要求如下。

① 使用 dnf 命令将华为云 Docker CE 仓库添加到系统的仓库列表（dnf config-manager --add-repo=https://repo.huaweicloud.com/docker-ce/linux/centos/docker-ce.repo）中，确保系统能够访问 Docker-CE 软件包的安装源。

② 添加完成后，使用 dnf clean all 命令清除缓存，以确保新仓库配置生效。使用 dnf -y install docker-ce 命令安装软件包。

项目7
存储设备管理

07

学习目标

【知识目标】
- 了解存储管理的概念。
- 了解MBR和GPT分区方案的基本知识。
- 了解逻辑卷存储的基本概念。

【技能目标】
- 掌握使用fdisk命令和parted命令管理分区的方法。
- 掌握创建和挂载文件系统的方法。
- 掌握创建、激活交换分区的方法。
- 掌握创建、扩展逻辑卷的方法。

【素质目标】
- 培养读者的先进技术应用能力，鼓励读者积极探索前沿技术，以适应快速发展的IT行业需求，提升个人竞争力。
- 培养读者的自适应学习和灵活变通的能力，使其在面对技术和业务需求变化时，能够快速适应并调整策略。

7.1 项目描述

小明所在的公司近期因线上业务急剧扩张，服务器存储空间数据量增加，已经达到存储上限的70%，需要尽快制订服务器存储扩容方案。小明作为数据中心的系统工程师，决定在Linux服务器中添加新的磁盘，划分新分区以增加存储空间，并创建交换分区，提高数据交换速率，减轻内存负载压力。为了使得以后遇到类似情况时，能更加快速、有效地对磁盘空间进行扩容，小明决定通过创建逻辑卷实现存储空间的在线扩容。

本项目主要介绍存储设备管理方法，读者应掌握使用fdisk和parted命令创建多个存储分区的方法，然后为分区分配文件系统并实现自动挂载，最后创建和管理交换分区、创建逻辑卷存储、实现逻辑卷空间的在线扩容。

7.2 知识准备

7.2.1 存储管理概念

计算机有多样化的外置存储设备，常见的存储设备有光盘、磁盘、SD（Secure Digital，安全数字）卡、U盘和SSD（Solid State Disk，固态盘）等。随着科技的发展，新的存储设备不断涌现，它们有更低的单位能耗、更低的单位存储成本，或者更好的访问性能。不管这些存储设备存储数据的原理如何变化，改变的都是存储质量，而不是其功能。对操作系统来说，管理它们的方式是一致的。依据功能特性的不同，这些外置存储设备可以简单地分为顺序读写型、随机只读型和随机读写型3类。

V7-1 存储管理
概念

顺序读写型的外置存储设备并不常见，它的主要应用场景是归档，也就是数据备份；随机只读型的外置存储设备日常有较多应用，常见的应用场景是资料分发和归档；随机读写型的外置存储设备最为常见，无论是在台式计算机、笔记本计算机、手机上，还是在智能手表、汽车上，随处都可见到它们的身影。

按接口类型的不同，磁盘数据接口可以分为SATA接口、SCSI、SAS和FC接口。磁盘数据接口类型及其作用如表7-1所示。

表7-1 磁盘数据接口类型及其作用

序号	接口类型	作用
1	SATA接口	全称为Serial Advanced Technology Attachment（串行先进技术总线附属），也就是使用串口的ATA接口，特点是抗干扰能力强，对数据线的要求比ATA低很多，且支持热插拔等
2	SCSI接口	全称为Small Computer System Interface（小型计算机系统接口）。经历了多代发展，从早期的SCSI-Ⅱ，到目前的Ultra320 SCSI，接口形式多种多样。SCSI传输时CPU占用率较低，但是单价比相同容量的ATA及SATA接口磁盘更高
3	SAS接口	全称为Serial Attached SCSI（串行小型计算机系统接口），是新一代的SCSI技术，可兼容SATA接口磁盘，采取序列式技术以获得更高的传输速率，传输速率可达12Gbit/s
4	FC接口	全称为Fiber Channel（光纤通道），拥有此接口的磁盘在使用光纤连接时具有可热插拔、高速带宽（可达4Gbit/s或10Gbit/s）、远程连接等特点；内部传输速率比普通磁盘更高。但其价格高昂，因此FC接口通常用于高端服务器领域

在Linux操作系统中，对存储设备的低级别访问是由一种被称为"块设备"的特殊类型文件实现的。在挂载这些块设备前，必须使用文件系统对其进行格式化。

块设备文件与其他的设备文件一起存储在/dev目录中。设备文件是由操作系统自动创建的。在RHEL中，检测到的第一个SATA、SAS、SCSI或USB磁盘驱动器被标记为/dev/sda，第二个被标记为/dev/sdb，以此类推。这些名称代表整个磁盘驱动器，其他类型的存储设备有其他命名方式。磁盘设备命名模式如表7-2所示。

表7-2 磁盘设备命名模式

序号	设备类型	设备命名模式
1	SATA/SAS/USB附加存储	/dev/sda、/dev/sdb、/dev/sdc
2	virtio-blk超虚拟化存储（部分虚拟机）	/dev/vda、/dev/vdb、/dev/vdc
3	NVMe附加存储（SSD）	/dev/nvme0、/dev/nvme1、/dev/nvme2

计算机的文件系统是一种存储和组织计算机数据的系统，它使得对计算机中文件的访问和查找变得容易。文件系统通过抽象数据类型实现了数据的存储、分级组织、访问和获取等操作，其使用了文件和树形目录的抽象逻辑概念，简化了在磁盘和光盘等物理设备上直接操作数据块的复杂性。用户使用文件系统来保存数据时，不必关心数据实际保存在磁盘（或者光盘）的哪个数据块上，只需要记住这个文件的所属目录和文件名即可。在写入新数据之前，用户不必关心磁盘上的哪个数据

块地址没有被使用，磁盘的存储空间管理（分配和释放）由文件系统自动进行，用户只需要记住数据被写入了哪个文件。

文件系统的种类非常多，它们的设计思路基本相似。大部分文件系统基于日志来提高防灾难能力，基于 B 树或 B+树组织元数据。磁盘文件系统如表 7-3 所示。

表 7-3　磁盘文件系统

序号	文件系统名称	格式制定者	日志
1	FAT32	Microsoft（微软）公司	不支持
2	NTFS	Microsoft（微软）公司	支持
3	ext3/ext4	Linux 社区，开源	支持
4	BTRFS	Oracle（甲骨文）公司	支持
5	XFS	Silicon Graphics（硅图）公司	支持

7.2.2　MBR 和 GPT 分区方案

使用存储设备时，通常不会将整个存储设备设置为一个文件系统，而是将存储设备划分为更小的区块，称为"分区"。分区用于划分磁盘，不同的部分可以通过不同的文件系统进行格式化或有不同的用途。一个分区可以包含用户主目录，另一个分区则可以包含系统数据和日志。如果用户在主目录分区中填满了数据，则系统分区可能依然有可用的空间。

分区本身就是块设备。在 SATA 附加存储中，第一个磁盘上的第一个分区是/dev/sda1。第二个磁盘上的第三个分区是/dev/sdb3，以此类推。超虚拟化存储设备采用了类似的命名体系。

V7-2　MBR 和 GPT 分区方案

1. MBR 分区方案

MBR（Master Boot Record，主启动记录）分区方案指定了在运行 BIOS 固件的系统上如何对磁盘进行分区。MBR 位于磁盘的第一个扇区（通常是扇区 0），其大小为 512 字节。MBR 由以下 3 个主要部分组成。

（1）引导程序（Bootloader）：占据了 MBR 的前 446 字节，负责引导加载操作系统。当计算机启动时，BIOS 将读取 MBR 中的引导程序并执行，从而启动操作系统。

（2）分区表（Partition Table）：占据了 MBR 引导程序的后 64 字节，用于记录磁盘的分区信息。MBR 分区表最多可以记录 4 个主分区的信息，每个主分区的记录占用 16 字节。

（3）MBR 签名（MBR Signature）：占据了 MBR 的最后 2 字节，用于标识 MBR 的有效性。

MBR 分区方案支持最多 4 个主分区，如果需要超过 4 个分区，则必须创建一个扩展分区，在扩展分区内创建多个逻辑分区。扩展分区本身不能直接存储数据，需在其中创建逻辑分区以用于实际的数据存储。逻辑分区的数量受分区表空间、存储容量等限制。分区的大小以 32 位值存储，使用 MBR 分区方案分区时，最大磁盘和分区大小为 2TiB。/dev/vdb 存储设备的 MBR 分区如图 7-1 所示。

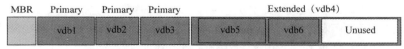

图 7-1　/dev/vdb 存储设备的 MBR 分区

在图 7-1 中，Primary 表示主分区，vdb1、vdb2、vdb3 均属于主分区，可以用于存储数据；

Extended 表示扩展分区，vdb4 属于扩展分区，但不能直接用于存储数据，需要在其上创建逻辑分区；vdb5、vdb6 属于逻辑分区，它们在扩展分区 vdb4 的基础上创建，可以用于存储数据；Unused 表示磁盘上的未使用空间，可用于创建新的逻辑分区。

由于目前物理磁盘的容量变得越来越大，而基于存储区域网络（Storage Area Network，SAN）的存储卷容量甚至更大，因此针对 MBR 分区方案的 2TiB 磁盘和分区大小限制已不再是理论限制，而是系统管理员在生产环境中越来越频繁遇到的实际问题。因此，在磁盘分区领域，新的 GPT 分区方案正在取代传统的 MBR 分区方案。

2. GPT 分区方案

全局唯一标识分区表（GUID Partition Table，GPT）是统一可扩展固件接口（Unified Extensible Firmware Interface，UEFI）标准的一部分，可以突破基于 MBR 分区方案所带来的许多限制。对于运行 UEFI 固件的系统而言，GPT 是在物理磁盘上布置分区表的标准。

GPT 分区方案中没有主分区和扩展分区的概念，GPT 为逻辑块分配 64 位地址，可支持最多 9.2ZB 的分区和磁盘。

除了可以解决 MBR 分区方案带来的限制问题以外，GPT 还具有其他功能特性和优势。GPT 使用 GUID 来识别每个磁盘和分区。与 MBR 存在单一故障点不同，GPT 提供分区表信息的冗余。主 GPT（Primary GTP）位于磁盘头部，而备份 GPT（Backup GPT）位于磁盘尾部。GPT 使用校验和来检测 GPT 头和分区表中的错误与损坏。/dev/vdb 存储设备的 GPT 分区如图 7-2 所示。

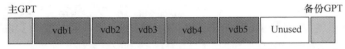

图 7-2　/dev/vdb 存储设备的 GPT 分区

在图 7-2 中，主 GPT 位于磁盘的开头，包含了主分区表和分区条目表，用于定义磁盘的分区信息；备份 GPT 位于磁盘的结尾，包含主分区表和分区条目表的备份信息，用于在主 GPT 损坏时进行恢复；vdb1、vdb2、vdb3、vdb4、vdb5 是磁盘上的分区，每个分区都是独立的，可以用于存储数据；Unused 表示磁盘上未使用的空间，可用来创建新的分区，或者扩展现有的分区。

7.2.3　逻辑卷存储简介

逻辑卷管理（Logical Volume Manager，LVM）可以让系统管理员更加轻松地管理磁盘空间。如果托管逻辑卷的文件系统需要更多空间，则可以将其卷组中的可用空间分配给逻辑卷，用户还可以自由调整文件系统的大小。如果磁盘开始出现错误，则可以将替换磁盘注册为物理卷放入卷组中，且逻辑卷的区块可以迁移到新磁盘。

V7-3　逻辑卷存储简介

通过逻辑卷管理，可以实现存储空间的抽象化，还可以在其上建立虚拟分区（Virtual Partition），从而更简便地扩大和缩小分区。使用 LVM 增加和删除分区时，无须担心某块磁盘中没有足够的连续空间，解决了因调整分区而不得不移动其他分区的问题。

在使用 LVM 创建逻辑卷前，需要了解物理卷、卷组、物理扩展块和逻辑卷等基本概念。

（1）物理卷（Physical Volume，PV）。在 LVM 系统中使用设备之前，必须将设备初始化为物理卷。使用 LVM 工具可以将物理卷划分为物理扩展块，它们是物理卷上的最小存储单元。

（2）卷组（Volume Group，VG）。卷组是存储设备的存储池，由一个或多个物理卷组成。它的功能与基本存储中的整个磁盘类似。一个物理卷只能分配给一个卷组，卷组可以包含未使用的空间和任意数目的逻辑卷。

（3）物理扩展块（Physical Extent，PE）。物理扩展块是将物理卷组合为卷组后所划分的最小存储单位，即逻辑意义上磁盘的最小存储单元。逻辑卷管理时默认 PE 大小为 4MB。

（4）逻辑卷（Logical Volume，LV）。逻辑卷根据卷组中的空闲物理区块创建，提供应用、用户和操作系统所使用的"存储"设备。LV 是逻辑区块（Logical Extent，LE）的集合，逻辑区块会映射到物理扩展块。默认情况下，一个逻辑区块映射到一个物理扩展块。LVM 架构如图 7-3 所示。

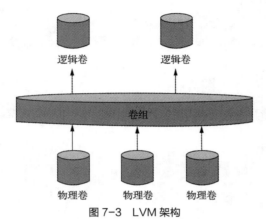

图 7-3　LVM 架构

注意：前面提到的逻辑卷设备的命名实际上是建立与实际设备文件的符号链接，以此来访问相应文件，其名称在每次启动时可能会有所不同。还有一种逻辑卷设备的命名方式，即与常用的 /dev/mapper 中的文件建立链接，这也是一种与实际设备文件的符号链接。

7.3　项目实训

【实训任务】

本实训的主要任务是在存储设备上创建分区，分配相应的文件系统，将分区设备配置为自动挂载；创建交换分区，以弥补内存空间的不足；创建逻辑卷，实现存储空间的灵活扩展。

【实训目的】

（1）使用 fdisk 和 parted 命令管理分区。

（2）掌握创建和挂载文件系统的方法。

（3）掌握创建和激活交换分区的方法。

（4）掌握创建和扩展逻辑卷的方法。

【实训内容】

（1）使用 lsblk 命令查询系统的存储设备信息。

（2）使用 mount 命令手动挂载文件系统。

（3）使用 mkfs.xfs 命令在磁盘分区上创建 XFS 系统。

（4）将磁盘分区挂载条目添加到/etc/fstab 文件中，实现持久挂载。

（5）使用 mkswap 命令格式化交换分区。

【实训环境】

在进行本项目的实训操作前，提前准备好 Linux 操作系统环境，在 CentOS Stream、RHEL、Rocky Linux、华为 openEuler、麒麟 Linux 等常见 Linux 发行版操作系统中都可以进行项目实训。

7.4 项目实施

7.4.1 使用 fdisk 命令管理分区

对于采用 MBR 分区方案的磁盘，可使用 fdisk 命令进行磁盘分区操作。系统管理员可创建、删除磁盘分区，也可更改其类型。

（1）指定要创建分区的磁盘设备。以 root 用户身份使用 fdisk 命令，并指定该磁盘设备名称作为参数。

V7-4　使用 fdisk 命令管理分区

```
[root@host~]# fdisk /dev/vdb
```

（2）创建一个新的主分区或扩展分区。

输入 n 并按 Enter 键创建一个新分区，并指定该分区是主分区还是扩展分区，默认创建的是主分区。

```
Partition type:
 p primary ( 0 primary, 0 extended, 4 free )
 e extended
Select ( default p ): p
```

（3）指定分区编号和分区大小。其中，分区编号在将来的分区操作中将作为磁盘上新分区的标识使用，默认值是未使用的最小分区编号。

```
Partition number ( 1-4, default 1 ): 1
```

（4）指定磁盘上新分区的空间大小。指定磁盘上新分区的第一个扇区，默认从 2048 扇区开始分区。

```
First sector ( 2048-20971519, default 2048 ): 2048
```

指定磁盘上新分区的最后一个扇区，默认值是与新分区第一个扇区相邻的可用且未分配扇区中的最后一个扇区，fdisk 命令可以使用 K、M 或 G 指定新分区的大小。

```
Last sector, +sectors or +size{K,M,G} ( 6144-20971519, default 20971519 ): +512M
```

（5）定义分区类型。如果需要将新创建的分区设置为 Linux 操作系统以外的类型，则可以使用 t 命令更改分区类型。分区类型以十六进制代码表示，如果需要查询，则可以使用 L 命令显示所有分区类型的十六进制代码表。

```
Command ( m for help ): t
Selected partition 1
Hex code ( type L to List all code ): 82
Changed type of partition'Linux'to 'Linux swap / Solaris'
```

（6）保存分区表。使用 w 命令可以保存分区参数并退出 fdisk 工具。

```
Command ( m for help ): w
The partition table has been altered!
```

（7）通知内核重新读取分区表。使用 partprobe 命令，将磁盘设备名称作为参数，以强制重新读取其分区表。

```
[root@host~]# partprobe /dev/vdb
```

（8）查看磁盘分区信息。使用 lsblk 命令可以显示系统中的块设备信息及其依赖关系，此命令常用于查询磁盘分区信息。

```
[root@host~]# lsblk
```

7.4.2　使用 parted 命令管理分区

V7-5　使用 parted
命令管理分区

对于采用 MBR 和 GPT 分区方案的磁盘，系统管理员可使用 parted 命令创建、删除分区，也可更改其类型。

parted 命令将整个磁盘的设备名称作为第一个参数，且提供一个或多个子命令。使用 print 子命令显示/dev/vda 磁盘上的分区表。

```
[root@host ~]# parted /dev/vda print
Model: Virtio Block Device (virtblk) Disk /dev/vda: 53.7GB
Sector size (logical/physical): Partition Table: msdos
Disk Flags:
```

下面以子命令的形式使用 parted 命令创建分区。

```
[root@host ~]# parted /dev/vdb mkpart usersdata xfs 2048s 1000MB
```

如果不提供子命令，则可直接使用 parted 命令，以发出命令的交互式会话，并使用子命令进行操作。

```
[root@host ~]# parted /dev/vda
GNU Parted 3.2
Using /dev/vda
Welcome to GNU
(parted) print
Model: Virtio Block Device (virtblk) Disk /dev/vda: 53.7GB
Sector size (logical/physical): Partition Table: msdos Disk Flags:
```

默认情况下，空间大小通常以 10 的幂表示（如 KB、MB、GB），即 1KB 等于 1000 字节，1MB 等于 1000000 字节。可以使用 unit 子命令来更改显示单位，如 s 表示扇区，B 表示字节，一个扇区通常设置为 512 字节或 4096 字节。MiB、GiB、TiB 表示以 2 的幂计算空间大小（1MiB = 1024KB，1GiB = 1024MiB），而 MB、GB、TB 表示以 10 的幂计算空间大小。系统管理员可以根据需要选择合适的单位来查看和管理磁盘空间。

```
[root@host ~]# parted /dev/vda unit s print
Model: Virtio Block Device (virtblk)
Disk /dev/vda: 104857600s
Sector size (logical/physical): 512B/512B
Partition Table: msdos
Disk Flags:
Number Start End Size Type File system Flags
1 2048s 20971486s 20969439s primary xfs boot
2 20971520s 104857535s 83886016s primary xfs
```

1.　向新磁盘写入分区表

要对新驱动器进行分区，首先需要为其写入磁盘标签，磁盘标签指定了所用的分区方案。使用 parted 命令会使更改立即生效，因此误用此命令会导致数据丢失。

（1）以 root 用户身份使用以下命令将 MSDOS 磁盘标签写入磁盘。

```
[root@host ~]# parted /dev/vdb mklabel msdos
```

（2）以 root 用户身份使用以下命令将 GPT 磁盘标签写入磁盘。

```
[root@host ~]# parted /dev/vdb mklabel gpt
```

注意 使用 mklabel 子命令可擦除现有的分区表，仅当想重复使用磁盘且不考虑现有数据时，才使用 mklabel 子命令。如果新标签更改了分区边界，则现有文件系统中的所有数据都将无法访问。

2. 使用 parted 命令对块设备进行分区

（1）以 root 用户身份使用 parted 命令，并指定该磁盘设备名称作为参数。

```
[root@host ~]# parted /dev/vdb
GNU Parted 3.2
Using /dev/vdb
Welcome to GNU Parted! Type 1 help' to view a list of commands.
(parted)
```

（2）使用 mkpart 子命令创建新分区，并为分区设置名称。

```
(parted) mkpart
Partition name? []? usersdata
```

（3）使用 mkpart 子命令指定要在分区上创建的文件系统类型。注意，此子命令并不会在分区上创建文件系统，而是仅指定分区类型。

```
File system type? [ext2]? xfs
```

（4）指定磁盘上新分区开始的扇区，新分区的第一个扇区默认从 2048 扇区开始。

```
Start? 2048s
```

（5）指定应结束新分区的磁盘扇区，一旦提供了结束位置，parted 命令就可利用新分区的详细信息来更新磁盘上的分区表。

```
End? 1000MB
```

（6）使用 quit 子命令退出 parted 工具。

```
(parted) quit
Information: You may need to update /etc/fstab.
[root@host ~]#
```

3. 检测新分区

执行 udevadm settle 命令会等待系统检测新分区并在/dev 目录中创建关联的设备文件。只有在完成上述操作后，系统才会返回。

```
[root@host ~]# udevadm settle
```

4. 删除分区

使用 parted 命令的 rm 子命令可以删除磁盘上的分区。删除分区前需要备份分区的数据，以免数据丢失。

```
[root@host ~]# parted /dev/vdb
GNU Parted 3.2
Using /dev/vdb
Welcome to GNU Parted! Type 'help1 to view a list of commands.
(parted)
(parted) print
Model: Virtio Block Device (virtblk)
Disk /dev/vdb: 5369MB
Sector size (logical/physical): 512B/512B
```

```
Partition Table: gpt
Disk Flags:
Number Start End Size File system Name Flags
1 1049kB 1000MB 999MB xfs usersdata
(parted) rm 1
(parted) quit
Information: You may need to update /etc/fstab.
```

7.4.3　创建并挂载文件系统

1. 创建文件系统

创建块设备后，需要在其上创建文件系统。创建文件系统通常在第一次使用新存储设备或在需要清空并重新格式化现有设备时进行。RHEL、CentOS、Fedora、Ubuntu、Debian 等 Linux 操作系统的发行版支持许多不同的文件系统类型，其中两种常见的类型是 XFS 和 ext4。RHEL 的安装程序 Anaconda 默认使用 XFS。

V7-6　创建并挂载
文件系统

以 root 用户身份使用 mkfs.xfs 命令为块设备应用 XFS。也可以使用 mkfs.ext4 命令为块设备应用 ext4 文件系统。

（1）使用 mkfs.xfs 命令，将/dev/vdb1 分区格式化为 XFS。

```
[root@host ~]# mkfs.xfs /dev/vdb1
```

（2）使用 mkfs.ext4 命令，将/dev/vdb2 分区格式化为 ext4 文件系统。

```
[root@host ~]# mkfs.ext4 /dev/vdb2
```

（3）使用 blkid 命令，查看/dev/vdb2 文件系统类型。

```
[root@host ~]# blkid
/dev/vdb2: UUID="a2f8c383-bc71-424c-9005-81e04bb9c278"
BLOCK_SIZE="512" TYPE="ext4" PARTUUID="b365ddf9-01"
```

2. 挂载文件系统

创建完文件系统后，需要将文件系统挂载到目录结构的目录上。在 Linux 操作系统中，挂载是指将一个存储设备（如磁盘分区或 USB 设备）与系统中的一个目录（挂载点）关联，从而实现统一的文件访问接口，使得设备上的文件系统的内容可以通过该目录被访问。

挂载成功后，用户和应用程序可以像操作普通目录一样读取及写入存储设备上的数据，而无须关心其物理位置。这不仅简化了数据管理，还提高了数据访问的便捷性和灵活性。

（1）mount 命令。

使用 mount 命令将已经添加了文件系统的设备手动挂载到目录位置（挂载点）后，访问这个目录就相当于访问该设备。mount 命令的参数包括设备、挂载点和文件系统选项，文件系统选项将自定义文件系统的行为。

```
[root@host ~]# mount /dev/vdb1 /mnt
```

使用 mount 命令查看当前已挂载的文件系统、挂载点和选项，代码如下。

```
[root@host ~]# mount | grep vdb1
/dev/vdb1 on /mnt type xfs (rw,relatime,seclabel,attr2, inode64, noquota)
```

mount 命令常用选项及其作用如表 7-4 所示。

表 7-4　mount 命令常用选项及其作用

序号	选项	作用
1	-t	指定文件系统的类型，常用类型有 ISO 9660、VFAT、CIFS、ext3、ext4、XFS、ZFS 等
2	-o	描述设备的挂接方式，常用的挂接方式有以下几种。loop：用来把一个文件当作磁盘分区挂接到系统中。rw：挂载为读写模式。ro：挂载为只读模式

（2）umount 命令。

功能：卸载文件系统。

格式：umount　分区名或挂载点。

```
[root@localhost ~]# umount /mnt/    #卸载目标
```

使用 umount 命令时不能进入挂载点目录卸载文件系统，否则会提示"目标忙"的信息，导致无法正确卸载。

```
[root@localhost centosstream9]# umount /mnt/
umount: /mnt/: target is busy.    #目标忙
```

3. 持久挂载文件系统

手动挂载文件系统是一种验证已格式化的设备是否可访问以及是否按预期工作的好方法。但是当服务器重启时，系统不会再次将文件系统自动挂载到目录树上，文件系统中的数据虽完好无损，但用户无法访问这些数据。

为了确保系统在启动时自动挂载文件系统，需要在/etc/fstab 文件中添加一个条目。此配置文件列出了系统启动时要挂载的文件系统。

/etc/fstab 文件中的每行有 6 个字段，字段之间用空格分隔。使用 cat 命令查看/etc/fstab 文件，每个字段的作用如表 7-5 所示。

```
[root@host ~]# cat /etc/fstab
UUID=a8063676-44dd-409a-b584-68be2c9f5570 / xfs defaults 0 0
UUID=7a20315d-ed8b-4e75-a5b6-24ff9elf9838 /dbdata xfs defaults 0 0
```

表 7-5　/etc/fstab 文件每个字段的作用

序号	字段	作用
1	UUID=a8063676-44dd-409a-b584-68be2c9f5570	用于指定设备，UUID 是计算机体系中用于唯一标识存储设备的 128 位标识符，这里使用 UUID 来指定设备。创建分区后，文件系统会在其超级块中创建和存储 UUID；或者使用设备文件，如/dev/vdb1
2	UUID=7a20315d-ed8b-4e75-a5b6-24ff9elf9838	目录挂载点，用于指明设备在结构中的访问路径，通过它可以访问目录结构中的块设备。挂载点必须存在，如果不存在，则应使用 mkdir 命令创建
3	xfs	文件系统类型，常见的文件系统类型有 XFS、ext4、ext3、VFAT 等
4	defaults	以逗号分隔的、应用于设备的选项列表。defaults 是一组常用选项，Mount(8)man page 帮助文件中记录了其他可用的选项
5	0	用于备份设备。其他备份应用通常不使用此字段。该字段的值为 1 时，表示对整个内容进行备份；为 0 时表示不备份。该字段的值一般为 0
6	0	决定了在系统启动时是否执行 fsck 命令，以验证文件系统是否干净。如果该字段的值为 0，则不检查；如果大于 0，则按照数字从小到大的顺序依次检查。该字段中的值指示了 fsck 的执行顺序。对于 XFS，该字段设为 0，因为 XFS 并不使用 fsck 来检查文件系统状态。对于 ext4 文件系统，如果是根文件系统，则应将该字段设为 1；如果是其他 ext4 文件系统，则应将该字段设为 2。这样，fsck 会先处理根文件系统，再同步检查不同磁盘上的文件系统，并按顺序检查同一磁盘上的文件系统

注意 使用 UUID 来指定设备的方式更可取，因为块设备标识符在特定情况下可能会变化，当
云提供商更改虚拟机的基础存储层或在每次系统启动以不同顺序检测磁盘时，块设备文
件名可能会发生改变，但 UUID 在文件系统的超级块中会保持不变。

在/etc/fstab 文件中添加或删除条目后，执行 systemctl daemon-reload 命令或重启服务器，
以便使 systemd 注册新配置。

```
[root@host ~]# systemctl daemon-reload
```

使用 lsblk --fs 命令可扫描连接到计算机的块设备并检索文件系统的 UUID。

```
[root@host ~]# lsblk --fs
```

 注意 **Linux** 操作系统启动时，会根据**/etc/fstab** 中的条目自动挂载文件系统。如果某个条目
配置错误，如设备路径错误、挂载点不正确、文件系统类型错误或挂载选项不正确，则
会导致相关文件系统无法挂载，进而影响系统的启动和运行。为避免出现此类问题，应
在重新启动计算机之前修正**/etc/fstab** 文件中的错误条目。可以使用 **mount –a** 命令验
证**/etc/fstab** 条目是否配置正确。

7.4.4 交换分区管理

（1）创建交换分区。

使用 parted 命令创建大小为 256MB 的分区作为交换分区，将其文件系统类型设置为 linux-
swap。

```
[root@host ~]# parted /dev/vdb mkpart myswap linux-swap 1001MB 1257MB
```

（2）检测新分区。

执行 udevadm settle 命令，等待系统检测新分区并在/dev 中创建关联的设
备文件。

```
[root@host ~]# udevadm settle
```

V7-7 创建并激活
交换分区

（3）格式化设备。

使用 mkswap 命令可以向设备应用交换签名。与其他格式化实用程序不同，
使用 mkswap 命令会在设备开头写入某个数据块，而将设备的其余部分保留为
未格式化，这样内核就可以使用它来存储内存页。

```
[root@host ~]# mkswap /dev/vdb2
Setting up swapspace version 1, size = 244 MiB (255848448 bytes)
no label, UUID=39e2667a-9458-42fe-9665-c5c854605881
```

可以使用 swapon 命令激活已格式化的交换分区，或者使用 swapon –a 命令来激活/etc/fstab
文件中列出的所有交换分区。激活交换分区前，可以使用 free 命令查看当前交换分区信息。

```
[root@host ~]# free
total used free shared buff/cache available
Mem: 1873036 134688 1536436 16748 201912 1576044
Swap: 0 0 0
```

（4）激活交换分区。

使用 swapon 命令，将/dev/vdb2 分区激活为交换分区。

```
[root@host ~]# swapon /dev/vdb2
```

使用 free 命令，查看系统中交换分区的变化。

```
[root@host ~]# free
total used free shared buff/cache available
Mem: 1873036 135044 1536040 16748 201952 1575680
Swap: 249852 0 249852
```

（5）停用交换分区。

使用 swapoff 命令可以停用交换分区，如果交换分区具有写入的页面，则 swapoff 命令会尝试将这些页面移动到其他活动交换分区或将其写回内存中。

```
[root@host ~]# swapoff /dev/vdb2
```

（6）持久激活交换分区。

要想在每次启动时都激活交换分区，需要在/etc/fstab 文件中添加一个条目。基于前面创建的交换分区，在/etc/fstab 文件中添加的条目如表 7-6 所示。下面显示了/etc/fstab 文件中的一个挂载条目。

```
UUID=39e2667a-9458-42fe-9665-c5c854605881 swap swap defaults 0 0
```

表 7-6　在/etc/fstab 文件中添加的条目

序号	字段	作用
1	UUID=39e2667a-9458-42fe-9665-c5c854605881	UUID。格式化设备时，mkswap 命令会显示该 UUID。如果丢失了 mkswap 的输出，则可使用 lsblk --fs 命令。作为替代方法，也可以在该字段中使用设备名称
2	swap	通常为 mount point 保留字段。但是由于交换设备无法通过目录结构访问，因此该字段取占位符值 swap
3	swap	文件系统类型。交换分区的文件系统类型是 swap
4	defaults	选项。这里使用了 defaults 选项。defaults 选项包括挂载选项 auto，它用于在系统启动时自动激活交换分区
5	0	dump 标志。交换分区不需要备份，因此该字段值为 0
6	0	fsck 顺序。交换分区不需要检查文件系统，因此该字段值为 0

7.4.5　逻辑卷存储管理

LVM 提供了一组命令行工具，用于实施和管理 LVM 存储。这些命令行工具可用在脚本中，使它们更易于自动化。创建 LVM 存储需要以下几个步骤：确定要使用的物理设备，可以使用 parted、gdisk 或 fdisk 命令创建新分区，以便与 LVM 结合使用，在 LVM 分区上，始终将分区类型设置为 Linux LVM；在组装完一组合适的设备之后，将它们初始化为物理卷，以便系统将它们识别为 LVM；将这些物理卷合并到卷组中；从卷组中分配逻辑卷分区。

V7-8　逻辑卷存储管理

1．创建物理卷

使用 pvcreate 命令可以将分区（或其他物理设备）标记为物理卷。可以使用以空格分隔的设备名称作为 pvcreate 命令的参数，以同时标记多个设备。

```
[root@host ~]# pvcreate /dev/vdb2 /dev/vdb1
```

上述命令会将设备/dev/vdb2 和/dev/vdb1 标记为物理卷，这两个物理卷将被分配到卷组中。仅当没有空闲的物理卷可以创建或扩展卷组时，才需要创建物理卷。

使用 pvdisplay 命令可以查看有关物理卷的信息。pvdisplay 命令的输出信息中各字段的作用如表 7-7 所示。

```
[root@host ~]# pvdisplay /dev/vdb1
```

表 7-7 pvdisplay 命令的输出信息中各字段的作用

序号	字段	作用
1	PV Name	设备名称
2	VG Name	将物理卷分配到的卷组
3	PV Size	物理卷的物理大小，包括任何不可用的空间
4	PE Size	物理扩展块的大小，它是逻辑卷中可分配的最小空间单位。物理扩展块的大小会影响逻辑卷相关值的计算。例如，如果 PE Size 是 4MiB，且有 26 个空闲 PE，那么总可用空间就是 26 个 PE×4MiB = 104MiB。逻辑卷的大小必须是物理扩展块大小的整数倍，LVM 会自动设置物理扩展块的大小，但也可以在创建卷组时使用-s 选项指定物理扩展块的大小，如 vgcreate -s 16M vg01 /dev/vdb2 /dev/vdb1
5	Free PE	有多少物理扩展块可分配给新逻辑卷

2. 创建卷组

使用 vgcreate 命令可将一个或多个物理卷结合为一个卷组。卷组的功能与磁盘类似，利用卷组中的可用物理扩展块池可以创建逻辑卷，vgcreate 命令由卷组名后跟一个或多个要分配给此卷组的物理卷组成。

```
[root@host ~]# vgcreate vg01 /dev/vdb2 /dev/vdb1
```

上述命令将创建名为 vg01 的卷组，它的大小是/dev/vdb2 和/dev/vdb1 这两个物理卷的大小之和（容量大小根据物理卷中所有物理扩展块的总和来计算）。

仅当卷组尚不存在时，才需要创建卷组。可能会出于管理原因创建额外的卷组，用于管理物理卷和逻辑卷的使用。否则，可在需要时扩展现有卷组以容纳新的逻辑卷。

使用 vgdisplay 命令可查看有关卷组的信息，vgdisplay 命令输出信息中各字段的作用如表 7-8所示。

```
[root@host ~]# vgdisplay vg01
```

表 7-8 vgdisplay 命令输出信息中各字段的作用

序号	字段	作用
1	VG Name	卷组的名称
2	VG Size	存储池可用于逻辑卷分配的总大小
3	Total PE	以物理扩展块为单位表示的总大小
4	Free PE / Size	卷组中有多少空闲空间可分配给新逻辑卷或扩展现有逻辑卷
5	Free PE	有多少物理扩展块可分配给新逻辑卷

3. 创建逻辑卷

使用 lvcreate 命令可根据卷组中的可用物理扩展块创建新的逻辑卷。lvcreate 命令中至少应包含用于设置逻辑卷名称的-n 参数、用于设置逻辑卷大小（以字节为单位）的-L 参数或用于设置逻辑卷大小（以扩展块为单位）的-l 参数，以及托管此逻辑卷的卷组的名称。

```
[root@host ~]# lvcreate -n lv01 -L 700M vg01
```

上述命令会在卷组 vg01 中创建一个名为 lv01、大小为 700MiB 的逻辑卷。针对所请求的大小，如果卷组没有足够数量的可用物理扩展块，则此命令将执行失败。注意，如果请求的大小无法完全匹配，则将四舍五入为物理扩展块大小的倍数。

使用 lvcreate 命令时，可以通过-L 参数或-l 参数来指定逻辑卷的大小。其中，-L 参数用于指定大小，单位可以是字节（B）、兆字节（MB）或吉字节（GB）；-l 参数用于指定大小，以物理扩展块的数量为单位。

> **注意** lvcreate -L 128M 命令将逻辑卷的大小指定为 128MiB，lvcreate -l 128 命令将逻辑卷的大小指定为 128 个物理扩展块。字节总数取决于基础物理卷上物理扩展块的大小。不同的工具将使用传统名称 /dev/vgname/lvname 或内核设备映射程序名称 /dev/mapper/vgname-lvname 来显示逻辑卷名。

使用 lvdisplay 命令可查看有关逻辑卷的信息，lvdisplay 命令输出信息中各字段的作用如表 7-9 所示。

```
[root@host ~]# lvdisplay /dev/vg01/lv01
```

表 7-9　lvdisplay 命令输出信息中各字段的作用

序号	字段	作用
1	LV Path	逻辑卷的设备名称。某些工具可能会将设备名报告为 /dev/mapper/vgname-lvname，这两个名称表示同一逻辑卷
2	VG Name	从其分配逻辑卷的卷组
3	LV Size	逻辑卷的总大小。使用文件系统工具确定可用空间和数据存储的已用空间。Current LE 表示此逻辑卷使用的逻辑卷区域数量。逻辑卷区域通常映射到卷组中的物理扩展块上，并由此映射到物理卷

4. 添加文件系统

（1）使用 mkfs.xfs 命令在新逻辑卷上创建 XFS。

```
[root@host ~]# mkfs.xfs /dev/vg01/lv01
```

（2）使用 mkfs.ext4 命令在新逻辑卷上创建 ext4 文件系统。

```
[root@host ~]# mkfs.ext4 /dev/vg01/lv02
```

5. 持久性挂载 LVM 设备

（1）使用 mkdir 命令创建挂载点。

```
[root@host ~]# mkdir /mnt/data
```

（2）向/etc/fstab 文件中添加挂载条目。

```
/dev/vg01/lv01 /mnt/data xfs defaults 0 0
```

（3）执行 mount -a 命令，挂载刚刚在/etc/fstab 文件中添加的条目。

```
[root@host ~]# mount -a
```

6. 删除逻辑卷

在删除逻辑卷前，应将必须保留的所有数据移动到另一个文件系统中。删除逻辑卷将会破坏该逻辑卷上存储的所有数据，所以在删除逻辑卷之前，需要备份或移动数据。

（1）使用 umount 命令卸载文件系统，并删除与该文件系统关联的所有/etc/fstab 条目。

```
[root@host ~]# umount /mnt/data
```

（2）使用 lvremove 命令删除不再需要的逻辑卷。在删除逻辑卷之前，该命令会提示用户进行确认。删除逻辑卷后，逻辑卷的物理扩展块会被释放，并可分配给卷组中的现有逻辑卷或新逻辑卷。

```
[root@host ~]# lvremove /dev/vg01/lv01
```

（3）使用 vgremove 命令删除不再需要的卷组。

```
[root@host ~]# vgremove vg01
```

（4）使用 pvremove 命令删除不再需要的物理卷。可使用以空格分隔的物理卷设备列表作为参数，以同时删除多个物理卷。此命令将从分区（或磁盘）中删除物理卷元数据。删除物理卷后，分区已空闲，可重新分配或重新格式化。

```
[root@host ~]# pvremove /dev/vdb2 /dev/vdb1
```

7.4.6　扩展逻辑卷

通过添加额外的物理卷可为卷组增加更多磁盘空间，这种做法称为"扩展卷组"，还可以从额外的物理卷中为逻辑卷分配新的物理扩展块。

将未使用的物理卷从卷组中删除，这种做法称为"缩减卷组"。要缩减卷组，应先使用 pvremove 命令将数据从一个物理卷上的扩展块移动到卷组中其他物理卷上的扩展块上。这种方式可以将新磁盘添加到现有卷组中，将数据从较旧或较慢的磁盘移动到新磁盘，并将旧磁盘从卷组中删除。此外，可在卷组中的逻辑卷正在使用时执行以上操作。

V7-9　扩展逻辑卷

1. 扩展卷组

要扩展卷组，可以执行以下操作：准备物理设备并创建物理卷，就像创建新卷组一样；如果还没有准备好物理卷，则必须创建新分区并准备好将其用作物理卷。仅当没有空闲的物理卷可以用来扩展卷组时，才需要创建物理卷。

```
[root@host ~]# parted -s /dev/vdb mkpart primary 1027M1B 1539MiB
[root@host ~]# parted -s /dev/vdb set 3 lvm on
[root@host ~]# pvcreate /dev/vdb3
```

使用 vgextend 命令向卷组中添加新物理卷，使用卷组名称和物理卷设备名称作为 vgextend 命令的参数。例如，下述命令可将/dev/vdb3 物理卷添加到 vg01 卷组中。

```
[root@host ~]# vgextend vg01 /dev/vdb3
```

使用 vgdisplay 命令验证卷组中是否添加了额外的物理扩展块。

```
[root@host ~]# vgdisplay vg01
— Volume group —
VG Name vg01
...output omitted
Free PE / Size 178 / 712.00 MiB
...output omitted...
```

2. 缩减卷组

要缩减卷组，可以执行以下操作：移动物理扩展块，使用 pvremove 命令将要删除的物理卷中的所有物理扩展块都重新放置到卷组中的其他物理卷上。

> **注意**　当缩减卷组时，其他物理卷中必须有足够的空闲物理扩展块来容纳移动的数据。只有当卷组中存在足够的空闲物理扩展块，且这些空闲扩展块分布在其他物理卷上时，才能执行此操作。

（1）将物理扩展块从/dev/vdb3 移动到同一卷组中具有空闲区块的物理卷中。

```
[root@host ~]# pvremove /dev/vdb3
```

使用 pvremove 命令前，应备份卷组中所有逻辑卷上存储的数据。否则如果操作期间意外断电，卷组状态可能会不一致，从而导致卷组中逻辑卷上的数据丢失。

（2）使用 vgreduce 命令从卷组中删除物理卷。

```
[root@host ~]# vgreduce vg01 /dev/vdb3
```

上述命令可从 vg01 卷组中删除/dev/vdb3 物理卷，并可以将其添加到其他卷组中。也可以使用 pvremove 命令永久停止将设备用作物理卷。

3. 扩展逻辑卷

逻辑卷的一个优势在于能够在不停机的情况下增加其大小，可将卷组中的空闲物理扩展块添加到逻辑卷以扩展其容量，并使用逻辑卷扩展所包含的文件系统。

（1）使用 vgdisplay 命令查看卷组中是否有足够的物理扩展块可供使用。

```
[root@host ~]# vgdisplay vg01
— Volume group —
VG Name vg01
...output omitted
Free PE / Size 178 / 712.00 MiB
...output omitted...
```

检查输出信息中的 Free PE/Size，查看卷组中是否有足够的空闲空间用于逻辑卷扩展。如果可用空间不足，则扩展对应的卷组。

（2）使用 lvextend 命令扩展逻辑卷。

```
[root@host ~]# lvextend -L +300M /dev/vg01/lv01
```

上述命令会将逻辑卷 lv01 的大小增加 300MiB。注意数值前面的加号（+），它表示在现有逻辑卷大小的基础上增加此值；如果无该符号，则该值为逻辑卷的最终大小。

和 lvcreate 命令一样，lvextend 命令存在不同的方法来指定逻辑卷的大小：-l 参数用于指定以物理扩展块为单位的逻辑卷大小，-L 参数用于指定以字节、兆字节、吉字节等为单位的逻辑卷大小。

（3）扩展逻辑卷。使用 lvextend -l +extents /dev/vgname/lvname 命令对逻辑卷/dev/vgname/lvname 进行扩展，扩展的大小为 extents 值。

```
[root@host ~]# lvextend -l +30 /dev/vgname/lvname
```

4. 扩展 XFS

使用 xfs_growfs mountpoint 命令可以扩展文件系统以占用已扩展的逻辑卷。使用 xfs_growfs 命令时，必须挂载目标文件系统。当调整文件系统大小时，可以继续使用该文件系统。

（1）使用 vgdisplay 命令查看卷组中是否有足够数量的物理扩展块可供使用。

```
[root@host ~]# vgdisplay vg01
```

（2）扩展/mnt/data 挂载点文件系统。

```
[root@host ~]# xfs_growfs /mnt/data
```

（3）验证已挂载文件系统的新大小。

```
[root@host ~]# df -TH
```

5. 扩展 ext4 文件系统

使用 resize2fs 命令可以扩展文件系统以占用新扩展的逻辑卷。执行扩展命令时，可以挂载并使用文件系统。可以在命令中添加-p 参数以监控调整大小操作的进度。

```
[root@host ~]# resize2fs /dev/vg01/lv01
```

 注意 xfs_growfs 与 resize2fs 命令的主要区别是为识别文件系统而传递的参数不同，xfs_growfs 采用挂载点，而 resize2fs 采用逻辑卷名称。

6. 持久挂载文件系统

为了确保系统在启动时自动挂载文件系统，可以在/etc/fstab 文件中添加一个条目。

使用 cat 命令查看/etc/fstab 文件。

```
[root@host ~]# cat /etc/fstab
UUID=a8063676-44dd-409a-b584-68be2c9f5570 / xfs defaults 0 0
UUID=7a20315d-ed8b-4e75-a5b6-24ff9elf9838 /dbdata xfs defaults 0 0
```

在/etc/fstab 文件中添加或删除条目后，执行 systemctl daemon-reload 命令或重启服务器，以便使 systemd 注册新配置。

```
[root@host ~]# systemctl daemon-reload
```

7. 检查挂载信息

使用 df 命令可以获取本地和远程文件系统设备及可用空间大小等信息。不带参数使用 df 命令时，系统可报告所有已挂载的普通文件系统的总磁盘空间、已用磁盘空间、可用磁盘空间，以及已用磁盘空间占总磁盘空间的百分比。同时，它会报告本地和远程文件系统。

```
[user@host ~]$ df
Filesystem IK-blocks Used Available Use% Mounted on
devtmpfs 912584 0 912584 0% /dev
tmpfs 936516 0 936516 0% /dev/shm
tmpfs 936516 0 936516 0% /sys/fs/cgroup
/dev/vda3 8377344 1411332 6966012 17% /
/dev/vda1 1038336 169896 868440 17% /boot
```

上述命令的结果说明分区显示了两个磁盘分区上的文件系统，它们分别挂载于/和/boot。这对虚拟机而言很常见。tmpfs 和 devtmpfs 设备是系统内存中的文件系统。在系统重启后，写入 tmpfs 或 devtmpfs 的文件都会消失。

若要提高输出大小的可读性，则可以使用-h 或者-H 参数。这两个参数的区别在于：使用-h 时，输出的容量单位是二进制单位，如 KiB（2^{10}）、MiB（2^{20}）或 GiB（2^{30}）；使用-H 时，输出的容量单位是十进制单位，即 SI 单位，如 KB（10^3）、MB（10^6）或 GB（10^9）。磁盘驱动器制造商通常使用十进制单位来描述产品容量。

（1）显示有关 host 系统上文件系统的报告，并将所有单位转换为用户可读的格式。

```
[user@host ~]$ df -h
Filesystem Size Used Avail Use% Mounted on
devtmpfs 892M 0 892M 0% /dev
…
/dev/vda3 8.0G 1.4G 6.7G 17% /
/dev/vda1 1014M 166M 849M 17% /boot
```

如果需显示有关某一特定目录树使用的空间的详细信息，则可以使用 du 命令。du 命令同样具有-h 和-H 参数，可以将输出转换为可读的格式。du 命令以递归方式显示当前目录树中所有文件的大小。

（2）显示 host 上/usr/share 目录的磁盘使用信息。

```
[root@host ~]# du /usr/share
```

（3）以可读的格式显示 host 上/usr/share 目录的磁盘使用报告。

```
[root@host ~]# du -h /usr/share
```

////////// **项目练习题**

（1）在 Linux 中，创建新分区时通常使用的工具是（　　）。

    A．mkfs   B．fdisk   C．mount   D．resize2fs

（2）为确保分区在每次系统启动时自动挂载，需要编辑的文件是（　　）。

    A．/etc/fstab   B．/etc/mtab   C．/etc/hostname   D．/etc/passwd

（3）在 Linux 系统中，用于查看磁盘空间使用情况的命令是（　　）。

    A．lsblk   B．fdisk   C．df   D．mount

（4）在 LVM 中，物理卷是指（　　）。

    A．逻辑卷的镜像   B．物理磁盘或分区   C．文件系统的元数据   D．交换分区

（5）如果需要扩展逻辑卷的大小，则应该使用的命令是（　　）。

    A．lvextend   B．lvreduce   C．lvremove   D．lvcreate

（6）在 Linux 操作系统中，逻辑卷管理的一个重要优势是（　　）。

    A．易于备份   B．支持动态调整   C．文件系统性能提升   D．数据加密支持

（7）在 VMware Workstation 中创建的 Linux 虚拟机上添加一块容量为 10GB 的新磁盘。在该磁盘上执行以下操作：创建一个大小为 2GB 的分区，该分区格式化为 XFS 类型。将该分区永久挂载到 /backup，并在/etc/fstab 中添加挂载条目，确保在系统重启后分区仍然挂载。

（8）在 VMware Workstation 中创建的 Linux 虚拟机上添加一块容量为 10GB 的新磁盘。在该磁盘上执行以下操作：创建一个大小为 2GB 的分区，为该分区设置交换分区文件系统类型。在/etc/fstab 中添加挂载条目，确保交换分区在系统启动时自动激活。

（9）在 VMware Workstation 中创建的 Linux 虚拟机上添加一块容量为 5GB 的新磁盘。在该磁盘上执行以下操作：创建一个大小为 1024MB 的分区，将该分区初始化为物理卷。创建新的卷组，将其命名为 my_vg。

    在卷组 my_vg 中创建一个名为 my_lv 的逻辑卷，大小为 1GB，逻辑卷格式化为 XFS，将逻辑卷 my_lv 挂载到/mnt/my_lv。在/etc/fstab 中添加挂载条目，确保系统重启后该逻辑卷仍然挂载。

（10）在练习题（9）的基础上，执行以下操作以扩展逻辑卷 my_lv：创建一个大小为 1024MB 的新分区，并将该分区初始化为物理卷，将新的物理卷加入卷组 my_vg 中。使用 lvextend 命令将逻辑卷 my_lv 扩展到 1.5GB，并使用 xfs_growfs 命令扩展已挂载的 XFS。

项目8
防火墙配置与管理

08

学习目标

【知识目标】
- 了解Linux防火墙的基本概念。
- 了解firewalld防火墙的基本概念。
- 了解SELinux的基本概念。

【技能目标】
- 掌握firewall防火墙管理的方法。
- 掌握富规则和端口转发相关内容。
- 掌握SELinux上下文的管理方法。

【素质目标】
- 培养读者严谨的逻辑思维能力,使其在解决问题时使用逻辑思维,提高自主学习能力。
- 培养读者系统分析与解决问题的能力,使其能够掌握相关知识点并完成相关任务。

8.1 项目描述

小明所在的公司进行了系统安全等级保护测试,测试结果表明,公司网络和服务器需要进行系统安全加固。小明作为数据中心的系统工程师制订了安全加固方案,利用系统防火墙工具和服务来保护公司内部网络免受外部网络的威胁及入侵,并实现对内部网络用户的访问控制。

本项目主要介绍系统防火墙的特点和基本概念,如何管理 firewalld 防火墙,如何限制网络服务的访问,如何配置网络服务端口和 IP 地址网络权限,解决公司网络和服务器的安全问题。

8.2 知识准备

防火墙是部署在网络边界上的一种安全系统,其概念比较宽泛,根据需求的不同,它可以工作在 OSI(Open System Interconnection,开放系统互连)模型的一层或多层上。

防火墙可以是硬件设备,也可以是软件程序,通常部署在网络边界,以保护内部网络免受外部威胁。

防火墙的主要功能是根据定义的规则集过滤网络流量。这些规则集基于源和目标 IP 地址、端口号、协议类型等信息来制定。例如,防火墙可以允许 HTTP 和 HTTPS 流量通过,但阻止其他所有流量通过。通过这种方式,防火墙可以防止未经授权的访问,并减少潜在的攻击面。

现代防火墙不仅能执行基本的包过滤，还能提供更高级的功能，如状态检测（Stateful Inspection）、代理服务（Proxy Service）和IDS/IPS（Intrusion Detection System/Intrusion Prevention System，入侵检测系统/入侵防御系统）。状态检测防火墙能够跟踪连接状态，确保只有合法的会话可以通过。代理服务防火墙通过中介服务器对请求进行验证和过滤，提高了安全性和隐私性。IDS/IPS能够实时监控网络流量，检测并阻止潜在的威胁。

根据实现方式和功能的不同，防火墙可以分为3种类型：包过滤防火墙、状态检测防火墙和应用网关防火墙。不同的防火墙在性能和防护能力上有各自的特点，适用于不同的场合。

8.2.1　Linux 防火墙简介

防火墙可以阻止来自外部的、不需要的网络数据流入受保护的主机，它允许用户通过定义一组防火墙规则（即规则集）来控制主机上的入站网络流量。这些规则用于对进入的流量进行排序，并可以阻止或允许流量通过。

netfilter是Linux内核中的核心网络栈组件，负责管理和控制网络流量的操作，如数据包过滤、网络地址转换和端口转换。作为网络堆栈的一部分，netfilter允许在内核级别拦截和处理所有传入、传出和转发的数据包；通过在

V8-1　Linux 防火墙简介

内核中调用拦截函数和消息的处理程序，netfilter允许其他内核模块直接与内核的网络堆栈进行接口连接，为Linux操作系统提供高效且灵活的网络安全和流量管理能力。

Linux操作系统中的防火墙软件使用netfilter提供的Hook（钩子）机制，通过拦截和处理网络堆栈中的数据包来注册过滤规则。在数据包到达用户空间组件或应用程序之前，任何传入、传出或转发的网络数据包都可以通过这些Hook进行检查、修改、丢弃或路由，以实现精细的网络流量控制。

在Linux操作系统中，防火墙的管理涵盖了从用户空间工具到内核的各个组件。其最底层是Linux内核中的netfilter组件，负责实际的数据包过滤。iptables提供了操作netfilter规则的接口，用于管理防火墙规则。现代Linux发行版通常引入firewalld作为更高级的管理工具，简化防火墙配置。而对于需要更复杂配置和高性能的防火墙需求，nftables提供了更灵活和高效的解决方案，特别适用于网络级别的防护。Linux防火墙架构如图8-1所示。

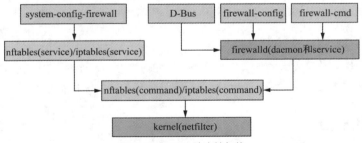

图 8-1　Linux 防火墙架构

nftables是Linux内核中的新一代网络过滤和数据包分类子系统，它在保留netfilter基本架构（如网络堆栈Hook、连接跟踪系统和日志记录功能）的同时，对部分功能进行了增强。与传统iptables相比，nftables提供了更快的数据包处理和规则集更新速度，并以相同的规则同时处理IPv4和IPv6流量。

nftables与iptables之间的另一个主要区别是它们的接口。iptables使用多个独立的工具来管理不同协议的规则，而nftables采用单一的nft命令行工具统一管理所有协议，这种设计不仅简化了配置过程，还解决了多个接口可能引起的冲突问题。

用户可以通过图形化工具 system-config-firewall、firewall-config 或命令行工具 firewall-cmd 来配置和管理防火墙规则。D-Bus 作为进程间通信的机制，使 firewalld 守护进程能够与用户空间工具或其他服务动态交互。通过这种机制，防火墙规则可以在系统运行时被实时修改，而无须重启防火墙服务，从而大大提升了防火墙管理的灵活性。

firewalld 是核心的防火墙管理守护进程，它接收来自用户空间工具的配置指令，并将这些指令转换为具体的防火墙规则。通过 D-Bus 通信机制，firewalld 与前端工具和服务进行交互，并借助底层的 nftables 或 iptables 框架来执行这些规则。

底层的 nftables 和 iptables 框架直接与 Linux 内核中的 netfilter 子系统交互。这些框架负责将 firewalld 传递的防火墙规则转换为实际操作指令，从而实现防火墙的过滤和控制功能。所有防火墙规则最终在内核的 netfilter 子系统中执行。netfilter 作为处理网络数据包过滤、地址转换和其他网络操作的核心组件，确保系统的网络安全规则得以高效执行。通过这种分层的架构，Linux 操作系统能够实现灵活且强大的防火墙管理，适应不同复杂度的网络安全需求。

8.2.2 firewalld 防火墙简介

firewalld 是一个基于主机的防火墙守护进程，提供带有 D-Bus 接口的动态管理服务，允许管理员在每次修改防火墙规则时立即生效，而无须重启守护进程。它通过网络或防火墙区域来定义网络连接或接口的信任级别，支持 IPv4、IPv6、以太网桥和 IP 集合。firewalld 将配置分为当前生效模式和永久生效模式，当前生效模式的配置在系统重启或服务重载前有效，永久生效模式的配置可以持久保存，从而确保防火墙规则的灵活性和稳定性。

firewalld 守护进程通过安装 firewalld 软件包提供，此软件包通常包含在操作系统的默认安装选项中，但在最小化安装情况下，需要手动安装 firewalld 软件包以启用守护进程。

firewalld 将所有网络流量分为多个区域，从而简化防火墙管理。它会根据数据包源 IP 地址或传入网络接口等，将流量传入相应区域的防火墙规则。每个区域都可以独立配置其要开放或关闭的端口，从而实现灵活的安全策略管理。

firewalld 配置文件存储在两个位置：/etc/firewalld 和/usr/lib/firewalld。如果名称相同的配置文件同时存储在两个位置，则将使用/etc/firewalld 中的版本。这允许管理员覆盖默认区域和设置，而不必担心其更改被软件包更新所擦除。

firewalld 服务对防火墙策略的配置默认是当前生效模式，因此配置信息会随着计算机的重启而失效。如果想要使配置的策略一直生效，则要使用永久生效模式，即在命令中加入 permanent 参数。

对永久生效模式设置的策略需要重启后才能生效，如果想让配置的策略立即生效，则需要手动执行添加 reload 参数后的命令。

1. 预定义区域

在 firewalld 中，区域是一个逻辑概念，用于定义不同的网络环境和对应的安全策略。将网络划分为不同的区域，便于为每个区域制定特定的访问控制策略，从而实现精细的网络安全管理。

预定义区域是已经配置好的网络环境模板，每个模板都包含一组默认的防火墙规则和策略，这些预定义区域根据网络的不同信任级别和使用场景设计，帮助用户快速应用适当的安全设置。在首次启动 firewalld 并建立网络连接时选择初始化网络安全模型，可以确保网络安全策略在不同环境中的一致性和适应性。系统防火墙初始化区域及其功能如表 8-1 所示。

V8-2 firewalld
防火墙简介

表 8-1　系统防火墙初始化区域及其功能

序号	区域名称	描述
1	阻塞（block）区域	除非流量与出站连接相关，否则所有入站流量都将被拒绝
2	工作（work）区域	除非流量与出站连接相关，或匹配 SSH、dhcpv6-client 预定义服务，否则拒绝所有入站流量
3	家庭（home）区域	除非流量与出站连接相关，或匹配 SSH、samba-client 或 dhcpv6-client 预定义服务，否则拒绝所有入站流量
4	公共（public）区域	除非流量与出站连接相关，或匹配 SSH 或 dhcpv6-client 预定义服务，否则拒绝所有入站流量。新添加的网络接口默认属于此区域
5	隔离区域（DMZ）	除非流量与出站连接相关，或匹配 SSH 预定义服务，否则拒绝所有入站流量
6	信任（trusted）区域	允许所有入站流量，不进行任何限制
7	丢弃（drop）区域	丢弃所有入站流量（包括不输出 ICMP 错误响应），仅允许与出站连接相关的流量
8	内部（internal）区域	除非流量与出站连接相关，或匹配 SSH、samba-client 或 dhcpv6-client 预定义服务，否则拒绝所有入站流量
9	外部（external）区域	除非流量与出站连接相关，或匹配 SSH 预定义服务，否则拒绝所有入站流量。通过此区域转发的 IPv4 出站流量将进行伪装，使其看起来像来自出站接口的 IPv4 地址

firewalld 附带了一些预定义的区域，这些区域适用于各种用途。网络接口的默认区域为 public。如果不进行更改，则接口将被分配到 public 区域。而 lo 接口（本地回环接口）被视为处于 trusted 区域中。

2. firewalld 防火墙配置

系统管理员可以通过 3 种方式与 firewalld 交互。第一种方式是直接编辑/etc/firewalld 中的配置文件，第二种方式是使用 firewall-config 图形化工具，第三种方式是使用 firewall-cmd 命令行工具。

firewall-cmd 命令设置的规则只在运行时生效，若希望重新启动或重新加载 firewalld 服务后仍生效，则需要指定 permanent 选项。firewall-cmd 命令选项及其作用如表 8-2 所示。

表 8-2　firewall-cmd 命令选项及其作用

序号	选项	作用
1	--get-default-zone	查询当前默认区域
2	--set-default-zone=<区域名称>	设置默认的区域，使其永久有效
3	--get-zones	显示可用的区域
4	--get-services	显示预先定义的服务
5	--get-active-zones	显示当前正在使用的区域与网卡名称
6	--add-source=CIDR	将源自此 IP 地址或子网的的所有流量路由到指定区域，如果未提供--zone=选项，则使用默认区域
7	--remove-source=CIDR	从区域中删除用于路由来自 IP 地址或网络的所有流量的规则。如果未提供--zone=选项，则使用默认区域
8	--add-interface=<网络接口名称>	将指定的网络接口添加到特定的防火墙区域，使该接口的流量受该区域的防火墙规则控制
9	--change-interface=<网络接口名称>	更改指定的网络接口，使其关联到新的防火墙区域。与--add-interface 不同，--change-interface 会移除该接口之前的区域分配
10	--list-all	列出当前默认区域的所有防火墙规则

序号	选项	作用
11	--list-all-zones	列出所有区域的防火墙规则
12	--add-service=<服务名>	向指定区域添加一个服务，允许该服务的流量通过防火墙。如果未提供--zone=选项，则使用默认区域
13	add-port=<端口号/协议>	向指定区域添加一个端口及其协议，允许该端口的流量通过防火墙。如果未提供--zone=选项，则使用默认区域
14	--remove-service=<服务名>	设置默认区域不再允许该服务的流量通过。从指定区域中移除一个服务，阻止该服务的流量通过防火墙。如果未提供--zone=选项，则使用默认区域
15	--remove-port=<端口号/协议>	从指定区域中移除一个端口及其协议，阻止该端口的流量通过防火墙。如果未提供--zone=选项，则使用默认区域
16	--reload	重新加载 firewalld 的配置，使所有持久化的配置更改生效

3. 管理富规则

firewalld 富规则为管理员提供了一种表达性语言。这种语言可定义比普通规则更细粒度的防火墙规则。规则中，几乎每个元素都可以通过附加选项（以 option=value 的形式）进一步细化规则的应用，使得规则能够更加灵活和具体。富规则允许用户基于特定条件设置更复杂的防火墙策略，支持基于时间、协议、接口、源地址、目标地址等条件设置复杂的防火墙策略，提供了更高级的防火墙配置能力。富规则选项及其作用如表 8-3 所示。

表 8-3　富规则选项及其作用

序号	选项	作用
1	--add-rich-rule='<RULE>'	向指定区域中添加<RULE>，如果未指定区域，则向默认区域中添加规则
2	--remove-rich-rule='<RULE>'	从指定区域中删除<RULE>，如果未指定区域，则从默认区域中删除规则
3	--query-rich-rule='<RULE>'	查询指定区域中删除的<RULE>，如果未指定区域，则从默认区域中查询规则
4	--list-rich-rules	输出指定区域的所有富规则，如果未指定区域，则从默认区域输出

富规则基本语法如下。

```
rule
[source]
[destination]
service|port|protocol|icmp-block|masquerade|forward-port
[log]
[audit]
[accept|reject|drop]
```

4. 网络地址转换

firewalld 支持两种类型的 NAT（Network Address Translation，网络地址转换）: 伪装和 DNAT（Destination Network Address Translation，目标网络地址转换）。可以在基本级别使用常规 firewall-cmd 规则来同时配置两种网络地址转换，更高级的转发配置可以使用富规则来完成。这两种类型的 NAT 都会在发送包之前修改包的某些内容，经常修改的内容包括源地址、目标地址、端口等。

第一种 NAT 类型是伪装。伪装通过更改数据包的源 IP 地址来实现，通常用于将内部网络的私有 IP 地址（如 10.0.0.0/8）映射到公共 IP 地址，使 ISP（Internet Service Provider，互联网服务提供商）能够路由这些数据包。伪装会自动采用外部网络接口的 IP 地址，对于使用动态 IP 地址的环境非常适用。例如，当内部用户访问互联网时，伪装功能可以将内部私有 IP 地址转换为路由器的公共 IP 地址，从而隐藏内部网络结构。

第二种 NAT 类型是 DNAT。DNAT 用于修改传入数据包的目标地址和端口，其主要作用是将流量重定向到内部网络中的特定服务器，由于这些服务器的 IP 地址在互联网中不可路由，DNAT 对于将外部流量重定向到使用私有 IP 地址的内部服务器特别有用。

8.2.3 SELinux 简介

1. SELinux 基本概念

SE Linux（Security Enhanced Linux，安全增强型 Linux）是 Linux 操作系统内核中的一个安全模块，已经被添加到各种 Linux 操作系统发行版中。大多数 Linux 操作系统管理员都熟悉标准的用户、组以及其他权限安全模型。这种基于用户和组的模型称为 DAC（Discretionary Access Control，自主访问控制），其依赖于用户、组和文件权限，无法创建全面而精细的安全策略。

V8-3　SELinux 简介

SELinux 通过引入强制访问控制使管理员能够定义更具体、更严格的安全策略，SELinux 基于对象并由更加复杂的规则控制，从而提供更严格和精细的安全管理，在系统被攻破时仍然有效地限制攻击者的权限，保护关键数据和资源。

作为最初 SELinux 的主要开发者，美国国家安全局于 2000 年 12 月 22 日基于 GPL 发行了第一版 SELinux，并将其提供给开放源代码开发社区。SELinux 随后被集成到了 Linux 操作系统内核 2.6.0-test3 的主分支，并在 2003 年 8 月 8 日发布。启用 SELinux 后，系统中的文件、目录、设备甚至端口都作为对象，所有的进程与文件都被标记为一种类型，类型定义了进程的操作域，也定义了文件的类型。

例如，Web 服务器守护进程 httpd 正在监听某一端口上所发生的事情，而后有一个查看主页的来自 Web 浏览器的简单请求，由于没有受到 SELinux 的约束，httpd 守护进程听到请求后可以完成以下操作。

（1）根据相关的所有者和所属组的 rwx 权限，访问任何文件或目录。

（2）完成存在安全隐患的操作，允许上传文件或更改系统显示。

（3）监听任何端口的传入请求。

但在一个受 SELinux 约束的操作系统中，httpd 守护进程受到了更加严格的控制。仍然使用上面的示例，httpd 仅能监听 SELinux 允许其监听的端口。SELinux 还可以防止 httpd 访问任何没有正确设置安全上下文的文件，并拒绝没有在 SELinux 策略中明确允许的操作。因此，SELinux 最大程度地限制了 Linux 操作系统中的恶意代码活动，显著增强了系统的整体安全性。

2. SELinux 上下文

在 SELinux 中，每个进程和系统资源都有一个特殊的安全标签，称为 SELinux 上下文。SELinux 策略使用一系列上下文来定义进程之间以及进程与系统资源之间的交互方式。默认情况下，策略不允许任何交互，除非规则明确授予了相应的权限。这种方法确保了系统的最小权限原则，即只有必要的访问权限才被授予，从而显著提高了系统的安全性。

SELinux 上下文包括以下字段：user（用户）、role（角色）、type（类型）和 security level（安全级别）。这些字段共同定义了每个对象和进程的安全属性。SELinux 类型通常以 _t 结尾，如 Web 服务器的类型名称为 httpd_t。

在 SELinux 中，类型用于标识不同的系统资源和进程。 SELinux 策略通过一系列规则定义了特定类型的进程可以访问哪些类型的文件和目录。例如，有一个策略规则允许 Apache Web 服务器进程（类型为 httpd_t）访问具有 httpd_sys_content_t 类型的文件和目录（如 /var/www/html/中的内容），然而，策略中没有规则允许 Apache 访问 tmp_t 类型的文件，因此，Apache 无法访问/tmp 和/var/tmp/中的文件。通过这种严格的控制，即使 Apache 被破坏，恶意脚本也无法访问不允许的目录，从而提供了更高的安全保障。

3. SELinux 端口标签

SELinux 端口标签是指为系统中的每个网络端口分配一个特定的安全上下文标签，从而限制哪些进程可以绑定到这些端口并进行通信。通过这种方式，SELinux 可以防止未经授权的进程使用特定端口，提高系统的网络安全性。例如，HTTP 服务的默认端口 80 和 443 通常标记为 http_port_t，只有被授予 http_port_t 类型权限的进程才能使用这些端口进行通信。

端口标签机制使得 SELinux 能够精细地管理和限制网络流量，确保只有符合安全策略的进程才能访问指定的端口。通过为网络端口分配安全标签，可以确保系统的网络服务仅由受信任的进程提供。管理员可以使用 semanage port 命令来查看、添加或修改端口的 SELinux 标签。

8.3 项目实训

【实训任务】

本实训的主要任务是使用 Linux 防火墙和 SELinux 规则来控制与服务的网络连接，通过设置防火墙规则来接受或拒绝与系统服务的网络连接，通过管理 SELinux 端口标签来控制网络服务是否可以使用特定的网络端口。

【实训目的】

（1）掌握管理 firewalld 防火墙的方法。

（2）掌握富规则和端口转发的相关知识。

（3）掌握管理 SELinux 上下文的方法。

（4）掌握管理 SELinux 端口标签的方法。

【实训内容】

（1）将 firewalld 的默认区域设置为 public。

（2）将 firewalld 防火墙服务中 eno16777736 网卡的默认区域修改为 external。

（3）将 firewalld 防火墙服务中 HTTPS 服务的请求流量设置为永久允许。

（4）将 firewalld 防火墙服务中 8899/TCP 端口的请求流量设置为允许通过。

（5）设置 SELinux 规则，允许 HTTP 服务监听端口 8090/TCP。

【实训环境】

在进行本项目的实训操作前，提前准备好 Linux 操作系统环境，在 CentOS Stream、RHEL、Rocky Linux、华为 openEuler、麒麟等常见 Linux 发行版操作系统中都可以进行项目实训。

8.4 项目实施

8.4.1 配置 firewalld 防火墙规则

（1）查询系统当前防火墙信息。

```
[root@server ~]# firewall-cmd --list-all
```

（2）查询预定义 firewalld 服务。

```
[root@server ~]# firewall-cmd --get-services
```

（3）查看系统存在的防火墙区域。

```
[root@server ~]# # firewall-cmd --get-zones
block dmz drop external home internal public trusted work
```

（4）查看 firewalld 服务当前所使用的区域。

```
[root@server ~]# firewall-cmd --get-default-zone
public
```

V8-4　配置 firewalld
防火墙规则

（5）将 firewalld 防火墙服务的当前默认区域设置为 public。

```
[root@server ~]# firewall-cmd --set-default-zone=public
success
[root@server ~]# firewall-cmd --get-default-zone
public
[root@server ~]# firewall-cmd --get-active-zones
public
interfaces: eno16777736
```

（6）查询 eno16777728 网卡在 firewalld 服务中的区域。

```
[root@server ~]# firewall-cmd --get-zone-of-interface=eno16777728
public
```

（7）将 firewalld 防火墙服务中 eno16777736 网卡的默认区域修改为 external。

```
[root@server ~]# firewall-cmd --permanent --zone=external
--change-interface=eno16777736
The interface is under control of NetworkManager, setting zone to 'external'.
success
[root@server ~]# firewall-cmd --get-zone-of-interface=eno16777736
external
```

（8）查询 public 区域中的 SSH 与 HTTPS 服务请求是否被允许通过。

```
[root@server ~]# firewall-cmd --zone=public --query-service=ssh
yes
[root@server ~]# firewall-cmd --zone=public --query-service=https
no
```

（9）将 firewalld 防火墙服务中 HTTPS 服务的请求流量设置为永久允许。

```
[root@server ~]# firewall-cmd --permanent --zone=public --add-service=https
success
[root@server ~]# firewall-cmd --reload
success
```

（10）将 firewalld 防火墙服务中 8899/TCP 端口的请求流量设置为允许通过。

```
[root@server ~]#  firewall-cmd --zone=public  --permanent
--add-port=8899/tcp
[root@server ~]# firewall-cmd --list-ports
8899/tcp
```

8.4.2 配置富规则和端口转发

V8-5 配置富规则和端口转发

1. 防火墙基本规则

在 firewalld 防火墙服务中配置一条富规则，拒绝所有来自 192.168.10.0/24 网段的用户访问本机 SSH 服务。

```
[root@server ~]# firewall-cmd --permanent --add-rich-rule=
"rule family="ipv4"
    source address="192.168.10.0/24" service name="ssh" reject"
[root@server ~]# firewall-cmd --reload
[root@server ~]# firewall-cmd --list-rich-rules
rule family="ipv4" source address="192.168.10.0/24" service name="ssh" reject
```

2. 端口转发防火墙规则

在 server 上配置防火墙规则，将端口 443/TCP 转发到端口 22/TCP。

```
[root@server ~]# firewall-cmd --permanent --zone=public
--add-rich-rule="rule
family="ipv4" source address=192.168.10.0/24 forward-port port=443 protocol=tcp
to-port=22"
[root@server ~]# # firewall-cmd -reload
# 在另外一台主机上进行测试（同一网段的虚拟机）
[root@node1 ~]# ssh -p443 server.example.com
```

3. 流量转发防火墙规则

将来自 work 区域中的 192.168.0.0/24 且传入端口 80/TCP 的流量转发到防火墙计算机自身的端口 8080/TCP。

```
[root@server ~]# fireall-cmd --permanent --zone=work --add-rich-rule='rule
family=ipv4 source address=192.168.0.0/24 forward-port port=80 protocol=tcp
to-port=8080'
```

4. HTTP 和 HTTPS 防火墙规则

仅允许某个网段的主机访问 HTTP 和 HTTPS 服务。

```
[root@server ~]# firewall-cmd --permanent --add-rich-rule='rule family=ipv4
source address=172.31.72.0/24 service name=http protocol=tcp accept'
```

5. SSH 防火墙规则

（1）SSH 服务默认监听 22 端口以提供远程连接，修改 SSH 服务配置文件 sshd_config，注释掉默认的 22 端口，设置 SSH 服务监听 2220 端口。

```
[root@server ~]# grep -i port /etc/ssh/sshd_config
#Port 22
Port 2220
```

（2）重启 SSH 服务使配置生效。

```
[root@server ~]# systemctl restart sshd
```

（3）添加防火墙规则，允许来自 172.31.72.0/24 网段的设备通过 2220 端口连接服务器。

```
[root@server ~]# firewall-cmd --permanent --add-rich-rule='rule family=ipv4
source address=172.31.72.0/24 port port=2220 protocol=tcp accept'
```

6. 查看防火墙日志

使用客户端登录服务器，查看/var/log/secure 文件，检查 sshd 服务的日志。

```
[root@server ~]# tail -f /var/log/secure
May 22 05:08:55 openstack sshd[58785]: Disconnected from 172.31.31.7 port 64575
[preauth]May 22 05:09:38 openstack sshd[58910]: reprocess config line 57: Deprecated
option RSAAuthenticationMay 22 05:09:42 openstack sshd[58910]: Accepted publickey
for anyuno from 172.31.31.7 port 64605 ssh2: RSA SHA256:LFdT6E/5vGQ0+a7HWWBHGD8LBBTZS
7eJwKkp HKSERa0May 22 05:09:43 openstack sshd[58910]: pam_unix(sshd:session):
session opened for user anyuno by (uid=0)
```

7. 使用 DNAT 转发传入的 HTTP 流量

使用 DNAT（Destination Network Address Translation，目标网络地址转换）将传入的流量从一个目标地址和端口定向到另一个目标地址和端口。通常，这对于将来自外部网络接口的请求重定向到特定的内部服务器或服务非常有用。

（1）创建 /etc/sysctl.d/90-enable-IP-forwarding.conf 文件。在内核中启用 IP 转发功能，它能使内部 Linux 服务器充当路由器，并将数据包从网络转发到网络。

```
[root@server ~]# vi /etc/sysctl.d/90-enable-IP-forwarding.conf
net.ipv4.ip_forward=1
```

（2）从 /etc/sysctl.d/90-enable-IP-forwarding.conf 文件中载入设置。

```
[root@server ~]# sysctl -p /etc/sysctl.d/90-enable-IP-forwarding.conf
```

（3）转发传入的 HTTP 流量，--zone=public 用来配置 DNAT 规则的防火墙区域，也可以将其设置为需要的任何区域。

```
[root@server ~]# firewall-cmd --zone=public --add-forward-port=port=80:proto=
tcp:toaddr=198.51.100.10:toport=8080 --permanent
```

上述命令中，--add-forward-port 表示添加端口转发规则，--zone=public 表示规则应用于 public 区域，port=80 表示外部请求的目标端口为 80，proto=tcp 表示转发 TCP 流量的协议，toaddr=198.51.100.10 表示目标 IP 地址为 198.51.100.10，toport=8080 表示内部服务器的目标端口为 8080，--permanent 表示 DNAT 规则在防火墙重启后仍然有效。

（4）重新载入防火墙配置以应用更改。

```
[root@server ~]# firewall-cmd --reload
```

（5）查看对应的 XML 配置文件。

```
[root@server ~]# cat /etc/firewalld/zones/public.xml
```

8.4.3 管理 SELinux 上下文和端口标签

V8-6 管理
SELinux 上下文和
端口标签

1. 查看文件和目录的安全上下文

使用 ls 命令和-Z 参数查看文件和目录的安全上下文。

```
[root@localhost ~]# ls -Z
#使用-Z 参数查看文件和目录的安全上下文
-rw-------. root root system_u: object_r: admin_home_t: s0 anaconda-ks.cfg
-rw-r--r--. root root system_u: object_r: admin_home_t: s0 install.log
```

2. 更改文件或目录的 SELinux 上下文

semanage 命令用来查询与修改 SELinux 默认目录的安全上下文。restorecon 命令用来恢复 SELinux 文件属性，即恢复文件的安全上下文。

```
[root@server ~]# mkdir /virtual
[root@server ~]# ls -Zd /virtual/
unconfined_u:object_r:default_t:s0 /virtual/
[root@server ~]# touch /virtual/index.html
[root@server ~]# ls -Z /virtual/
unconfined_u:object_r:default_t:s0 index.html
[root@server ~]# semanage fcontext -a -t httpd_sys_content_t '/virtual(/.*)?'
[root@server ~]# restorecon -vvFR /virtual/
Relabeled /virtual from unconfined_u:object_r:default_t:s0 to system_u:object_
r:httpd_ sys_content_t:s0
Relabeled /virtual/index.html from unconfined_u:object_r:default_t:s0 to system_
u:object_r:httpd_sys_content_t:s0
[root@server ~]# ls -Z /virtual/
system_u:object_r:httpd_sys_content_t:s0 index.html
[root@server ~]# ls -Zl /virtual/
-rw-r--r--. 1 root root system_u:object_r:httpd_sys_content_t:s0 0 Nov 24 00:07
index.html
```

当管理员决定在非标准端口上运行服务时，SELinux 端口标签很有可能需要进行更新。在某些情况下，targeted 策略已通过可以使用的类型标记了端口。例如，由于端口 8080/TCP 通常用于 Web 应用程序，因此此端口已使用 http_port_t（Web 服务器的默认端口类型）进行标记。

3. 查看端口标签

要获取所有当前端口标签的分配情况，可以使用 semanage 命令的 port 子命令，-l 选项列出了当前系统中所有端口的标签分配情况。

```
[root@server ~]# semanage port -l
port_label_t tcp|udp comma, separated, list, of, ports
```

4. 管理端口标签

可以使用 semanage 命令来分配新端口标签、删除端口标签或修改现有端口标签。下面使用 semanage 命令将指定的端口号与特定的 SELinux 安全上下文标签关联起来。

```
[root@server ~]# semanage port -a -t port_label -p tcp|udp PORTNUMBER
```

（1）添加端口标签绑定，允许 HTTP 服务监听端口 8090/TCP。

```
[root@server ~]# semanage port -a -t http_port_t -p tcp 8090
[root@server ~]# semanage port -l |grep http
```

（2）删除端口标签，删除端口 8090/TCP 与 http_port_t 的绑定。

```
[root@server ~]# semanage port -d -t http_port_t -p tcp 8090
```

（3）修改端口绑定，修改端口 8090/TCP 与 nfs_port_t 的绑定。

```
[root@server ~]# semanage port -m -t nfs_port_t -p tcp 8090
[root@server ~]# semanage port -l |grep nfs
nfs_port_t                tcp      8090, 2049, 20048-20049
```

////////// **项目练习题**

（1）在 Linux 操作系统中，防火墙最底层负责实际数据包过滤的组件是（   ）。

    A. iptables   B. firewalld   C. netfilter   D. nftables

（2）firewalld 的永久生效模式需要使用的选项是（　　　）。

    A. --runtime   B. --permanent   C. --reload   D. --zone

（3）SELinux 在 Linux 操作系统中提供的增强安全功能主要基于（　　　）。

    A. 用户密码   B. 网络防火墙   C. 安全上下文   D. 磁盘加密

（4）SELinux 中的端口标签用于（　　　）。

    A. 限制某些端口的访问   B. 加密网络通信

    C. 限制进程访问特定端口   D. 改变端口的优先级

（5）使用 semanage 命令查看 HTTP 服务的端口标签的命令为（　　　）。

    A. semanage port -l | grep http   B. semanage port -l | grep ssh

    C. semanage list port | grep http   D. semanage port -s http

（6）使用 firewalld 配置 NAT 时，伪装功能的作用是（　　　）。

    A. 将外部 IP 地址转换为内部网络地址   B. 将内部网络地址映射为公共 IP 地址

    C. 显示所有连接的状态   D. 定义访问控制列表

（7）使用 firewalld 配置防火墙规则，确保系统的安全性和访问控制，具体要求如下。

① 配置防火墙规则允许客户端访问 Web 服务器的 80/TCP、1001/TCP 端口。

② 配置防火墙规则禁止来自 192.168.100.0/24 网段的所有客户端访问本机的 sshd 服务（22 端口）。禁止来自 192.168.101.0/24 网段的所有流量，阻止该网段对任何服务的访问。

③ 配置防火墙规则，将来自 public 区域中 192.168.1.0/24 网段、访问 80/TCP 端口的流量转发到系统的 8080/TCP 端口。

（8）使用 SELinux 配置上下文标签和端口标签，具体要求如下。

① 将/var/www/myapp 目录及其所有子文件夹和文件的上下文标签设置为 httpd_sys_content_t，允许 HTTP 服务访问该目录。

② 为 NFS 服务添加新的端口标签规则，为 2049/TCP 端口绑定 nfs_port_t 标签，允许 NFS 服务在该端口上运行。

项目9
FTP服务配置与管理

09

学习目标

【知识目标】
- 了解FTP服务器的基本知识。
- 了解vsftpd配置文件解析的相关知识。

【技能目标】
- 掌握安装vsftpd的方法。
- 掌握vsftpd本地用户管理的方法。
- 掌握vsftpd虚拟用户管理的方法。

【素质目标】
- 培养读者的跨领域协作能力，鼓励读者通过团队项目和多领域合作与不同背景的专业人士有效沟通和协作。
- 培养读者的表达能力，使读者掌握撰写清晰、逻辑严密的技术和业务报告，以及进行有效的演示和陈述的方法。

9.1 项目描述

小明所在的公司需要部署 FTP 服务器，并针对不同部门和员工设置不同的 FTP 服务访问权限，以满足公司内部不同的员工和部门之间通过网络传输及存储文件的需求。小明作为数据中心的系统工程师制定了实施方案：开发工程师组使用本地用户登录，可以上传和下载文件；运维工程师组通过虚拟用户登录，可以上传和下载文件；网络工程师组通过虚拟用户登录，只能下载文件。

本项目主要介绍 FTP 服务的实施和管理方法，通过配置服务端参数设置本地用户和虚拟用户，并针对不同的部门和员工设置不同的访问权限。

9.2 知识准备

9.2.1 FTP 服务器简介

FTP（File Transfer Protocol，文件传输协议）是在计算机网络的客户端和服务器间传输文件的应用层协议。FTP 服务器通过开放的端口提供文件的上传和下载功能，允许用户使用客户端软件连接到服务器，执行文件传输操作。FTP 支持匿名和认证两种访问模式，以满足不同安全级别的需求，是企业中常用的文件共享和传输解决方案。

FTP 服务器的工作机制包括主动模式和被动模式，以适应不同网络环境下的访问需求。主动模式下，服务器主动连接客户端的数据端口；被动模式下，客户端主动连接服务器的数据端口，使得文件传输能够在防火墙和 NAT 环境中更好地适应网络安全规则，从而避免连接被阻断。

在开源操作系统中，常见的 FTP 服务器软件有 vsftpd、ProFTPd、PureFTPd、Serv-U。

vsftpd（very secure FTP daemon）是一款非常安全的 FTP 服务器软件。该软件是基于 GPL 开发的，支持 IPv6、TLS（Transport Layer Security，传输层安全）协议和 FTPS（File Transfer Protocol Security，文件传输安全协议），是 Ubuntu、CentOS、Fedora 和 RHEL 发行版中的默认 FTP 服务器软件。

ProFTPd 是一款高度可配置的开源 FTP 服务器软件，采用 GPL 许可发布。它的设计受到了 Apache Web 服务器的启发，旨在提供一个安全且灵活的 FTP 解决方案。ProFTPd 完全独立开发，具备丰富的功能和强大的可配置性，凭借其出色的安全性和性能，ProFTPd 被众多知名和高流量网站所采用。

PureFTPd 是一款开源的 FTP 服务器软件，专为提供高性能文件传输服务而设计，支持多种认证方式，包括系统用户、虚拟用户、LDAP 和 MySQL 等数据库认证，确保用户管理的灵活性和安全性。PureFTPd 具有易于配置和管理的特点，支持 SSL/TLS 加密传输、虚拟主机、多语言支持、限速和带宽控制、IP 地址访问控制、磁盘配额等功能。此外，PureFTPd 提供了详细的日志记录和监控工具，方便管理员进行服务器维护和优化。其跨平台兼容性使其能够在 Linux、macOS、BSD 系统、Solaris 以及其他多种操作系统中运行，成为许多企业和个人用户的首选 FTP 服务器解决方案。

Serv-U 是一款功能强大的商业 FTP 服务器软件，可在 Windows 平台和 Linux 平台上部署，提供了多种功能和灵活的配置选项，适用于各种规模和类型的组织，以满足中小型企业和大型企业的数据传输需求。Serv-U 有两个版本：FTP 和 MFT。其中，MFT 版本支持 SSL/TLS 和 SSH2 加密。Serv-U 提供了直观的图形用户界面，管理员可以通过定制的图形用户界面管理服务器，且支持多种认证方式、组管理、缩略图查看和会话日志监控。

V9-1 FTP 服务器简介

9.2.2 vsftpd 配置文件解析

vsftpd 组件安装完成后，其主程序是/usr/sbin/vsftpd。vsftpd 配置文件如表 9-1 所示。

表 9-1 vsftpd 配置文件

序号	配置文件	描述
1	/etc/logrotate.d/vsftpd	日志轮转备份配置文件
2	/etc/pam.d/vsftpd	基于 PAM（Pluggable Authentication Modules，可插拔认证模块）的 vsftpd 验证配置文件，用于 vsftpd 的用户认证。PAM 是一种灵活的认证机制，允许管理员选择认证方式，如本地认证、LDAP 或其他认证
3	/etc/vsftpd	vsftpd 的主目录
4	/etc/vsftpd/ftpusers	保存默认的 vsftpd 黑名单，包含了禁止访问 FTP 服务的用户列表
5	/etc/vsftpd/user_list	可以通过主配置文件设置该文件为黑名单或白名单，这取决于 vsftpd.conf 文件中的 userlist_deny 参数值。若 userlist_deny 值设置为 NO，则文件中的用户允许访问 FTP 服务；若 userlist_deny 值设置为 YES，则文件中的用户禁止访问 FTP 服务
6	/etc/vsftpd/vsftpd.conf	vsftpd 主配置文件

序号	配置文件	描述
7	/usr/sbin/vsftpd	vsftpd 主程序
8	/usr/share/doc/vsftpd	vsftpd 文档资料路径
9	/var/ftp	默认 vsftpd 共享目录

vsftpd 配置文件默认位于/etc/vsftpd 目录，vsftpd 会自动寻址以.conf 结尾的配置文件，并使用此配置文件启用 FTP 服务。配置文件的格式为"参数=值"（中间不可以有任何空白符），以"#"开头的行会被识别为注释行。vsftpd 主要配置参数及其作用如表 9-2 所示。

表 9-2　vsftpd 主要配置参数及其作用

用户类型	配置参数	作用
全局配置	listen=YES	使 vsftpd 以独立模式运行，监听 IPv4 套接字
	listen_port=21	指定 vsftpd 监听的端口为 21
	write_enable=YES	允许 FTP 用户具有写权限，可以在服务器上执行上传、删除等写操作
	download_enable=YES	允许 FTP 用户下载文件
	dirmessage_enable=YES	启用目录消息功能，当用户进入某个目录时，会显示消息
	connect_from_port_20=YES	使用主动模式连接，启用 20 端口
	pasv_enable=YES	启用被动模式连接
	pasv_max_port=24600	被动模式连接的最大端口号
	pasv_min_port=24500	被动模式连接的最小端口号
	userlist_enable=YES	启用 user_list 用户列表文件
	userlist_file=/etc/vsftpd/user_list	指定用户列表文件
	userlist_deny=NO	表示只有 userlist_file 文件中的用户允许访问 FTP 服务器，如果设置 userlist_deny=YES，则表示 userlist_file 文件中列出的用户拒绝访问 FTP 服务器
	max_clents=2000	同时连接到 FTP 服务器的最大客户端数为 2000，如果设置为 0，则表示无限制
	max_per_ip=0	每个 IP 地址允许的最大连接数，如果设置为 0，则表示不限制
	tcp_wrappers=YES	启用 tcp_wrappers，如果启用，则允许使用 deny 参数拒绝特定网络的主机访问
	guest_enable=YES	启用虚拟用户功能
	guest_username=virtual	指定所有虚拟用户在登录 FTP 服务器时都映射到名为 virtual 的本地用户，以统一管理这些虚拟用户的权限和操作
	user_config_dir=/etc/vsftpd/conf	指定目录，在该目录下可以为用户设置独立的配置文件与参数
	dual_log_enable=NO	不启用双日志功能，若启用，则会生成两个日志文件
	anonymous_enable=YES	开启匿名访问功能
	deny=172.32.100.0/24	禁止 172.32.100.0/24 网络主机的访问请求
	local_max_rate=1024	限定本地用户数据传输速率为 1024B/s

续表

用户类型	配置参数	作用
匿名用户	anon_root=/var/ftp	指定匿名用户的根目录为/var/ftp
	anon_upload_enable=YES	允许匿名用户上传文件，默认为禁止
	anon_mkdir_write_enable=YES	允许匿名用户创建目录，默认为禁止
	anon_other_write_enable=YES	允许匿名用户进行除上传、创建目录外的其他所有的写操作
	anon_max_rate=1024	限定匿名用户数据传输速率为 1024B/s
	anon_umask=066	设置匿名用户上传文件的权限掩码为 066
本地用户	local_enable=YES	启用本地用户的 FTP 功能
	local_max_rate=0	设置本地用户数据传输速率，0 表示不限制
	local_umask=066	设置本地用户上传文件的权限掩码为 066
	chroot_local_user=YES	限制本地用户根目录，将本地用户限制在其主目录中
	allow_writeable_chroot=YES	当启用 chroot 功能时，允许用户的根目录具有写权限
	local_root=/ftp/share	本地用户用问 FTP 的根路径为/ftp/share

9.3 项目实训

【实训任务】

本项目的主要任务是部署 FTP 服务器，包括安装 vsftpd 组件，配置本地用户权限，允许本地用户 user1 和 user2 登录并将其锁定在各自的主目录中；配置虚拟用户权限，允许特定用户访问 FTP 服务器，以及设置匿名用户权限，使匿名用户具备上传、下载和创建目录的权限。

【实训目的】

（1）掌握安装 vsftpd 的方法。

（2）掌握 vsftpd 本地用户管理的方法。

（3）掌握 vsftpd 虚拟用户管理的方法。

【实训内容】

（1）安装 vsftpd 组件，并设置防火墙规则，允许 FTP 服务使用相关端口。

（2）设置本地用户权限，允许本地用户登录 FTP 服务器。

（3）设置虚拟用户权限，允许特定用户登录 FTP 服务器。

【实训环境】

在进行本项目的实训操作前，提前准备好 Linux 操作系统环境，在 CentOS Stream、RHEL、Rocky Linux、华为 openEuler、麒麟等常见 Linux 发行版操作系统中都可以进行项目实训。

9.4 项目实施

9.4.1 部署和配置 vsftpd 本地用户

1. 安装 vsftpd

（1）安装 vsftpd 组件。

```
[root@server ~]# yum install vsftpd
```

（2）启动并启用 vsftpd 服务。

```
[root@server ~]# systemctl start vsftpd
[root@server ~]# systemctl enable vsftpd
```

（3）设置相应的 SELinux 规则。

```
[root@server ~]# setsebool -P ftpd_full_access on
```

（4）设置防火墙规则，允许 FTP 服务使用相关端口。

```
[root@server ~]# firewall-cmd --add-service=ftp --permanent
[root@server ~]# firewall-cmd --reload
```

2. 配置 vsftpd 本地用户

vsftpd 支持多种登录方式，常用登录方式包括匿名登录、本地登录、虚拟用户登录 3 种。

匿名登录一般用于下载服务器。这种下载服务器往往是对外开放的，无须输入用户名与密码即可使用。vsftpd 默认开启的是匿名共享，默认共享路径为/var/ftp。匿名用户权限参数和作用如表 9-3 所示。

表 9-3　匿名用户权限参数和作用

序号	参数	作用
1	anonymous_enable=YES	允许匿名用户访问
2	anon_umask=022	匿名用户上传文件的 umask 值为 022
3	anon_upload_enable=YES	允许匿名用户上传文件
4	anon_mkdir_write_enable=YES	允许匿名用户创建目录
5	anon_other_write_enable=YES	允许匿名用户进行其他所有的写操作

本地登录需要使用本地用户和对应的密码。安装完系统自带的 RPM 包和 vsftpd 组件后，在默认的配置文件中，anonymous_enable 与 local_enable 均被设置为 YES，此时 FTP 为匿名访问模式，如果需要启用本地用户 FTP 功能，则需要将 anonymous_enable 设置为 NO，默认共享路径为用户的主目录。需要注意的是，开启本地登录后，用户可以离开主目录，从而进入系统中的其他目录，这样做非常危险。如果在配置文件中设置 chroot_local_user=YES，则用户将被禁锢在其主目录下，这样做可以防止用户进入系统中的其他目录。由于 SELinux 默认不允许 FTP 共享主目录，因此需要设置 SELinux 相关规则。本地用户权限参数和作用如表 9-4 所示。

表 9-4　本地用户权限参数和作用

序号	参数	作用
1	anonymous_enable=NO	禁止匿名用户访问
2	local_enable=YES	启用本地用户 FTP 功能
3	write_enable=YES	允许 FTP 用户具有写权限，可以在服务器上执行上传、删除等写操作
4	local_umask=022	本地用户上传文件的 umask 值为 022
5	userlist_deny=NO	启用禁止用户名单功能，名单文件为 ftpusers 和 user_list
6	userlist_enable=YES	启用 user_list 用户列表文件
7	userlist_file=/etc/vsftpd/user_list	指定用户列表文件
8	chroot_local_user=YES	禁锢本地用户根目录，将本地用户限制在其主目录中
9	allow_writeable_chroot=YES	当启用 chroot 功能时，允许用户的根目录具有写权限

（1）编辑配置文件，设置本地用户权限参数。

```
[root@server ~]# vim /etc/vsftpd/vsftpd.conf
anonymous_enable=NO
local_enable=YES
write_enable=YES
local_umask=022
dirmessage_enable=YES
xferlog_enable=YES
connect_from_port_20=YES
xferlog_std_format=YES
listen=NO
listen_ipv6=YES
pam_service_name=vsftpd
chroot_local_user=YES
allow_writeable_chroot=YES
userlist_enable=YES
userlist_deny=NO
userlist_file=/etc/vsftpd/user_list
```

（2）创建本地用户 user1 和 user2，并设置密码。在/etc/vsftpd/user_list 文件中添加 user1 和 user2 信息。

```
[root@server ~]# useradd user1
[root@server ~]# echo redhat | passwd --stdin user1
[root@server ~]# useradd user2
[root@server ~]# echo redhat | passwd --stdin user2
[root@server ~]# cat /etc/vsftpd/user_list
user1
user2
```

（3）重启 vsftpd 服务以使参数生效。

```
[root@server ~]# systemctl restart vsftpd
```

（4）设置 SELinux 规则。

```
[root@server ~]# setsebool -P ftpd_full_access=on
```

（5）安装 FTP 客户端工具，使用本地用户 user1 和 user2 登录 FTP 服务器。

```
[root@server ~]# yum -y install ftp
[root@server ~]# ftp localhost
Name (localhost:root): user1
331 Please specify the password.
Password:
230 Login successful.
ftp> mkdir rhce
ftp> ls
```

```
229 Entering Extended Passive Mode (||||6415|)
150 Here comes the directory listing.
drwxr-xr-x    2 1001     1001             6 Jul 25 01:19 rhce
ftp> exit
221 Goodbye.
[root@server ~]# ftp localhost
Name (localhost:root): user2
331 Please specify the password.
Password:
ftp> mkdir rhca
ftp> ls
229 Entering Extended Passive Mode (||||6486|)
150 Here comes the directory listing.
drwxr-xr-x    2 1002     1002             6 Jul 25 01:21 rhca
226 Directory send OK.
ftp> rmdir rhca
250 Remove directory operation successful.
ftp> ls
229 Entering Extended Passive Mode (||||20963|)
150 Here comes the directory listing.
226 Directory send OK
ftp> exit
221 Goodbye.
```

9.4.2 配置 vsftpd 虚拟用户

当有大量的用户需要使用 FTP 服务时，可以使用虚拟用户登录 FTP，以避免创建大量的本地用户。将 guest_enable 参数设置为 YES 可以启用 vsftpd 的虚拟用户功能，guest_username 用来指定本地用户的虚拟映射名称。虚拟用户权限参数和作用如表 9-5 所示。

V9-2   vsftpd 虚拟
用户管理

表 9-5   虚拟用户权限参数和作用

序号	参数	作用
1	anonymous_enable=NO	禁止匿名用户访问
2	local_enable=YES	允许本地用户访问
3	guest_enable=YES	允许虚拟用户访问
4	guest_username=virtual	指定所有虚拟用户在登录 FTP 服务器时都映射到名为 virtual 的本地用户，以统一管理这些虚拟用户的权限和操作
5	pam_service_name=vsftpd.vu	指定 vsftpd 使用名为 vsftpd.vu 的 PAM 服务配置文件进行虚拟用户的身份认证和授权
6	user_config_dir=/etc/vsftpd/vusers_dir	指定目录，在该目录下可以为用户设置独立的配置文件与参数

123

序号	参数	作用
7	chroot_local_user=YES	限制本地用户根目录，将本地用户限制在其主目录中
8	allow_writeable_chroot=YES	当启用 chroot 功能时，允许用户的根目录具有写权限

vsftpd 可以通过两个文件（黑名单文件和白名单文件）对用户进行 ACL 控制。/etc/vsftpd/ftpusers 默认是黑名单文件，存储在该文件中的所有用户都无法访问 FTP，文件中的每行为一个用户名称。/etc/vsftpd/user_list 文件由主配置文件中配置项的值来决定是黑名单文件还是白名单文件，此外也可以禁用该文件。如果主配置文件中 userlist_deny 的值为 NO，则该文件为白名单文件；如果 userlist_deny 的值为 YES，则该文件为黑名单文件。需要注意的是，黑名单表示仅禁止名单中的用户访问 FTP，也就是说，除黑名单中的用户以外，其他所有用户都默认允许访问 FTP。

（1）创建虚拟用户数据库。创建用于进行 FTP 认证的用户数据库文件，其中奇数行为用户名，偶数行为密码。下面分别创建 zhangsan 和 lisi 两个用户，密码均为 redhat。

```
[root@server ~]# cd /etc/vsftpd/
[root@server vsftpd]# vim vuser.list
zhangsan
redhat
lisi
redhat
```

采用明文信息既不安全，又不符合让 vsftpd 服务程序直接加载的格式，因此需要使用 db_load 命令用散列算法将原始的明文信息文件转换为数据库文件，并使用 chmod 命令设置文件权限，使其仅对文件所有者可读写，最后使用 rm –f 命令删除原始的明文文件 vuser.list。

```
[root@server vsftpd]# yum -y install libdb-utils
[root@server vsftpd]# db_load -T -t hash -f vuser.list vuser.db
[root@server vsftpd]# file vuser.db
vuser.db: Berkeley DB (Hash, version 9, native byte-order)
[root@server vsftpd]# chmod 600 vuser.db
[root@server vsftpd]# rm -f vuser.list
```

（2）设置虚拟用户共享目录。因为所有虚拟用户最终都需要映射到一个真实的本地用户，所以这里需要添加一个本地用户，并设置主目录。

```
[root@server ~]# useradd -d /var/ftproot -s /sbin/nologin virtual
[root@server ~]# ls -ld /var/ftproot/
drwx------. 3 virtual virtual 74 Jul 14 17:50 /var/ftproot/
[root@server ~]# chmod -Rf 755 /var/ftproot/
```

（3）创建 PAM 文件，设置基于虚拟用户的验证机制。Linux 操作系统一般通过 PAM 文件设置用户的验证机制，并通过创建新的 PAM 文件、使用新的数据文件进行登录验证。PAM 文件中的 db 参数用于指定并验证用户和密码的数据库文件，数据库文件无须以.db 为扩展名。

新建一个用于虚拟用户认证的 PAM 文件 vsftpd.vu，其中 PAM 文件内的"db="参数的值为使用 db_load 命令生成的用户密码数据库文件的路径，但不用添加数据库文件的扩展名。

```
[root@server ~]# vim /etc/pam.d/vsftpd.vu
auth      required    pam_userdb.so db=/etc/vsftpd/vuser
account   required    pam_userdb.so db=/etc/vsftpd/vuser
```

（4）修改主配置文件。在 vsftpd 服务程序的主配置文件中通过 pam_service_name 参数将

PAM 认证文件的名称修改为 vsftpd.vu。PAM 作为应用程序层与鉴别模块层之间的纽带，可以使应用程序根据需求灵活地插入所需的鉴别功能模块。当应用程序需要 PAM 认证时，需要在应用程序中定义负责认证的 PAM 配置文件，以实现所需的认证功能。

vsftpd 服务程序的主配置文件中默认带有参数 pam_service_name=vsftpd，表示登录 FTP 服务器时根据/etc/pam.d/vsftpd 文件进行安全认证。现在需要把 vsftpd 主配置文件中原有的 PAM 认证文件 vsftpd 修改为新建的 vsftpd.vu 文件。

```
[root@server ~]# vim /etc/vsftpd/vsftpd.conf
anonymous_enable=NO
local_enable=YES
write_enable=YES
guest_enable=YES
guest_username=virtual
allow_writeable_chroot=YES
local_umask=022
dirmessage_enable=YES
xferlog_enable=YES
connect_from_port_20=YES
xferlog_std_format=YES
listen=NO
listen_ipv6=YES
pam_service_name=vsftpd.vu
userlist_enable=YES
```

（5）为每个用户设置独立的共享路径。虽然 zhangsan 和 lisi 都是用于 vsftpd 服务程序认证的虚拟用户，但是依然可以为它们设置不同的权限。例如，允许 zhangsan 上传、创建、修改、查看和删除文件，只允许 lisi 查看文件。这可以通过 vsftpd 服务程序来实现，只需新建一个目录，在目录中创建以 zhangsan 和 lisi 命名的两个文件，在名为 zhangsan 的文件中写入相关权限（使用匿名用户的参数）。

```
[root@server ~]# mkdir /etc/vsftpd/vusers_dir/
[root@server ~]# cd /etc/vsftpd/vusers_dir/
[root@server vusers_dir]# touch lisi
[root@server vusers_dir]# vim zhangsan
anon_upload_enable=YES
anon_mkdir_write_enable=YES
anon_other_write_enable=YES
```

再次修改 vsftpd 主配置文件，通过添加 user_config_dir 参数指定这两个虚拟用户不同权限的配置文件所存放的路径。

```
[root@server ~]# vim /etc/vsftpd/vsftpd.conf
anonymous_enable=NO
local_enable=YES
guest_enable=YES
guest_username=virtual
allow_writeable_chroot=YES
```

```
write_enable=YES
local_umask=022
dirmessage_enable=YES
xferlog_enable=YES
connect_from_port_20=YES
xferlog_std_format=YES
listen=NO
listen_ipv6=YES
pam_service_name=vsftpd.vu
userlist_enable=YES
user_config_dir=/etc/vsftpd/vusers_dir
```

（6）重启 vsftpd 服务，使修改后的参数立即生效。

```
[root@server ~]# systemctl restart vsftpd
```

（7）设置 SELinux 规则。设置 SELinux 参数，允许 FTP 服务提供访问。

```
[root@server ~]# getsebool -a | grep ftp
[root@server ~]# setsebool -P ftpd_full_access=on
```

（8）验证虚拟用户。使用 FTP 客户端命令登录 FTP 服务器，验证虚拟用户配置信息并测试用户权限。

```
[root@server ~]# ftp 192.168.10.10
Name (192.168.10.10:root): lisi
331 Please specify the password.
Password:# 输入虚拟用户的密码
230 Login successful.
Remote system type is UNIX.
Using binary mode to transfer files.
FTP> mkdir files
550 Permission denied.
FTP> exit
[root@server ~]# ftp 192.168.10.10
Name (192.168.10.10:root): zhangsan
331 Please specify the password.
Password:# 输入虚拟用户的密码
230 Login successful.
FTP> mkdir files
FTP> rename files database
FTP> rmdir database
FTP> exit
```

项目练习题

（1）若希望在 vsftpd 中允许本地用户在 FTP 上具有写权限，则应设置的参数是（　　　）。

    A．write_enable=YES　　　　　　　　　B．local_enable=YES

    C．local_umask=000　　　　　　　　　　D．userlist_enable=YES

（2）下列可以禁用匿名用户访问 FTP 服务的参数是（　　）。

    A. anon_upload_enable

    B. anonymous_enable

    C. userlist_deny

    D. anon_other_write_enable

（3）禁止匿名用户访问 FTP 服务的参数配置应为（　　）。

    A. anonymous_enable=YES

    B. anonymous_enable=NO

    C. local_enable=NO

    D. userlist_enable=YES

（4）本地用户在 vsftpd 中的登录权限由参数（　　）控制。

    A. local_umask

    B. local_enable

    C. userlist_enable

    D. allow_writeable_chroot

（5）在 Linux 操作系统中部署 FTP 服务并配置本地用户访问，具体要求如下。

① 安装 vsftpd 软件包并启动 vsftpd 服务，设置服务在系统启动时自动启动。

② 配置 vsftpd 以允许本地用户访问 FTP 服务，编辑 /etc/vsftpd/vsftpd.conf 文件，设置 local_enable=YES，以启用本地用户的 FTP 访问。

③ 设置 chroot_local_user=YES，将所有本地用户限制在其主目录中，确保用户无法访问其他目录。启用/etc/vsftpd/user_list 文件作为白名单，允许本地用户 tom 和 jerry 访问 FTP 服务。

④ 禁止 172.32.100.0/24 网段的主机访问 FTP 服务。限制每个 IP 地址的最大连接数为 5，最大传输速率为 1024bit/s。启用 vsftpd 的日志记录功能，以记录用户的上传和下载操作。

（6）在 Linux 操作系统中部署 FTP 服务并配置虚拟用户访问，具体要求如下。

① 使用 htpasswd 命令创建虚拟用户的认证文件/etc/vsftpd/virtual_users，创建虚拟用户 vuser1 和 vuser2，并为每个用户设置密码。

② 编辑 PAM 配置文件/etc/pam.d/vsftpd，将 PAM 配置为使用虚拟用户认证文件/etc/vsftpd/virtual_users 进行身份验证。设置 guest_enable=YES，启用虚拟用户访问。

③ 设置 guest_username=ftp，使虚拟用户映射到系统的 ftp 用户。设置 virtual_use_local_privs=YES，使虚拟用户具有本地用户的权限控制。

④ 在默认 FTP 目录/var/ftp 下创建虚拟用户的上传子目录/var/ftp/virtual_upload，设置目录权限为 775。

项目10
NFS与Samba服务配置与管理

10

学习目标

【知识目标】
- 了解网络文件系统的基本概念。
- 了解NFS服务器配置参数。
- 了解自动挂载的基本概念。
- 了解Samba服务的基本概念。
- 了解Samba服务器的配置参数。

【技能目标】
- 掌握NFS服务器的部署和管理方法。
- 掌握配置自动挂载的方法。
- 掌握Samba服务器的部署和管理方法。

【素质目标】
- 培养读者的信息素养和学习能力，使其能够灵活运用正确的学习方法和技巧，快速掌握新知识和技能。
- 培养读者诚信、务实和严谨的职业素养，使其在自动化管理工作中保持诚信、踏实工作、严谨细致，提高服务质量和工作效率。

10.1 项目描述

小明所在的公司需要部署大量服务器，以满足多个服务器之间数据备份和共享的需求。小明作为数据中心的系统工程师，需要通过部署 NFS 服务和 Samba 服务实现多个服务器之间的数据共享，并使用自动挂载服务满足设备按需挂载的需求，以提高服务器硬件资源和网络带宽的利用率。

本项目主要介绍 NFS 的部署和管理；如何在服务器上导出 NFS 文件共享，并针对不同网段内的主机设定访问控制权限，实现客户端挂载和访问 NFS 文件共享；如何部署 Samba 服务并设置用户认证和访问控制，以确保资源的安全性和权限管理。

10.2　知识准备

10.2.1　网络文件系统基本概念

NFS（Network File System，网络文件系统）是一种基于网络的文件系统。它可以将远端服务器文件系统的目录挂载到本地文件系统的目录中，允许用户或者应用程序像访问本地文件系统的目录结构一样访问远端服务器文件系统的目录结构，而无须关注远端服务器文件系统和本地文件系统的具体类型，从而非常方便地实现目录和文件在不同主机上的共享。

NFS 最初由 Sun 公司（已被甲骨文公司收购）于 1984 年发布，旨在使客户端主机能够像访问本地存储一样访问服务端文件系统的目录结构。NFS 基于 ONC RPC（Open Network Computing Remote Procedure Call，开放网络运算远程过程调用）协议进行底层通信，ONC RPC 为 NFS 提供所需的远程过程调用功能，NFS 客户端可以通过网络向 NFS 服务器发送文件操作请求。NFS 采用的这种架构使其能够在跨平台和跨操作系统的环境中实现文件共享。

NFS 的第一个版本是 Sun 公司在 20 世纪 80 年代开发出来的，迄今为止，NFS 有 NFSv1、NFSv2、NFSv3 和 NFSv4 共 4 个版本。

NFSv3 支持 TCP 和 UDP，提供了较高的性能和广泛的兼容性，尤其适用于轻量级和传统系统环境。NFSv4 仅支持 TCP 传输，集成了文件锁定、状态管理和更强的安全特性。NFSv4.1 引入了 pNFS（parallel NFS，并行网络文件系统），允许客户端同时访问多个存储服务器，NFSv4.2 在 NFSv4.1 的基础上增加了对文件的复制、空间预留以及应用程序 I/O 的支持。RHEL 8 和 RHEL 9 中的默认 NFS 版本为 4.2，支持 NFSv4 和 NFSv3 的主要版本。

微软公司在 Windows Server 2012 中增加了对 NFSv4.1 的支持，并改进了 NFS 的部署和管理功能。与 NFSv3 相比，NFSv4.1 提供了更高的安全性、性能和互操作性。

NFS 之所以广泛应用，不仅因为它在文件共享领域的出色表现，还因为它在 NAS（Network Attached Storage，网络附加存储）系统中发挥了关键作用。与 DAS（Direct Attached Storage，直接附加存储）和 SAN（Storage Area Network，存储区域网络）相比，NFS 提供了一种通过网络轻松共享和访问远程存储的方式，适用于多客户端环境中的文件共享。在 DAS 中，存储设备直接连接到单个服务器，性能高但缺乏共享能力；而 SAN 通过专用网络为多个服务器提供高性能存储，但成本较高，且管理复杂。NFS 在 NAS 系统中具有灵活的网络架构和成本效益，在与 DAS 和 SAN 的竞争中，NFS 成为企业存储解决方案的重要选择。NFS 服务架构如图 10-1 所示。

图 10-1　NFS 服务架构

10.2.2　NFS 服务器配置参数

NFS 服务器导出的配置文件为/etc/exports，该配置文件列出了要通过网络与客户端主机共享的目录，并指出了哪些主机或网络对导出的文件具有访问权限。/etc/exports 配置参数的格式如下。

```
服务端共享目录的路径  允许访问的 NFS 资源客户端（共享权限参数）
```

在/etc/exports 配置文件中，可以列出一个或多个客户端，多个客户端之间以空格分隔。例如，nfsserver. example.com 服务器导出/nfsshare 目录，允许 client.example.com 主机挂载，配置参数如下。

```
/nfsshare  client.example.com
```

在客户端主机参数后可以指定共享权限参数，多个参数之间用逗号分隔。例如，nfsserver. example.com 服务器导出/nfsshare 目录，允许 client.example.com 主机读取 NFS 共享中的文件，并禁止任何写操作，代码如下。

```
/nfsshare  client.example.com(ro)
```

nfsserver.example.com 服务器导出/nfsshare 目录，允许 client1.example.com 主机读取 NFS 共享中的文件，并禁止任何写操作；client2.example.com 主机对 NFS 共享中的文件具有读写权限，代码如下。

```
/nfsshare  client1.example.com(ro)  client2.example.com(rw)
```

nfsserver.example.com 服务器导出/nfsshare 目录，允许 client3.example.com 主机读、写 NFS 共享中的文件，并允许实际的 root 用户访问导出的 NFS 目录，代码如下。

```
/nfsshare  client3.example.com(rw,no_root_squash)
```

客户端参数及其作用、共享权限参数及其作用、NFS 服务程序共享文件和客户端示例、NFS 服务程序共享权限示例分别如表 10-1～表 10-4 所示。

表 10-1　客户端参数及其作用

序号	参数	作用
1	192.168.0.200	指定 IP 地址的主机
2	192.168.0.0/24 192.168.0.0/255.255.255.0	指定网段中的所有主机
3	server0.example.com server[0-20].example.com	指定域名的主机
4	*.example.com	指定域中的所有主机

表 10-2　共享权限参数及其作用

序号	参数	作用
1	ro	将共享目录设置为只读，客户端只能读取数据，不能修改或删除文件
2	rw	将共享目录设置为可读写，客户端可以读取、修改和删除文件
3	root_squash	将 NFS 客户端上的 root 用户映射为匿名用户（通常是 nfsnobody）
4	all_squash	将所有 NFS 客户端用户（不论是普通用户还是 root 用户）都映射为匿名用户（通常是 nfsnobody）
5	no_root_squash	允许 NFS 客户端上的 root 用户保留其特权身份，直接访问 NFS 服务器上的文件系统
6	sync	所有数据更改都同步写入磁盘，写操作等待数据写入后才返回到客户端，以提高数据的安全性
7	async	允许数据异步写入磁盘，写操作可以在数据实际写入前返回到客户端，这样虽能提高性能，但可能导致数据丢失

表 10-3　NFS 服务程序共享文件和客户端示例

序号	示例	作用
1	/nfsshare *.example.com	导出/nfsshare 目录并允许 example.com 域中的所有子域访问 NFS 导出的目录
2	/nfsshare client1.example.com	导出/nfsshare 目录并允许 client1.example.com 访问 NFS 导出的目录
3	/nfsshare client[1-20].example.com	导出/nfsshare 目录并允许 client1.example.com ~ client20.example.com 访问 NFS 导出的目录
4	/nfsshare 172.31.1.100	导出/nfsshare 目录并允许 172.31.1.100 主机访问 NFS 导出的目录
5	/nfsshare 172.31.1.0/24	允许从 172.31.1.0/24 网络中访问 NFS 导出的目录/nfsshare
6	/nfsshare 172.31.1.100/24 *.example.com	允许从 172.31.1.100/24 网络和 example.com 域中的主机访问 NFS 导出的目录/nfsshare
7	/nfsshare　　192.168.0.*	将/nfsshare 目录导出给 192.168.0 网络中的所有主机

表 10-4　NFS 服务程序共享权限示例

序号	示例	作用
1	/myshare client0.example.com(ro)	将/myshare 目录共享给客户端 client0.example.com，并设置为只读模式。客户端只能读取数据，不能修改或删除文件
2	/myshare client0.example.com(rw)	将/myshare 目录共享给客户端 client0.example.com，并设置为可读写模式。客户端可以读取、修改和删除文件
3	/myshare client0.example.com (rw,no_root_squash)	将/myshare 目录共享给客户端 client0.example.com，并设置为可读写模式。客户端上的 root 用户保留其权限，能够直接访问服务器上的文件系统

10.2.3　自动挂载简介

　　自动挂载器（autofs）可以提供文件系统自动挂载和卸载服务，常用于 Linux 客户端挂载或卸载 NFS 服务器共享的文件系统。与 mount 命令的不同之处在于，autofs 是一种守护进程服务。autofs 可以根据需要自动挂载 NFS 服务器共享文件系统。当检测到某个挂载的文件系统在一段时间内没有被使用时，autofs 会自动将其卸载。因此，使用 autofs 的管理员不再需要手动完成共享文件系统的挂载和卸载，从而提高系统资源使用率。

　　与 mount 命令手动挂载和/etc/fstab 文件挂载方式相比，autofs 具有以下优势。

　　（1）用户无须具有 root 权限就可以使用 mount 和 umount 命令。

　　（2）autofs 中配置的 NFS 共享可供计算机上的所有用户使用，但受访问权限约束。

　　（3）NFS 共享不像/etc/fstab 文件中的条目一样永久连接，因此可释放网络和系统资源。

　　（4）autofs 在客户端配置，无须进行任何服务端配置。

　　（5）autofs 与 mount 命令使用相同的参数，包括安全性参数。

　　（6）autofs 支持直接和间接挂载点映射，在挂载点位置方面提供了灵活性。

　　（7）使用 autofs 服务可创建和删除间接挂载点，从而避免了手动管理。

　　（8）autofs 默认以 NFS 作为网络文件系统，也支持自动挂载其他网络文件系统。

　　（9）autofs 是一种服务，其管理方式类似于其他系统服务。

10.2.4　Samba 服务基本概念

V10-1　Samba
服务基本概念

Samba 是一组应用程序的集合，最早由澳大利亚计算机工程师安德鲁·崔杰尔（Andrew Tridgell）于 1992 年开发，目的是通过对 SMB（Server Message Block，服务器消息块）协议的支持，实现 Linux 操作系统与 Windows 客户端之间文件和打印服务的共享。随着时间的推移，Samba 一直保持开源，吸引了全球众多开发者的参与和贡献。Samba 的功能不断扩展，使 Linux 操作系统能够无缝集成到 Windows 网络环境中，成为跨平台文件共享的关键工具。

SMB 最早是由 IBM 公司开发的一种网络文件共享协议，允许计算机通过局域网读取和写入远程主机上的文件、目录和打印资源，使其访问方式如同本地文件系统一样便捷。SMB 广泛应用于 UNIX、Linux 和 Windows 等操作系统中，现代版本的 SMB 协议（如 SMB 2 和 SMB 3）提供了更高的性能和安全性，进一步增强了其在网络环境中的应用。

Samba 的关键组成部分是 smbd 和 nmbd 两个守护进程。

smbd 负责提供文件和打印服务，处理所有的文件共享、打印请求及文件读写操作。此外，smbd 负责共享模式和用户模式的认证及授权。在共享模式下，可以为共享目录或打印机分配单一密码，而在用户模式下，每个用户都有自己的用户名和密码，系统管理员可以单独管理每个用户的访问权限。通过 systemd 可以方便地启动和停止 smbd 守护进程。

nmbd 负责管理和分发 NetBIOS（Network Basic Input/Output System，网络基本输入输出系统）名称列表，以及局域网中的浏览列表，确保客户端能够找到并访问可用的文件和打印服务。名称解析有两种方式：广播和点对点。广播解析中，客户端会发出请求来寻找特定服务，并等待相应的 IP 地址响应；而点对点解析则使用 NetBIOS 名称服务来查找并返回 IP 地址。

常见的 NetBIOS 名称服务有 WINS，WINS（Windows Internet Name Service，Windows 互联网名称服务）是微软开发的 NetBIOS 名称解析服务，主要将 NetBIOS 名称映射到 IP 地址，以便在 TCP/IP 网络中定位和访问设备。使用 WINS 时，网络中的计算机可以将 NetBIOS 名称和 IP 地址注册到 WINS 服务器，其他设备可以查询 WINS 服务器获取特定设备的 IP 地址。这种机制允许跨多个子网的设备通信，有效地解决了 NetBIOS 名称解析在大型网络中出现的名称冲突和解析失败的问题。

在 RHEL、CentOS Stream、华为 openEuler 操作系统中，samba 和 samba-client 是两个主要的 Samba 服务的组件。

samba 组件包含核心的 Samba 服务程序和工具，主要在 Linux 操作系统中提供 SMB/CIFS 协议支持，使其能够作为文件和打印服务器。

samba-client 包含一些客户端工具，常用的客户端工具包括 smbclient、smbmount 和 smbumount 等，主要用于连接远程的 Samba 服务器、挂载网络共享和管理共享资源。

10.2.5　Samba 服务器配置参数

/etc/samba/smb.conf 是 Samba 服务的主配置文件，其中包含多个节，每个节都以节名称（用方括号括起来）开头，紧随其后的是参数列表，其中每个参数都设置为特定的值。配置文件以 [global] 节开头，该节用于常规服务器配置。随后各节分别用于定义 Samba 服务器提供的文件共享或打印机共享。主配置文件中有两个特殊节：[homes] 和 [printers]。主配置文件中以分号（;）或井号（#）字符开头的行都会被注释掉。smb.conf 配置文件的主要参数如表 10-5 所示。

表 10-5　smb.conf 配置文件的主要参数

节名称	配置参数	描述
[global]	workgroup = MSGROUP	指定 Samba 服务器所在的 Windows 工作组名称为 MSGROUP，设置工作组名称后，Samba 服务器会在该工作组中广播 MSGROUP 组存在，且可以与同一工作组中的其他计算机进行资源共享
	security = user/share	security 参数用于控制 Samba 对客户端进行身份验证的方式，指定了 Samba 如何验证连接到该服务的用户身份，以便访问 Samba 服务器上的共享资源。 security = user 表示当客户端尝试访问 Samba 服务器时，服务器会要求客户端提供用户名和密码。Samba 服务器会验证这些凭据，并根据用户的权限设置来允许或拒绝访问。 security = share 表示当客户端连接到 Samba 服务器时不需要提供用户名和密码，不进行用户级别的身份验证。这种模式适用于不需要严格安全控制的共享环境
	passdb backend = tdbsam	指定 Samba 服务器用于存储用户账户和密码的数据库后端。Samba 提供了多种数据库后端选项，以便管理员选择最适合其网络环境的用户身份验证方法。tdbsam 是 Samba 提供的一种默认用户数据库后端，使用 TDB（Trivial Database，琐碎数据库）来存储用户账户信息。TDB 文件通常存储在 /var/lib/samba/private/passdb.tdb 中
	printing = cups	指定使用 CUPS（Common UNIX Printing System，通用 UNIX 打印系统）作为打印系统。CUPS 广泛应用于各种 UNIX 和 Linux 操作系统中，支持多种打印机类型和网络打印协议
	printcap name = cups	指定从 CUPS 获取打印机功能信息
	load printers = yes	指定自动加载并共享所有通过 CUPS 管理的打印机，如果设置为 no，则需要手动配置每个打印机共享
	cups options = raw	指定 CUPS 不要处理打印任务的数据流，而是将其原样发送到打印机。例如，当打印任务已经在客户端进行了格式化时，不需要再由 CUPS 处理
[homes]	comment = Home Directories	设置共享的描述信息为 Home Directories，在网络浏览器或共享资源列表中显示该描述，以帮助用户了解该共享的用途或内容
	browseable = no	设置共享资源不可浏览，但用户仍然可以通过直接路径访问共享资源
	read only = no	设置共享目录为可写，用户可以在该目录中创建、修改和删除文件。如果设置为 yes，则共享目录为只读
	inherit acls = yes	指定继承父目录的 ACL，启用该功能后，新创建的文件和目录将继承父目录的 ACL 设置
	force group = @printadmin	强制文件和目录的组为指定组
	create mask = 0664	指定创建文件时的权限掩码
	directory mask = 0775	指定创建目录时的权限掩码
	hosts allow = .example.com	指定允许访问 Samba 服务的主机列表的参数，主机列表可以通过逗号、空格或制表符分隔多个条目。如果没有指定该参数，则所有主机都可以访问 Samba 服务。hosts allow=.example.com 表示允许所有以 .example.com 结尾的主机访问 Samba 服务
[share]	path = /home/share	指定要共享的目录路径为/home/share
	writable = yes	指定共享目录可写，允许所有经过身份验证的用户对共享目录进行读写操作。如果设置为 no，则共享目录为只读

续表

节名称	配置参数	描述
[share]	guest ok = yes	允许访客用户访问共享资源，启用该功能后，未提供身份验证的用户（访客用户）也可以访问共享资源
	valid users = fred, @management	指定允许访问共享资源的用户或组的列表，仅允许名为 fred 的用户和属于 management 组的所有用户访问共享目录。不在列表中的用户将无法访问共享资源
	write list = @management root	指定对共享资源具有写访问权限的用户或组的列表，允许 management 组的所有成员和 root 用户对共享目录进行写操作，即使 writable 参数设置为 no
	hosts allow = 172.25.	指定允许访问 Samba 服务的主机列表，允许所有 IP 地址以 172.25. 开头的主机访问 Samba 服务

在使用 Samba 共享本地 Linux 主目录时，如果系统开启了 SELinux 安全模式，则需配置 SELinux 以确保安全性和功能性。samba_enable_home_dirs 布尔值允许本地用户主目录通过 Samba 共享，适用于本地文件系统中的用户主目录，并需要启用 [homes] 共享才能生效。启用命令为 setsebool –P samba_enable_home_dirs on。use_samba_home_dirs 布尔值允许将远程 SMB 文件共享挂载为本地用户主目录，适用于用户主目录存储在远程 SMB 服务器上的场景，启用命令为 setsebool –P use_samba_home_dirs on。这两个布尔值用于不同的场景，需根据具体需求进行配置。

在 SELinux 强制模式下，为确保 Samba 正常运行，需要设置正确的 SELinux 上下文，并启用相关 SELinux 布尔值。共享目录及其所有子目录和文件应标记为 samba_share_t，以便 Samba 拥有读写权限。配置示例如下。

```
[root@server ~]# semanage fcontext -a -t samba_share_t "/sharedpath(/.*)?"
[root@server ~]# restorecon -vvFR /sharedpath
```

10.3 项目实训

【实训任务】

本实训的主要任务是部署和实施 NFS 及 Samba 服务，包括安装和配置 NFS 组件，导出 NFS 共享目录，并设定 NFS 配置参数，以允许特定网络主机具有不同的访问权限；配置 autofs 以实现自动挂载；部署和实施 Samba 服务，包括安装和配置 Samba 组件，配置 Samba 共享参数，并设置 Samba 用户的访问权限。

【实训目的】

（1）掌握 NFS 服务器的部署和管理方法。

（2）掌握 NFS 共享存储的访问方法。

（3）掌握自动挂载的配置方法，实现按需挂载 NFS 共享。

（4）掌握 Samba 服务器的部署和管理方法。

【实训内容】

（1）安装和部署 NFS 服务。

（2）设置 NFS 服务程序的参数。

（3）设置防火墙规则，允许 NFS 服务共享导出。

（4）配置客户端挂载 NFS 服务共享目录。

（5）配置自动挂载参数。

（6）安装和部署 Samba 服务。

（7）设置 Samba 服务程序的参数。

（8）配置客户端挂载 Samba 服务共享目录和权限。

【实训环境】

在进行本项目的实训操作前，提前准备好 Linux 操作系统环境，在 CentOS Stream、RHEL、Rocky Linux、华为 openEuler、麒麟等常见 Linux 发行版操作系统中都可以进行项目实训。

10.4 项目实施

10.4.1 部署和管理 NFS 服务器

1. 部署并配置 NFS 共享存储

（1）安装 NFS 服务组件。

```
[root@server ~]# yum install nfs-utils
# nfs-utils 提供了使用 NFS 将目录导出到客户端必需的所有组件
```

V10-2 部署和
管理 NFS 服务器

（2）在 NFS 服务端主机上创建 NFS 文件共享的目录。

```
[root@server ~]# mkdir /nfsfile
[root@server ~]# chmod -R 777 /nfsfile
[root@server ~]# echo "welcome to server.com" > /nfsfile/readme
```

（3）编辑配置文件/etc/exports，设定 NFS 服务程序的参数。

```
/nfsfile 192.168.100.0/24(rw,sync,root_squash)
```

（4）使用 exportfs 命令管理当前 NFS 共享的文件系统列表。

如果在启动了 NFS 之后又修改了/etc/exports 文件，则可以使用 exportfs 命令来使修改立即生效。exportfs 命令的格式如下。

```
exportfs [-aruv]
```

各选项的含义如下。

选项-a 用于全部挂载或卸载/etc/exports 文件中的内容 。

选项-r 用于重新读取/etc/exports 文件中的信息，并同步更新。

选项-u 用于卸载某一个目录。

选项-v 用于在执行 export 操作时，将详细的信息输出到屏幕上。

（5）启动并启用 NFS 共享服务程序。

```
[root@server ~]# systemctl start nfs-server
[root@server ~]# systemctl enable nfs-server
```

（6）配置防火墙规则，允许 NFS 服务共享导出。

```
[root@server nfsfile]# firewall-cmd --permanent --add-service=nfs
[root@server nfsfile]# firewall-cmd --permanent --add-service=mountd
[root@server nfsfile]# firewall-cmd --permanent --add-service=rpc-bind
success
[root@server nfsfile]# firewall-cmd --reload
success
```

（7）查看 NFS 支持版本。

```
[root@server ~]# cat /proc/fs/nfsd/versions
```

```
-2 +3 +4 +4.1 +4.2
```

（8）查看 NFS 服务使用的端口。

```
[root@server ~]# netstat -antulp | grep :2049
# NFS 服务使用的端口为 2049
```

（9）因为 NFS 服务依赖 RPC 服务，所以可以查看 RPC 相关服务的端口信息。

```
[root@server ~]# netstat -antulp | grep -i rpc
```

2. 访问 NFS 共享存储

NFS 是类 UNIX 操作系统使用的互联网标准协议，可用作本地网络文件系统，支持本地权限和文件系统。NFSv4 使用 TCP 与服务器进行通信，较早版本的 NFSv3 和 NFSv2 使用 TCP 或 UDP 与服务器进行通信。

NFS 服务器导出共享目录后，NFS 客户端会将导出的共享挂载到本地挂载点目录，本地挂载点必须已经存在。

（1）使用 showmount 命令查询服务端共享信息。

功能：查询 mount 守护进程、显示 NFS 服务端的远程共享信息。

格式：showmount [参数] [远程主机]。

showmount 命令参数及其作用如表 10-6 所示。

```
[root@client ~]# yum -y install nfs-utils
[root@client ~]# showmount -e 192.168.10.10
Export list for 192.168.10.10:
/nfsfile 192.168.10.*
#输出格式为"共享的目录名称 允许使用的客户端地址"
```

表 10-6 showmount 命令参数及其作用

序号	参数	作用
1	e	显示 NFS 服务端的共享目录
2	-a	显示本机挂载 NFS 资源的情况
3	-v	显示 NFS 的版本号
4	-d	仅显示已被 NFS 客户端加载的目录

（2）创建 NFS 客户端挂载点目录。

```
[root@client ~]# mkdir /nfsdata
```

（3）使用 mount 命令将服务端共享挂载到客户端目录中。

```
[root@client ~]# mount -t nfs 192.168.10.10:/nfsfile /nfsdata
[root@client ~]# mount | grep nfs
# mount 挂载格式为"mount NFS 服务器 IP 地址:共享目录 本地挂载点目录"
```

mount 命令的-t 参数指定了挂载文件系统的类型，后面需要指定服务器的 IP 地址、共享的目录以及挂载到系统的本地目录。

（4）永久挂载 NFS 共享目录，将挂载条目写入 fstab 文件。

```
[root@client ~]# vim /etc/fstab
192.168.10.10:/nfsfile /nfsdata nfs defaults 0 0
[root@client ~]# systemctl daemon-reload
[root@client ~]# mount -a
```

10.4.2　配置自动挂载

（1）使用 yum 命令，安装 autofs 组件。

```
[root@client ~]# yum install -y autofs
```

（2）编辑自动挂载主配置文件/etc/auto.master，添加自动挂载参数。

```
[root@client ~]# vim /etc/auto.master
/mnt/nfs  /etc/auto.nfs --timeout=30
```

（3）编辑自动挂载映射配置文件，添加自动挂载参数。

```
[root@client ~]# vim /etc/auto.nfs
nfs1 -fstype=nfs,vers=3,rw 192.168.100.1:/nfsshare
```

（4）启动并启用 autofs 服务。

```
[root@client ~]# systemctl start autofs
[root@client ~]# systemctl enable autofs
```

（5）切换到自动挂载目录，验证自动挂载服务。

```
[root@client ~]# ll /mnt/nfs #从结果中可以发现什么都没有
[root@client ~]# cd /mnt/nfs
[root@client ~]# cd nfs1
[root@client ~]# ls
```

（6）使用 df -TH 命令检查自动挂载条目信息。

```
[root@client ~]# df -TH
```

V10-3　配置自动挂载

10.4.3　部署和管理 Samba 服务器

（1）在服务端主机上部署 Samba 服务器，使用 yum 命令安装 Samba 相关组件。

```
[root@server ~]# yum install -y samba samba-client cifs-utils
```

（2）创建用户组 smbgroup01。

```
[root@server ~]# groupadd smbgroup01
```

（3）创建共享目录 /home/smbshare。

```
[root@server ~]# mkdir /home/smbshare
```

（4）将共享目录的组设置为 smbgroup01。

```
[root@server t ~]# chgrp smbgroup01 /home/smbshare
```

（5）设置共享目录的权限为 770。

```
[root@server ~]# chmod 770 /home/smbshare
```

（6）编辑 Samba 配置文件/etc/samba/smb.conf。

```
[root@server ~]# vi /etc/samba/smb.conf
[global]
        unix charset = UTF-8          # 设置字符集
        dos charset = CP932           # 设置字符集
        workgroup = SAMBA             # 设置工作组
        security = user               # 设置安全模式
        hosts allow = 127.172.31.0    # 设置允许访问的 IP 地址


# 添加共享目录配置
```

V10-4　部署和管理 Samba 服务器

```
[share01]
        path = /home/smbshare        # 指定共享目录
        writable = yes               # 允许写入
        guest ok = no                # 不允许访客用户访问
        valid users = @smbgroup01    # 仅允许 smbgroup01 组的用户访问
        force group = smbgroup01     # 将新文件/目录的组设置为 smbgroup01
        force create mode = 770      # 将创建文件的权限设置为 770
        force directory mode = 770   # 将创建目录的权限设置为 770
        inherit permissions = yes    # 继承父目录的权限
# 使用 testparm 命令时无须带任何参数，验证/etc/samba/smb.conf 是否存在语法错误
[root@server ~]# testparm
```

（7）启动并启用 Samba 服务。

```
[root@server ~]# systemctl enable --now smb nmb
```

（8）添加 Samba 用户并设置密码。

```
# 添加系统用户 smbuser1
[root@server ~]# useradd smbuser1 -s /sbin/nologin


# 设置 Samba 用户密码
[root@server ~]# smbpasswd -a smbuser1
New SMB password:           # 输入密码
Retype new SMB password:  # 再次输入密码


# 将用户 smbuser1 添加到 smbgroup01 组中
[root@server ~]# usermod -aG smbgroup01 smbuser1
```

（9）添加防火墙规则，允许 Samba 服务的网络通信通过防火墙。

```
[root@server ~]# firewall-cmd --add-service=samba --permanent
[root@server ~]# firewall-cmd --reload
```

（10）启用 SELinux 布尔值，设置 SELinux 上下文标签。

```
[root@server ~]# setsebool -P samba_enable_home_dirs on
[root@server ~]# getsebool samba_enable_home_dirs
samba_enable_home_dirs --> on
[root@server ~ ]# semanage fcontext -a -t samba_share_t " /home/smbshare(/.*)?"
[root@server ~ ]# restorecon -vvFR /home/sharedpath
```

（11）在 client 主机上，安装必要的客户端组件。

```
[root@client ~]# yum -y install samba-client cifs-utils
```

（12）在 client 主机上，使用 smbclient 命令访问 server 主机（172.24.1.11）上 Samba 服务的共享目录。

```
# 在终端输入 smbclient 命令，测试能否发现 Samba 服务的共享信息
[root@client ~]# smbclient  -L 172.24.1.11
Password for [SAMBA\root]:   # 按 Enter 键
Anonymous login successful
```

```
        Sharename       Type        Comment
        ---------       ----        -------
        share01         Disk
        IPC$            IPC         IPC Service (Samba 4.20.1)
SMB1 disabled -- no workgroup available
```

```
# 使用 smbclient 命令访问共享目录
[root@client ~]# smbclient '\\172.24.1.11\share01' -U smbuser1
Enter SAMBA\cent's password:
Try "help" to get a list of possible commands.
smb: \> mkdir rhca
smb: \> ls
  .                                D        0  Thu Jul 25 23:59:31 2024
  ..                               D        0  Thu Jul 25 23:59:31 2024
  rhca                             D        0  Thu Jul 25 23:58:53 2024
smb: \> exit
```

（13）在 server 主机上，查看/home/smbshare 目录中的文件信息。

```
[root@server ~]# cd /home/smbshare
[root@server ~]# ls -l
drwxrwx---. 2 smbuser1 smbgroup01 6 Jul 25 23:58 rhca
```

（14）在 client 主机上，使用 mount 命令挂载共享目录，并查看挂载信息。

```
[root@client ~]# mkdir /client/smbshare01 -p
[root@client ~]# mount -t cifs -o vers=3,username=smbuser1,password=redhat
//172.24.1.11/share01 /client/smbshare01
[root@client ~]# df -Th
Filesystem            Type      Size  Used Avail Use% Mounted on
/dev/mapper/cs-root   xfs        46G  1.7G   44G   4% /
/dev/vda1             xfs      1014M  254M  761M  25% /boot
tmpfs                 tmpfs     768M     0  768M   0% /run/user/0
//172.24.1.11/share01 cifs      47G  1.7G   46G   4% /client/smbshare01
[root@client ~]# ls -l /client/smbshare01/
drwxr-xr-x. 2 root root 0 Jul 25 23:58 rhca
[root@client ~]# cd /client/smbshare01/
[root@client ~]# mkdir rhce
[root@client ~]# ls -l
drwxr-xr-x. 2 root root 0 Jul 25 23:58 rhca
drwxr-xr-x. 2 root root 0 Jul 26 00:05 rhce
```

（15）在 client 主机上，将 Samba 挂载命令写入/etc/fstab 文件中，以便在系统启动时自动挂载。

```
# 操作前可以先卸载 Samba 共享存储
[root@client ~]# umount /client/smbshare01
# 打开/etc/fstab 文件进行编辑，在文件末尾添加以下内容
[root@client ~]# vi /etc/fstab
```

```
    //172.24.1.11/share01  /client/smbshare01 cifs vers=3,username=smbuser1,
password=redhat  0 0
    # 通知系统管理守护进程（systemd）重新加载其配置文件
    [root@client ~]# systemctl daemon-reload
    # 尝试挂载 fstab 文件中列出的所有文件系统
    [root@client ~]# mount -a
    # 显示系统上所有已挂载文件系统的磁盘使用情况
    [root@client ~]# df -Th
    Filesystem            Type     Size  Used  Avail  Use%  Mounted on
    devtmpfs              devtmpfs 4.0M    0   4.0M    0%   /dev
    /dev/mapper/cs-root   xfs       46G  1.7G   44G    4%   /
    /dev/vda1             xfs      1014M  254M  761M   25%  /boot
    //172.24.1.11/share01 cifs     47G  1.7G   46G    4%   /client/smbshare01
```

项目练习题

（1）在 NFS 服务器上设置 NFS 共享参数时，需要编辑的文件是（   ）。

    A．/etc/nfs.conf   B．/etc/exports

    C．/etc/nfs/exports   D．/etc/nfs_shares

（2）以下用于挂载 server 服务器的 NFS 共享目录/export/share 到本地目录/mnt/nfs 的命令是（   ）。

    A．mount –t nfs /export/share /mnt/nfs

    B．mount –t nfs server:/export/share /mnt/nfs

    C．mount –t nfs –o rw server/export/share /mnt/nfs

    D．mount –t nfs4 //server:/export/share /mnt/nfs

（3）在配置 Samba 共享时，用于指定共享目录的参数是（   ）。

    A．path   B．valid users   C．force group   D．writable

（4）Samba 共享用户为 res_user1，其 password=pass，Samba 共享名为 research，以下用于将 Samba 共享挂载到客户端的 /mnt/research 的命令是（   ）。

    A．mount –t nfs server.example.com:/research /mnt/research

    B．mount –t samba –o username=res_user1,password=pass //server.example.com/research /mnt/research

    C．mount –t cifs –o username=res_user1,password=pass //server.example.com/department_shares/research /mnt/research

    D．mount –t cifs –o username=res_user1,password=pass server.example.com/research /mnt/research

（5）在/etc/samba/smb.conf 文件中，用于设置共享目录的有效用户组的参数是（   ）。

    A．force group   B．valid users   C．write list   D．group

（6）Samba 服务器 server.example.com 已配置了名为 research 的共享，在客户端 client.example.com 上设置启动时自动挂载该共享，应该将（   ）添加到 /etc/fstab 文件中。

    A．server.example.com:/research /mnt/research smb defaults 0 0

    B．//server.example.com/research /mnt/research cifs defaults 0 0

    C．server.example.com:/research /mnt/research cifs defaults 0 0

    D. //server.example.com/research /mnt/research smbfs defaults 0 0

  （7）在服务器 server.example.com 上配置 NFS 共享，并在客户端 client.example.com 上进行挂载，具体要求如下。

  ① 在服务器 server.example.com 上安装部署 nfs 组件，新建共享目录/nfsshare，配置导出选项，允许 nfsnobody 用户对共享目录具有读写访问权限。

  ② 在 client.example.com 上，将 server.example.com 上的 NFS 共享挂载到/mnt/nfsshare 挂载点。

  ③ 在 client.example.com 上，安装 autofs 组件，设置自动挂载路径为/auto/nfs，以实现自动挂载 NFS 共享。

  （8）在服务器 server.example.com 上配置 Samba 共享，具体要求如下。

  ① 在服务器 server.example.com 上安装部署 Samba 组件，创建 ituser1 用户、marketuser1 用户，两个用户的 Samba 密码均为 redhat，创建 it_group 用户组，并将 ituser1 用户设置为 it_group 用户组的成员。

  ② 设置 Samba 共享名称为 itshare，/smbshare 作为共享目录，it_group 的成员对/smbshare 共享目录具有读写权限，组成员之外的所有用户对该共享目录仅具有读权限。

  ③ 在 client.example.com 上，将 server.example.com 上的 Samba 共享挂载到/mnt/itshare 挂载点，并添加/etc/fstab 挂载条目，以实现开机自动挂载 Samba 共享。

项目11
DHCP服务配置与管理

11

学习目标

【知识目标】
- 了解DHCP服务的基本概念。
- 了解DHCP服务的工作过程。

【技能目标】
- 掌握DHCP服务的部署与配置方法。
- 掌握DHCP中继服务的部署和配置方法。

【素质目标】
- 培养读者的团队合作精神、协同创新能力，使其能够在团队中积极合作、有效沟通。
- 培养读者的信息技术应用能力，使其深刻理解信息技术在工作和学习中的应用价值。

11.1 项目描述

小明所在的公司因业务调整，需要对各部门的网络架构进行重新规划，以满足各部门自动获取 IP 地址的需求。此外，需要将某些部门特定主机的 MAC（Medium Access Control，介质访问控制）地址和 IP 地址绑定，以获取固定 IP 地址。小明作为数据中心的系统工程师，需要在企业内部部署 DHCP 服务器，以满足公司网络架构调整的需求。

本项目主要介绍 DHCP 服务的部署和管理、配置文件参数的设置等。

11.2 知识准备

11.2.1 DHCP 服务简介

DHCP（Dynamic Host Configuration Protocol，动态主机配置协议）是一种用于 IP 网络的网络协议。该协议位于 OSI 模型的应用层，使用 UDP 工作。RFC 2131 和 RFC 2132 将 DHCP 定义为一种 IETF（Internet Engineering Task Force，因特网工程任务组）标准，该标准基于引导协议（Bootstrap Protocol，BOOTP），与 DHCP 具有许多相同的实现细节。DHCP 允许主机从 DHCP 服务器获取所需的 TCP/IP 配置信息。

V11-1 DHCP
服务简介

DHCP 是一种客户端/服务器协议，允许设备在加入网络时自动获得 IP 地址和其他必要的网络配置信息，如子网掩码、默认网关、DNS 服务器 IP 地址等。这种自动化配置极大地减轻了系统工程师的工作负担，特别是在有大量设备需要接入网络的环境中。

DHCP 用一个或一组 DHCP 服务器来管理网络参数的分配，也可直接为服务器和桌面计算机分配 IP 地址，还可以通过 PPP（Point-to-Point Protocol，点到点协议）代理为住宅 NAT 网关和路由器分配 IP 地址。DHCP 为网络设备的配置提供了极大的便利，但在一些特定的网络设备上，如在核心网络设备（路由器、交换机、防火墙）和提供关键网络服务的服务器（如 DNS 服务器）上，静态 IP 地址配置通常是首选。因为静态 IP 地址配置可以提高这些关键设备的可靠性和可访问性，降低动态 IP 地址变化可能导致的服务中断风险。

11.2.2　DHCP 服务的工作过程

DHCP 服务的工作过程分为 4 个基本阶段，分别为发现、提供、请求和确认。

客户端在获得一个 IP 地址以后，就可以发送一个 ARP（Address Resolution Protocol，地址解析协议）请求来避免由于 DHCP 服务器地址池重叠而引发的 IP 地址冲突。DHCP 服务的工作过程如表 11-1 所示。

表 11-1　DHCP 服务的工作过程

序号	基本阶段	内容
1	发现	客户端在物理子网上发送广播来寻找可用的服务器。系统工程师可以配置一个本地路由来转发 DHCP 包给另一个子网上的 DHCP 服务器。该客户端生成一个目标地址为 255.255.255.255 或者子网广播地址的 UDP 包。
2	提供	当 DHCP 服务器收到来自客户端的 IP 地址租约请求时，它会提供一个 IP 地址租约。DHCP 服务器会为客户端保留一个 IP 地址，然后通过网络单播一个 DHCP Offer 消息（也称租约提供消息）给客户端。该消息包含客户端的 MAC 地址，以及服务器提供的 IP 地址、子网掩码、租期、提供该 IP 地址的 DHCP 服务器的 IP 地址
3	请求	当客户端收到 IP 地址租约提供消息时，它必须告诉所有其他的 DHCP 服务器已经接收了一个租约提供消息。因此，该客户端会发送一个 DHCP Request 消息，其中包含提供租约的服务器的 IP 地址。当其他 DHCP 服务器收到该消息后，它们会收回所有可能已提供给该客户端的租约，并把曾经该客户端保留的那个 IP 地址放回可用地址池，这样就可以为其他客户端分配这个 IP 地址
4	确认	当 DHCP 服务器收到来自客户端的 DHCP Request 消息后，它会开始进行最后的配置。这个响应阶段包括发送一个 DHCP ACK 包给客户端。这个包中包含租期和客户端可能请求的其他所有配置信息。此时，TCP/IP 配置完成。 该服务器响应请求并发送响应给客户端。整个系统期望客户端根据选项来配置其网卡

DHCP 中继（DHCP Relay）通常用于在 DHCP 客户端和 DHCP 服务器之间转发 DHCP 请求和响应。其主要作用是在客户端和服务器不在同一子网的情况下，确保 DHCP 客户端可以顺利获取 IP 地址和其他网络配置信息。DHCP 中继代理使用 IP 路由将发现消息转发到配置好的 DHCP 服务器，并将 DHCP 提供的响应中继转发给客户端，通过在不同子网之间传递 DHCP 数据包，扩展了 DHCP 服务的覆盖范围，从而使大型网络中的多个子网能够共享同一 DHCP 服务器。

在有 DHCP 中继的场景中，当 DHCP 客户端首次接入网络时，它会发送一个 DHCP Discover 广播报文。由于 DHCP 服务器可能不在同一局域网内，因此 DHCP 中继代理（通常是路由器或交换机）会接收到该广播报文，并将其转发给位于其他网络的 DHCP 服务器。DHCP 中继代理通过添加中继代理信息选项（Relay Agent Information Option），如客户端的子网信息，来帮助 DHCP 服务器确定适当的 IP 地址和配置。

DHCP 服务器接收到中继代理转发的 DHCP Discover 报文后，会根据请求分配一个 IP 地址，并生成一个 DHCP Offer 响应报文。该响应报文通过中继代理转发回客户端。中继代理接收服务器的 DHCP Offer 响应后，再将其传递给客户端。随后，客户端会发送 DHCP Request 报文进行确认，DHCP 服务器也通过中继代理接收并回复 DHCP ACK 报文，完成 IP 地址的分配过程。通过 DHCP 中继，分布在不同网段的客户端能顺利获得 IP 地址和其他网络配置。

11.3　项目实训

【实训任务】

本实训的主要任务是通过部署 DHCP 服务器，使 DHCP 服务器为局域网同网段内的计算机自动分配 IP 地址；配置 DHCP 中继代理服务器，使 DHCP 服务器能通过中继代理为局域网不同网段内的计算机自动分配 IP 地址；根据 MAC 地址分配固定 IP 地址。

【实训目的】

（1）掌握 DHCP 服务的部署和配置方法。

（2）掌握 DHCP 中继服务器的部署和配置方法。

【实训内容】

（1）使用 yum 命令安装 DHCP 软件。

（2）设置 DHCP 服务器/etc/dhcp/dhcpd.conf 配置文件的参数。

（3）设置 DHCP 中继代理服务器的配置参数。

（4）使用 Linux 客户端验证 DHCP 服务器的 IP 地址的分配。

【实训环境】

在进行本项目的实训操作前，提前准备好 Linux 操作系统环境，在 CentOS Stream、RHEL、Rocky Linux、华为 openEuler、麒麟等常见 Linux 发行版操作系统中都可以进行项目实训。

11.4　项目实施

V11-2　部署和配置 DHCP 服务

11.4.1　部署和配置 DHCP 服务

1. 部署 DHCP 服务

（1）在 CentOS Stream 9 中使用 yum 命令安装 DHCP 软件。

```
[root@server ~]# yum -y install dhcp-server
# 如果要在 CentOS 7 中安装 DHCP 软件，则可以使用以下命令
[root@server ~]# yum -y install dhcp
```

（2）使用 rpm 命令查询 DHCP 软件。

```
[root@server ~]# rpm -qa dhcp-server
dhcp-server-4.4.2-19.b1.el9.x86_64
```

（3）查看 DHCP 软件包中的文件安装信息。

DHCP 服务程序的主配置文件为/etc/dhcp/dhcpd.conf，执行程序文件为/usr/sbin/dhcpd。

```
[root@server ~]# rpm -ql dhcp-server
```

2. 配置 DHCP 服务

DHCP 软件包是 DHCP 的具体实现。DHCP 服务的守护进程名为 dhcpd，主配置文件为 /etc/dhcp/dhcpd.conf，默认情况下，该文件为空文件，但 DHCP 软件的 RPM 包提供了一个模板文件/usr/share/doc/dhcp-server/dhcpd.conf.example。在配置 DHCP 服务的时候，可以参考该模板文件中的配置参数。DHCP 服务参数及其作用如表 11-2 所示。

表 11-2　DHCP 服务参数及其作用

序号	参数	作用

1	作用域	定义可以分配给 DHCP 客户端的 IP 地址范围，DHCP 服务器会根据作用域来管理网络的分布、分配 IP 地址及设置其他配置参数，示例如下。
		subnet 192.168.1.0 netmask 255.255.255.0 {
		　　　　option routers　　　　　　　　　192.168.1.254;
		　　　　option subnet-mask　　　　　　　255.255.255.0;
		　　　　option domain-search　　　　　　"example.com";
		　　　　option domain-name-servers　　　192.168.1.1;
		　　　　option time-offset　　　　　　　-18000;
		　　　　range 192.168.1.10 192.168.1.100;
		}
		对于需要提供服务的每个子网，必须包含子网声明，该声明告诉 DHCP 守护进程如何识别某个 IP 地址是否处于该子网。每个子网都需要子网声明，即使没有 IP 地址动态分配到该子网

2	超级作用域	超级作用域是由多个子网组成的逻辑组合，用于支持同一物理网络存在多个逻辑 IP 地址子网段，包含作用域的列表，并对子作用域进行统一管理，示例如下。
		shared-network example {
		　　option domain-name-servers 192.0.2.1;
		　　subnet 192.0.2.0 netmask 255.255.255.0 {
		　　　　range 192.0.2.10 192.0.2.50;
		　　　　option routers 192.0.2.1;
		　　}
		　　subnet 198.51.100.0 netmask 255.255.255.0 {
		　　　　range 198.51.100.10 198.51.100.50;
		　　　　option routers 198.51.100.1;
		　　}
		}

3	排除范围	将某些 IP 地址在作用域中排除，确保这些 IP 地址不会被提供给 DHCP 客户端
4	租约	定义分配给 DHCP 客户端的 IP 地址的租用时间，示例如下。 default-lease-time 600; max-lease-time 7200;
5	预约	绑定特定硬件地址（MAC 地址）到特定的 IP 地址，保证局域子网中的特定设备总是获取到相同的 IP 地址，示例如下。 host client1 { hardware ethernet 00:0c:29:6b:9e:7e; fixed-address 192.168.1.10; }

配置 DHCP 服务器的第一步是创建配置文件，该文件用于存储客户端的网络信息，并声明客户端系统的选项。配置文件可以包含额外的缩进或空行，以便于配置文件的格式化和可读性。关键字不区分字母大小写，以散列符号（#）开头的行被视为注释。

在配置文件中，有两种主要的语句类型：参数和声明。

参数（Parameter）用于指定 DHCP 服务器的全局行为和配置选项，如租约时间和权威声明。这些参数会影响整个 DHCP 服务器或特定的配置部分。

```
default-lease-time 600;
max-lease-time 7200;
authoritative;
```

声明（Declaration）用于定义网络拓扑和客户端配置，如子网、IP 地址范围和网络选项。这些声明可以包含参数，但它们的影响范围仅限于声明的内容。

```
subnet 192.168.1.0 netmask 255.255.255.0 {
    range 192.168.1.10 192.168.1.100;
    option routers 192.168.1.1;
    option subnet-mask 255.255.255.0;
    option domain-name-servers 192.168.1.1, 192.168.1.2;
}
```

在大括号（{ }）括起来的部分之前声明的参数被视为全局参数，全局参数会影响文件中定义的所有子网和客户端配置。

（1）查询 DHCP 软件包的安装文档和模板文件。

```
[root@server ~]# rpm -ql dhcp-server | grep example
```

（2）查看 DHCP 服务模板文件的配置参数。

```
[root@server ~]# cat /usr/share/doc/dhcp-server/dhcpd.conf.example
[root@server ~]# cat /etc/dhcp/dhcpd.conf
```

全局配置参数用于定义整个配置文件，而子网网段声明用于配置整个子网网段的地址属性，DHCP 服务器配置参数及其作用如表 11-3 所示。

表 11-3　DHCP 服务器配置参数及其作用

序号	参数	作用
1	ddns-update-style	指定动态 DNS 服务动态更新的类型，包括 none(不支持动态更新)、interim（自动更新模式）与 ad-hoc（手动配置动态更新）
2	allow/ignore client-updates	允许或忽略客户端更新 DNS 记录
3	default-lease-time	设置默认租约时间（以 s 为单位），如 default-lease-time 21600
4	max-lease-time	设置最大租约时间（以 s 为单位），如 max-lease-time 43200
5	option domain-name-servers	指定域名服务器的 IP 地址，如 option domain-name-servers 8.8.8.8
6	option domain-name "domain.org"	指定客户端使用的域名，如 option domain-name "domain.org"
7	range	指定用于分配的 IP 地址池，如 range 192.168.1.100 192.168.1.200
8	option subnet-mask	指定客户端的子网掩码，如 option subnet-mask 255.255.255.0
9	option routers	指定客户端的网关地址，如 option routers 192.168.1.1
10	broadcast-address	指定客户端的广播地址，如 broadcast-address 192.168.1.255
11	ntp-server	指定客户端的指定 NTP（Network Time Protocol，网络时间协议）服务器的 IP 地址，如 ntp-server 192.168.1.10
12	nis-servers	指定客户端的 NIS（Network Information Service，网络信息服务）服务器的 IP 地址，如 nis-servers 192.168.1.11

序号	参数	作用
13	hardware	指定客户端的硬件类型和 MAC 地址，如 hardware ethernet 00:11:22:33:44:55
14	server-name	指定 DHCP 服务器的主机名，如 server-name "dhcp-server"
15	fixed-address	指定客户端的固定 IP 地址，如 fixed-address 192.168.1.50
16	time-offset	指定客户端的时区偏移量（以 s 为单位），如 time-offset –18000
17	authoritative	指定 DHCP 服务器为权威服务器，允许其发出 DHCP-NAK 消息
18	shared-network	定义一个逻辑网络组，该组中包含了两个或更多的子网，这些子网通过 DHCP 服务器共享相同的地址池或者配置

（3）设置 DHCP 服务配置文件参数，在本实训中，为 DHCP 服务器设置固定 IP 地址为 192.168.100.254、子网掩码为 255.255.255.0、网关地址为 192.168.100.254。

```
[root@server ~]# vim /etc/dhcp/dhcpd.conf
[root@server ~]# cat /etc/dhcp/dhcpd.conf
option domain-name-servers 192.168.100.253;
option domain-search "opencloud.fun";
# default lease time
default-lease-time 600;
# max lease time
max-lease-time 7200;
# this DHCP server to be declared valid
authoritative;
# specify network address and subnet mask
subnet 192.168.100.0 netmask 255.255.255.0 {
    # specify the range of lease IP address
    range dynamic-bootp 192.168.100.10 192.168.100.200;
    # specify broadcast address
    option broadcast-address 192.168.100.255;
    # specify default gateway
     option routers 192.168.100.254;
}
```

（4）重启 DHCP 服务，使配置参数立即生效。

```
[root@server ~]# systemctl restart dhcpd
```

（5）设置防火墙规则，允许 DHCP 流量通过。

```
[root@server ~]# firewall-cmd --permanent --add-service=dhcp
[root@server ~]# firewall-cmd --reload
```

（6）在 Linux 客户端上验证 DHCP 服务分配的 IP 地址。

```
[root@node1 ~]# nmcli device show |grep -i ip
IP4.ADDRESS[1]:                 192.168.100.10/24
IP4.GATEWAY:                    192.168.100.254
```

```
IP4.DNS[1]:                          192.168.100.254
IP4.DOMAIN[1]:                       opencloud.fun
```

3. 清除 DHCP 服务缓存

DHCP 租期是 dhcpd 服务为客户端分配的网络地址的使用期限。dhcpd 服务将 DHCP 租期存储在租期数据库文件/var/lib/dhcpd/dhcpd.leases 中，租期数据库文件包含有关分配的租期的信息，如分配给 MAC 地址的 IP 地址或租期到期的时间戳。

（1）查看 DHCP 服务器缓存文件。

```
[root@server ~]# cd /var/lib/dhcpd/
[root@server dhcpd]# ls
dhcpd6.leases  dhcpd.leases  dhcpd.leases~
```

（2）查看 DHCP 服务器缓存信息。

```
[root@server dhcpd]# cat dhcpd.leases
authoring-byte-order little-endian;
lease 192.168.100.11 {
starts 0 2024/08/18 10:49:13;
ends 0 2024/08/18 10:59:13;
tstp 0 2024/08/18 10:59:13;
cltt 0 2024/08/18 10:49:13;
binding state active;
next binding state free;
rewind binding state free;
hardware ethernet 00:0c:29:8e:be:72;
uid "\001\000\014)\216\276r";
}
lease 192.168.100.12 {
…
```

（3）清除 DHCP 服务器缓存文件，并重启 DHCP 服务。

```
[root@server ~]# rm -f /var/lib/dhcpd/dhcpd.leases
[root@server ~]# touch /var/lib/dhcpd/dhcpd.leases
[root@server ~]# systemctl restart dhcpd
```

4. 为 MAC 地址分配固定 IP 地址

（1）查询客户端 node1 的 MAC 地址。

```
[root@node1 ~]# nmcli device show | grep -i addr
GENERAL.HWADDR:                      00:0C:29:F5:D9:F7
IP4.ADDRESS[1]:                      192.168.100.30/24
IP6.ADDRESS[1]:                      fe80::20c:29ff:fef5:d9f7/64
```

（2）编辑 DHCP 服务主配置文件，添加如下参数。

```
[root@server ~]# vim /etc/dhcp/dhcpd.conf
host node1 {
  hardware ethernet 00:0C:29:F5:D9:F7;
  fixed-address 192.168.100.88;
}
```

（3）重启 DHCP 服务，使配置参数立即生效。

```
[root@server ~]# systemctl restart dhcpd
```

（4）在 Linux 客户端上查询 DHCP 服务分配的固定 IP 地址。

```
[root@node1 ~]# systemctl restart networkmanager
[root@node1 ~]# nmcli device show |grep -i addr
GENERAL.HWADDR:                 00:0C:29:F5:D9:F7
IP4.ADDRESS[1]:                 192.168.100.88/24
```

11.4.2　部署和配置 DHCP 中继服务

DHCP 中继服务拓扑如图 11-1 所示，实训环境描述如下。

DHCP 服务器的网络接口 ens33 所在网段为 192.168.100.0/24，固定 IP 地址为 192.168.100.254、子网掩码为 255.255.255.0、网关地址为 192.168.100.254。

V11-3　部署和配置 DHCP 中继服务

DHCP 中继服务器的网络接口 ens33 所在网段为 192.168.100.0/24，固定 IP 地址为 192.168.100.1、子网掩码为 255.255.255.0；网络接口 ens36 所在网段为 192.168.1.0/24，固定 IP 地址为 192.168.1.254、子网掩码为 255.255.255.0，通过 ens36 接口监听 DHCP 请求，并将请求转发到 192.168.100.254。

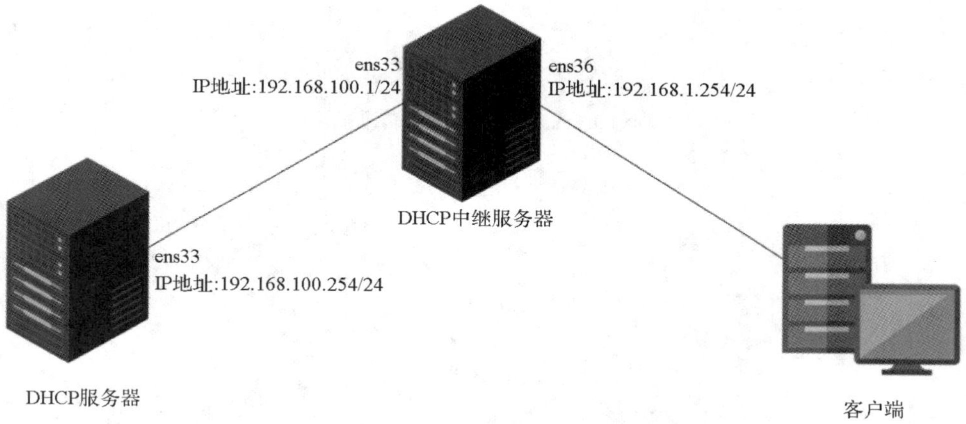

ens33
IP地址:192.168.100.1/24

ens36
IP地址:192.168.1.254/24

DHCP中继服务器

ens33
IP地址:192.168.100.254/24

DHCP服务器

客户端

图 11-1　DHCP 中继服务拓扑

客户端所在网段为 192.168.100.0/24，从 DHCP 中继服务器获取 IP 地址。

（1）在 DHCP 中继服务器上安装 dhcp-relay 组件。

```
[root@delayserver ~]# dnf -y install dhcp-relay
[root@delayserver ~]# nmcli connection show
NAME   UUID                                  TYPE      DEVICE
ens33  8afad840-7ae0-35c0-900b-2961cb3a22b0  ethernet  ens33
ens36  271d6c4f-3e75-411b-aa1c-0cb0e4d7dc29  ethernet  ens36
```

（2）复制系统服务文件。

```
[root@delayserver ~]# cp /lib/systemd/system/dhcrelay.service /etc/systemd/
system/
```

（3）编辑/etc/systemd/system/dhcrelay.service 文件，为 ExecStart 行添加-i 选项、网络

接口和 DHCP 服务器的 IP 地址。

```
[root@delayserver ~] # vi /etc/systemd/system/dhcrelay.service
ExecStart=/usr/sbin/dhcrelay -d --no-pid `-i ens36 -i ens33 192.168.100.254
```
/* -i ens36 用于指定 DHCP 中继服务器在 ens36 接口上监听 DHCP 请求，该接口位于 192.168.1.0/24 网络中，客户端通过这个接口发出的 DHCP 请求将被中继*/

/* -i ens33 用于指定 DHCP 中继服务器的 ens33 接口，用于与 DHCP 服务器（IP 地址为 192.168.100.254）通信，该接口位于 192.168.100.0/24 网络中*/

/* 192.168.100.254 是 DHCP 服务器的 IP 地址，DHCP 中继服务器将从 ens36 接口收到的 DHCP 请求转发到这个 IP 地址*/

（4）重新加载 systemd 配置并启动相应服务。

```
[root@delayserver ~]# systemctl daemon-reload
[root@delayserver ~]# systemctl enable dhcrelay.service
[root@delayserver ~]# systemctl start dhcrelay.service
```

（5）在 DHCP 中继服务器上，查看系统的路由表信息。

```
[root@delayserver ~]# ip route show
default via 192.168.1.254 dev ens36 proto static metric 100
default via 192.168.100.254 dev ens33 proto static metric 101
192.168.1.0/24 dev ens36 proto kernel scope link src 192.168.1.254 metric 100
192.168.100.0/24 dev ens33 proto kernel scope link src 192.168.100.1 metric 101
```
/* 192.168.1.0/24 dev ens36 proto kernel scope link src 192.168.1.254 metric 100 路由条目表示 192.168.1.0/24 网络通过 ens36 接口连接。路由由内核自动生成，适用于直接连接的网络设备，源 IP 地址为 192.168.1.254，路由的度量值为 100，表示其优先级*/

/* 192.168.100.0/24 dev ens33 proto kernel scope link src 192.168.100.1 metric 101 路由条目表示 192.168.100.0/24 网络通过 ens33 接口连接。路由同样由内核自动生成，适用于直接连接的网络设备，源 IP 地址为 192.168.100.1，路由的度量值为 101，其优先级低于度量值为 100 的路由*/

（6）在 DHCP 服务器上，更新/etc/dhcp/dhcpd.conf 文件配置参数。

```
[root@server ~]# vi /etc/dhcp/dhcpd.conf
option domain-name-servers 192.168.100.253;
option domain-search "opencloud.fun";
default-lease-time 600;
max-lease-time 7200;
authoritative;
subnet 192.168.100.0 netmask 255.255.255.0 {
    range dynamic-bootp 192.168.100.10 192.168.100.200;
    option broadcast-address 192.168.100.255;
    option routers 192.168.100.254;
}
subnet 192.168.1.0 netmask 255.255.255.0 {
    range dynamic-bootp 192.168.1.10 192.168.1.200;
    option broadcast-address 192.168.1.255;
    option routers 192.168.1.254;
}
```

```
# 检查 DHCP 配置文件语法是否正确
[root@server ~]# dhcpd -t -cf /etc/dhcp/dhcpd.conf
```

（7）设置防火墙规则，允许 DHCP 请求流量通过。

```
[root@server ~]# firewall-cmd --permanent --add-service=dhcp
[root@server ~]# firewall-cmd --reload
```

（8）在 DHCP 服务器上重启 DHCP 服务。

```
[root@server ~]# systemctl restart dhcpd
```

（9）在 Linux 客户端上查询从 DHCP 中继服务器分配的 IP 地址。

```
[root@client ~]# nmcli device show | grep -i ip
IP4.ADDRESS[1]:          192.168.1.10/24
IP4.GATEWAY:             192.168.1.254
IP4.ROUTE[1]:            dst = 192.168.1.0/24, nh = 0.0.0.0, mt = 100
IP4.ROUTE[2]:            dst = 0.0.0.0/0, nh = 192.168.1.254, mt = 100
IP4.DNS[1]:              192.168.100.253
IP4.SEARCHES[1]:         opencloud.com
```

项目练习题

（1）在/etc/dhcp/dhcpd.conf 文件中，用于指定 DHCP 服务器应使用的 DNS 服务器地址的参数是（　　）。

    A．option dns-servers　　　　　　B．option domain-name-servers

    C．option resolv-servers　　　　　　D．option name-servers

（2）在/etc/dhcp/dhcpd.conf 文件中，用于指定网关地址的参数是（　　）。

    A．option routers　　　　　　B．option gateway

    C．option default-gateway　　　　　　D．option routers-address

（3）DHCP 中继代理的主要作用是（　　）。

    A．缓存 DHCP 请求　　　　　　B．在不同子网之间转发 DHCP 请求和响应

    C．防止 IP 地址冲突　　　　　　D．提高 IP 地址分配速度

（4）在 DHCP 配置中，定义可以分配给 DHCP 客户端的 IP 地址范围的部分是（　　）。

    A．作用域（Scope）　　　　　　B．超级作用域（Super Scope）

    C．租约（Lease）　　　　　　D．预约（Reservation）

（5）在 DHCP 配置中，用于支持同一物理网络上多个逻辑 IP 地址子网段的部分是（　　）。

    A．作用域（Scope）　　　　　　B．超级作用域（Super Scope）

    C．租约（Lease）　　　　　　D．预约（Reservation）

（6）DHCP 中继代理的主要作用是（　　）。

    A．提供 DHCP 服务　　　　　　B．转发 DHCP 请求

    C．管理网络安全　　　　　　D．监控网络流量

（7）在服务器 server.example.com 上安装和配置 DHCP 服务，具体要求如下。

① 安装 DHCP 服务器组件，配置 DHCP 服务器，使其在网络 192.168.1.0/24 上提供 IP 地址，IP 地址范围为 192.168.1.100～192.168.1.200。

② 配置默认网关为 192.168.1.254，DNS 服务器为 8.8.8.8。

③ 为 client.example.com 主机分配固定 IP 地址 192.168.1.50。

④ 启动并测试 DHCP 服务，确保客户端能够正确获取 IP 地址。

（8）在中继服务器 relay.example.com 上配置 DHCP 中继服务，具体要求如下。

① 安装 DHCP 中继代理组件，配置中继代理，使其能够将来自子网 192.168.2.0/24 的 DHCP 请求转发到主 DHCP 服务器 server.example.com，主 DHCP 服务器 IP 地址为 192.168.1.254。

② 确保中继代理能在子网 192.168.2.0/24 中接收 DHCP 请求，并将请求正确转发到主 DHCP 服务器。

③ 启动中继服务，并在客户端 client.example.com 上测试能否成功获取 IP 地址。

项目12
DNS服务配置与管理

12

学习目标

【知识目标】
- 了解DNS服务的基本概念。
- 了解DNS服务解析的过程。
- 了解DNS资源记录类型。

【技能目标】
- 掌握DNS组件的安装方法。
- 掌握配置主/从DNS服务器的方法。
- 掌握反向解析的配置方法。

【素质目标】
- 培养读者适应变化的能力，使其能够快速适应技术和环境的变化，勇于接受新挑战。
- 培养读者的职业规划和发展意识，使其能够根据自身兴趣和市场需求进行职业规划，
通过主动学习和适时调整以适应职业发展的需要。

12.1 项目描述

小明所在的公司部署了大量的业务系统，各部门员工只能通过 IP 地址访问系统。但不同的 IP 地址很容易混淆，也不方便记忆，因此 IT 部门需要对现有系统进行改造。小明作为数据中心的系统工程师，需要部署 DNS 服务器，使各部门员工可以通过域名访问企业内部管理系统、OA（Office Automation，办公自动化）系统、人事系统、财务系统和邮件系统等；同时部署从 DNS 服务器，实现域名解析的数据备份和负载均衡。

本项目主要介绍 DNS 服务的配置和管理方法，如主 DNS 服务器和从 DNS 服务器的配置方法、DNS 查询和验证的方法。

12.2 知识准备

12.2.1 DNS 服务简介

1. DNS 的基本概念

DNS（Domain Name System，域名系统）是互联网提供的一项关键服务。它作为一个将域名和 IP 地址相互映射的分布式数据库，能帮助用户更方便地访问互联网。DNS

V12-1　DNS 服务简介

是互联网核心协议之一，不管是网页浏览还是编程开发，都需要用到 DNS。DNS 的作用非常简单，就是根据域名查出 IP 地址。可以把 DNS 想象成一个巨大的地址簿，在访问互联网网站的时候，人们一般会记住网站的名称，但是很难记住网站的 IP 地址，因此需要通过这个地址簿查找对应的 IP 地址，即使用 DNS 服务。

DNS 采用了分布式架构，通过将域名管理划分为多个层级和区域，实现了高效、可靠且具备良好扩展性的域名解析服务。DNS 采用客户端/服务器模型进行工作。DNS 服务器用于存储域名与 IP 地址的映射关系，并响应客户端（解析器）的查询请求。当用户在浏览器中输入一个域名时，解析器会发出查询请求，逐层向上查找，直到找到对应的 IP 地址。为了提高效率和减轻服务器负担，DNS 还使用了缓存机制，将查询结果暂时存储起来，以便在未来的查询中快速返回结果。

例如，在 Linux 操作系统中执行 nslookup www.opencloud.fun 命令，命令行工具会向本地网络中配置的 DNS 服务器发起查询，请求解析域名 www.opencloud.fun 对应的 IP 地址，DNS 服务器返回的结果显示该域名的 IP 地址为 101.35.80.229。

```
[root@server ~]# nslookup www.opencloud.fun
Server:         202.102.192.68
Address:        202.102.192.68#53

Non-authoritative answer:
Name:   www.opencloud.fun
Address: 101.35.80.229
```

DNS 将互联网中的资源通过域名进行组织和标识，域名是一组逻辑相关的名称集合，用于表示这些名称是否隶属于特定的公司、国家或其他实体。域名通常由多个层级组成，层级之间通过点（.）分隔。顶级域名（如 .com、.org）位于名称的最右侧，表示域名的最高级别。域名的左侧部分代表更具体的子域名，这些子域名可以进一步细化以表示特定组织或资源的归属。例如，在 www.opencloud.fun 这个域名中，fun 是顶级域名，opencloud 是位于顶级域名之下的子域名，而 www 是 opencloud 子域名下的具体主机名称或服务。这种层次结构允许将互联网划分为逻辑上相关的名称组，每个组及其子组都可以独立管理和分配，以便准确地反映资源的组织结构和所属关系。DNS 层次结构如图 12-1 所示。

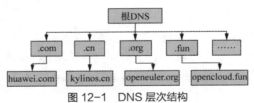

图 12-1　DNS 层次结构

DNS 使用层次结构来组织和管理全球范围内的域名解析，根 DNS（Root DNS）位于层次结构的顶层，充当所有 DNS 查询的起点。根 DNS 服务器不存储具体域名的详细记录，而是指向负责不同顶级域管理的服务器，如 .com、.org、.cn 等。这些顶级 DNS 服务器进一步管理其下的二级域名，如 huawei.com、openeuler.org、centos.org、rockylinux.org 等。

每个顶级 DNS 服务器专门负责处理其对应顶级域名范围内的所有域名解析请求。例如，负责.com 顶级域名的 DNS 服务器处理所有以 .com 结尾的域名请求，而负责 .cn 顶级域名的 DNS 服务器处理所有以 .cn 结尾的域名请求。当用户尝试访问某个网站时，DNS 查询根据域名后缀首先被定向到对应的顶级 DNS 服务器。

在确定了正确的顶级 DNS 服务器之后，DNS 查询会进一步传递到相关的权威 DNS 服务器，这些服务器保存了域名的具体记录。权威 DNS 服务器最终会回应查询请求，将域名解析为对应的 IP 地址，从而使浏览器能够成功加载网页。这个分层的查询机制保证了 DNS 的高效性和可扩展性，能够迅速处理全球范围内的域名解析需求。

权威 DNS 服务器是在 DNS 中负责存储并提供特定域名的所有 DNS 记录的服务器。之所以称其为"权威",是因为这些服务器提供了关于域名配置的最终和官方数据源,包括域名到 IP 地址的映射(A 记录、AAAA 记录)、邮件服务器信息(MX 记录)和域名别名(CNAME 记录)等。当一个域名被注册后,域名注册商会指定一个或多个权威 DNS 服务器来管理该域名的 DNS 记录。

权威 DNS 服务器在整个域名解析过程中扮演着核心角色。当用户的查询请求到达外部 DNS 服务器(如由其 ISP 提供的 DNS 服务器)时,如果该服务器的缓存中没有相关信息,则它将向权威 DNS 服务器请求最新且准确的记录,这个机制确保了用户能够访问正确的网络资源。为了保证网络的稳定性和可靠性,权威 DNS 服务器的数据必须保持最新及准确,任何错误或过时的信息都可能导致用户无法正确访问目标网站或服务。因此,维护权威 DNS 服务器的安全和及时更新是至关重要的。

2. DNS 软件

DNS 服务由各种 DNS 软件驱动,DNS 软件可以分为两大类:一类是用于维护和管理 DNS 记录的服务端软件,另一类是用于发送查询和接收 DNS 信息的客户端软件。

服务端 DNS 软件负责存储、维护和提供 DNS 记录,以响应外部的 DNS 查询。常见的服务端 DNS 软件有 BIND、Unbound、PowerDNS、Knot DNS。

客户端 DNS 软件主要用于在用户设备上发起 DNS 查询并接收响应,解析域名为 IP 地址。常见的客户端 DNS 软件有 DNSmasq、Stubby、DNSCrypt 等。

Unbound 是由 NLnet Labs 开发的一款 DNS 解析软件,最初于 2004 年以开源形式免费分发,并遵循 BSD 许可证。2006 年,NLnet Labs 用 C 语言重写了原型以实现高性能。Unbound 被设计为一组模块化组件,包含增强的安全性验证、IPv6 支持以及客户端解析器 API 库,可以运行在 FreeBSD、OpenBSD、macOS、Linux 和 Windows 操作系统中。Unbound 既可以作为缓存服务器,又可以进行递归查询,并保存从其他 DNS 服务器获得的记录,还能提供权威服务,非常适合在实验室、小型组织以及较大部署中作为递归和缓存层服务器。

DNSmasq 是一款开源的轻量级 DNS 转发和 DHCP、TFTP(Trivial File Transfer Protocol,简单文件传输协议)服务器软件,使用 C 语言编写。DNSmasq 针对家庭局域网等小型局域网设计,资源占用率低,易于配置,支持的平台包括 Linux、BSD、IP-Cop、Android openwrt 路由器系统等。

BIND 是 20 世纪 80 年代由加利福尼亚大学伯克利分校计算机系统研究小组编写开发的,目前由 ISC(Internet Systems Consortium,互联网系统协会)负责开发与维护。它是一款被广泛使用的开源 DNS 服务器软件,目前互联网中半数以上的 DNS 服务器都是使用 BIND 来架设的,它已经成为 DNS 事实上的标准。

BIND 除了主程序外,还针对 Linux 平台提供了 bind-chroot 与 bind-utils 软件包。bind-chroot 软件包的主要功能是使 BIND 软件运行在 chroot 模式下,以提高系统安全性;bind-utils 软件包提供了一些 DNS 查询工具,如 host、nslookup、dig 等。

12.2.2 DNS 服务解析过程

为了提高 DNS 的解析性能,很多网络会就近部署 DNS 缓存服务器。下面介绍 DNS 服务解析过程。

(1)客户端发出 DNS 请求。在 Web 浏览器的地址栏中输入"http://www.163.com"并按 Enter 键,Web 浏览器会将域名解析请求提交给客户端中的 DNS 软件。DNS 软件随即将请求发送给本地 DNS 服务器,本地 DNS 服务器由 ISP(如中国电信、中国移动等)自动分配。

(2)本地 DNS 服务器上缓存了一张域名与对应 IP 地址的表格。收到来自客户端的请求后,本地 DNS 服务器会在这张表格中进行查找,如果能找到 www.163.com 对应的记录,则直接返回 IP

地址；如果没有找到记录，则本地 DNS 服务器会继续向根 DNS 服务器请求查询。

（3）根 DNS 服务器作为最高层次的 DNS 服务器，不直接用于域名解析。它在收到来自本地 DNS 服务器的请求后，发现请求的域名后缀是.com（www.163.com 这个域名由.com 区域管理），因此根 DNS 服务器通知本地 DNS 服务器向顶级 DNS 服务器请求查询。

（4）本地 DNS 服务器转向询问顶级 DNS 服务器，请求查询 www.163.com 的 IP 地址。顶级 DNS 服务器发现请求的域名是 163.com，返回与该域名对应的权威 DNS 服务器地址，通知本地 DNS 服务器向该权威 DNS 服务器发起进一步查询。

（5）本地 DNS 服务器转向询问权威 DNS 服务器，请求查询 www.163.com 的 IP 地址。权威 DNS 服务器收到请求并查询后，将对应的 IP 地址告诉本地 DNS 服务器。

（6）本地 DNS 服务器再将 IP 地址发送给客户端，客户端和目标地址建立连接。

以上就是完整的 DNS 服务解析过程。DNS 服务解析过程如图 12-2 所示，DNS 服务器类型及其作用如表 12-1 所示。

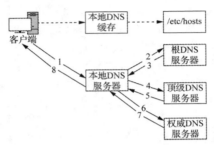

图 12-2　DNS 服务解析过程

DNS 服务可以解析域名与 IP 地址的对应关系，且既可以正向解析，又可以反向解析。
① 正向解析：根据主机名（域名）查找对应的 IP 地址。
② 反向解析：根据 IP 地址查找对应的主机名（域名）。

表 12-1　DNS 服务器类型及其作用

序号	DNS 服务器类型	作用
1	根 DNS 服务器	根 DNS 服务器是互联网 DNS 系统的最顶层，它们维护着所有顶级域（如 .com、.org、.net 等）的指向信息。当本地 DNS 服务器无法直接解析域名时，它会先向根 DNS 服务器发出请求。根 DNS 服务器不会返回具体的域名信息，而是返回与该顶级域相关的顶级 DNS 服务器的地址。此后，本地 DNS 服务器会根据该信息进一步向对应的顶级 DNS 服务器查询，直到最终解析出所需的域名
2	顶级域 DNS 服务器	顶级 DNS 服务器管理顶级域（如 .com、.org、.net 等）的信息。顶级 DNS 服务器保存着由各个域名注册机构管理的二级域名的指向信息。当收到来自本地 DNS 服务器的查询请求时，顶级 DNS 服务器会返回与该域名相关的权威 DNS 服务器的地址，本地 DNS 服务器能够继续向权威 DNS 服务器发出进一步的查询
3	权威 DNS 服务器	权威 DNS 服务器负责存储和提供域名的最终解析信息，包括域名到 IP 地址的映射（如 A 记录）和其他详细的 DNS 记录（如 MX 记录）。当顶级 DNS 服务器提供了权威 DNS 服务器的地址后，查询请求将直接发送到该权威 DNS 服务器，以获取最终的解析结果

12.2.3　DNS 资源记录类型

域名与 IP 地址之间的对应关系称为"记录"。DNS 的 RR（Resource Record，资源记录）是 DNS 区域中的条目，用于指定有关该区域中某个特定名称或对象的信息。根据使用场景，记录可以分为不同的类型。资源记录包含 owner-name、TTL、class、type 和 data 等字段，并按以下格式组织。

```
owner-name              TTL     class    type     data
www.example.com.        300     IN       A        192.168.1.10
```

资源记录字段及其作用如表 12-2 所示。

表 12-2　资源记录字段及其作用

序号	字段名	作用
1	owner-name	资源记录名，通常表示此记录所描述的域名或主机名。例如，www.example.com. 是该记录的 owner-name，表示此记录与 www.example.com 相关
2	TTL	资源记录的生存时间（以 s 为单位），指定 DNS 解析器应缓存此记录的时间长度，在 TTL 到期后，解析器将从缓存中删除此记录，并在下一次需要时重新查询
3	class	记录的"类"，IN 是最常见的类，表示 Internet
4	type	此记录存储的信息类型。例如，A 记录表示将域名映射到 IPv4 地址。其他常见类型包括 AAAA、MX、CNAME、PTR 等
5	data	此记录存储的数据。数据的格式和内容根据记录类型而有所不同。例如，对于 A 记录，data 是与域名相关联的 IPv4 地址。在以上示例中，192.168.1.10 就是 A 记录的具体数据

DNS 是一个将域名和 IP 地址相互映射的分布式数据库，能够使用户更方便地访问互联网。不同的 DNS 资源记录类型有不同的用途，DNS 重要的资源记录类型及其作用如表 12-3 所示。

表 12-3　DNS 重要的资源记录类型及其作用

序号	资源记录类型	作用
1	A（IPv4 地址）记录	将主机名映射到 IPv4 地址，示例如下。 example.com. IN A 192.0.2.1 其中，example.com. 是域名，IN 表示 Internet，A 表示 IPv4 地址记录，192.0.2.1 表示该域名对应的 IPv4 地址
2	AAAA（IPv6 地址）记录	将主机名映射到 IPv6 地址，示例如下。 example.com. IN AAAA 2001:db8::1 其中，example.com. 表示域名，IN 表示 Internet，AAAA 表示 IPv6 地址记录，2001:db8::1 表示该域名对应的 IPv6 地址
3	CNAME（规范名称）记录	将一个域名（别名）指向另一个域名（规范名称）。当客户端请求别名域名时，DNS 服务器会返回规范域名的 DNS 记录，从而使客户端能够访问到实际的目标服务器。这种记录便于域名管理，使得多个域名可以指向同一个服务器。 例如，将 www.opencloud.fun 配置为指向 opencloud.fun，那么访问 www.opencloud.fun 时，实际上会获得 opencloud.fun 的 IP 地址信息。这样可以简化域名管理，并方便域名的变更和维护。示例如下。 www.example.com. IN CNAME example.com. 其中，www.example.com. 表示别名域名，CNAME 表示规范域名记录，example.com. 表示规范域名
4	PTR（指针）记录	将 IP 地址映射到域名，主要用于反向 DNS 查找，常用于电子邮件服务器，主要用于验证发件人地址是否合法。示例如下。 1.2.0.192.in-addr.arpa. IN PTR example.com. 其中，1.2.0.192.in-addr.arpa. 表示反向 IP 地址，PTR 表示指针记录，example.com. 表示该 IP 地址对应的域名

续表

序号	资源记录类型	作用
5	MX 记录	指定负责接收该域邮件的邮件服务器，并设定优先级。示例如下。 example.com. IN MX 10 mail.example.com. 其中，example.com. 表示域名，MX 表示邮件交换记录，10 表示优先级（数值越小表示优先级越高），mail.example.com. 表示邮件服务器的域名
6	NS（名称服务器）记录	指定域名的权威 DNS 服务器，指示 DNS 查询应由哪个 DNS 服务器来进行处理，以获取该域名的相关信息。通过 NS 记录，域名可以指向多个 DNS 服务器，提供冗余和负载均衡，以确保域名解析的可靠性和可用性。示例如下。 example.com. IN NS ns1.example.com. 其中，example.com.表示域名，NS 表示名称服务器记录，ns1.example.com.表示权威 DNS 服务器的域名
7	TXT（文本）记录	用于存储任意的文本信息，最初，TXT 记录用于存储域名的描述性信息或备注，随着互联网的发展，它的用途变得更加广泛，常用于验证域名所有权、支持电子邮件反垃圾邮件机制，以及传输其他域名相关的元数据
8	SRV 记录	指定某个服务在特定域名下的主机和端口信息。SRV 记录广泛应用于需要定位特定服务的网络应用程序，如即时通信、VoIP（Voice over Internet Protocol，基于 IP 的语音）等。通过 SRV 记录，客户端可以查询到某个服务在指定域名下的具体服务器的地址和服务端口，从而建立连接
9	SOA（授权起始）记录	定义区域的重要信息，包括区域的序列号、主 DNS 服务器的名称、管理员的电子邮件地址，以及从 DNS 服务器的刷新时间、重试时间和过期时间等。当区域文件中的序列号发生变化时，从 DNS 服务器会根据 SOA 记录中的信息更新其副本，以保持与主 DNS 服务器的同步，确保 DNS 解析信息的一致性和可靠性

SOA 记录是每个 DNS 区域中必不可少的组成部分，它包含了关于域或区域的关键信息。这些信息包括管理员的电子邮件地址、区域的最后更新时间，以及 DNS 服务器在进行下一次区域刷新前应等待的时间间隔。根据 IETF 的标准，所有 DNS 区域都必须包含一个 SOA 记录。SOA 记录在区域传输中非常重要，因为它是首先被传输的记录，序列号用于指示从 DNS 服务器是否需要更新其版本。通过这种方式，SOA 记录不仅可以作为区域数据的权威来源，还确保了整个 DNS 的稳定性和可靠性，以维护整个网络的正常运作。

SOA 记录数据元素及其作用如表 12-4 所示。

表 12-4　SOA 记录数据元素及其作用

序号	数据元素	作用
1	Master nameserver	DNS 服务器的主机名，该 DNS 服务器是域信息的原始来源，且可能会接受动态 DNS 更新（前提是区域支持）
2	Rname	负责区域的 DNS 管理员的电子邮件地址，电子邮件地址中的"@"被替换为 Rname 中的"."。例如，电子邮件地址 hostmaster@example.com 写为 hostmaster.example.com
3	Serial number	区域文件的版本号，随着对区域记录的任何更改而增加
4	Refresh	刷新时间，从 DNS 服务器在向主 DNS 服务器请求 SOA 记录更新之前应等待的时间（以 s 为单位），如 1D 表示 1 天（86400s）
5	Retry	重试时间，从 DNS 服务器在遇到主 DNS 服务器无响应时，再次尝试请求更新的间隔时长（以 s 为单位），如 1H 表示 1 小时（3600s）

续表

序号	数据元素	作用
6	Expire	过期时间, 如果从 DNS 服务器在指定时间（以 s 为单位）内没有从主 DNS 服务器获取响应, 则停止为该区域提供服务, 如 1W 表示 1 周（604800s）
7	TTL	生存时间, 用于指定该记录在 DNS 缓存中的生存时间（以 s 为单位）, 在此期间, DNS 缓存中保存的记录不需要再次查询。例如, 3H 表示 3h（10800s）

SOA 记录示例如下。

```
$TTL 86400
@   IN  SOA     ns1.opencloud.fun. root.opencloud.fun. (
        2024011101  ;Serial
        3600        ;Refresh
        1800        ;Retry
        604800      ;Expire
        86400       ;Minimum TTL
)
        IN  NS      ns1.opencloud.fun.
        IN  MX 10   mail.opencloud.fun.
www     IN  A       101.35.80.229
ns1     IN  A       101.35.80.1
```

/* $TTL（Time To Live, 生存时间）表示所有资源记录的默认生存时间, 86400 表示 86400s, 即 24h。所有资源记录的默认缓存时间为 24h*/

/* @ IN SOA ns1.opencloud.fun. root.opencloud.fun. 定义了区域的 SOA 记录, @表示当前区域（这里是 opencloud.fun）, IN 表示 Internet 类, SOA 表示这是一个 SOA 记录, ns1.opencloud.fun. 是主 DNS 服务器的 FQDN, root.opencloud.fun. 是管理员的电子邮件地址, 但在 DNS 中用 "." 替代了 "@" 符号*/

/* 2024011101 ;Serial 表示设置序列号为 2024011101。每当区域文件更改时, 应增加此序列号, 以便从 DNS 服务器知道它们需要更新数据 */

/* 3600 ;Refresh 表示刷新时间, 默认为 3600s（即 1h）。从 DNS 服务器每隔 1h 会检查主 DNS 服务器是否有更新*/

/* 1800 ;Retry 表示重试时间, 默认为 1800s（即 30min）。如果从 DNS 服务器在刷新时无法联系到主 DNS 服务器, 则它将在 30min 后重试*/

/* 604800 ;Expire 表示过期时间, 默认为 604800s（即 7 天）。如果从 DNS 服务器在 7 天内无法与主 DNS 服务器联系, 则它将不再认为自己是该区域的权威 DNS 服务器*/

/* 86400 ;Minimum TTL 表示最小 TTL, 默认为 86400s（即 1 天）。这是用于否定缓存的最小生存时间, 即当一个查询结果为否定时（如某记录不存在时）, 缓存服务器应缓存该结果 1 天*/

/* IN NS ns1.opencloud.fun.定义了域的权威 DNS 服务器, 这里是 ns1.opencloud.fun.*/

/* IN MX 10 mail.opencloud.fun.定义了域的邮件交换记录, 优先级为 10（数字越小表示优先级越高）, 邮件服务器为 mail.opencloud.fun.*/

/* www IN A 101.35.80.229 定义了主机名 www 的 IPv4 地址（A 记录）, IN 表示 Internet 类。A 表示这是一个 A 记录, 用于定义 IPv4 地址。101.35.80.229 是 www.opencloud.fun 对应的 IPv4 地址*/

/* ns1 IN A 101.35.80.1 定义了主机名 ns1 的 A 记录, 101.35.80.1 是 ns1.opencloud.fun 对应的 IPv4 地址*/

12.3 项目实训

【实训任务】

本实训的主要任务是部署 DNS 服务，包括安装 DNS 组件，配置主 DNS 服务器，使其能够为局域网内的计算机提供域名解析服务；配置从 DNS 服务器，实现主从 DNS 服务器的同步，提高 DNS 服务的可靠性；设置反向域名解析，允许通过 IP 地址查找对应的域名；进行 DNS 查询和验证，确保配置正确且域名解析功能正常。

【实训目的】

（1）掌握 DNS 组件的安装方法。

（2）掌握主 DNS 服务器的配置方法。

（3）掌握从 DNS 服务器的配置方法。

（4）掌握反向解析的配置方法。

【实训内容】

（1）使用 yum 命令，安装 bind 和 bind-chroot 等软件包。

（2）编辑区域配置文件/etc/named.rfc1912.zones。

（3）创建正向解析数据文件，设置正向解析参数。

（4）编辑配置文件，设置反向解析参数。

（5）设置 Linux 客户端参数，测试和验证 DNS 解析。

【实训环境】

在进行本项目的实训操作前，提前准备好 Linux 操作系统环境，在 CentOS Stream、RHEL、Rocky Linux、华为 openEuler、麒麟等常见 Linux 发行版操作系统中都可以进行项目实训。

12.4 项目实施

12.4.1 部署和配置主域名服务器

1. 安装 DNS 组件

（1）安装 DNS 组件。DNS 组件包含多个软件包，主要的软件包有 bind、bind-chroot、bind-utils。

```
[root@server ~]# yum -y install bind bind-chroot bind-utils
```

（2）启动并启用 DNS 服务。安装好 DNS 组件后，由 bind 软件包提供 DNS 服务，DNS 服务名为 named。

```
[root@server ~]# systemctl start named
[root@server ~]# systemctl enable named
```

（3）设置防火墙规则。将 DNS 服务添加到防火墙规则中，允许 DNS 提供域名解析服务。

```
[root@server ~]# firewall-cmd --permanent --add-service=dns
[root@server ~]# firewall-cmd --reload
```

2. 配置主 DNS 服务器

BIND 服务程序配置文件主要分为主配置文件和区域配置文件。主配置文件包括很多使用大括号括起来的定义语句，在定义语句中可以设置多个参数。主配置文件的核心功能是定义区域，以及定义区域配置文件的位置。区域配置文件存储了具体的域名与 IP 地址之间的解析记录，DNS 服务器通过读取区域配置文件

V12-2　部署和配置主域名服务器

来响应客户端的查询请求。BIND 服务程序配置文件如表 12-5 所示。

在本实训中，主 DNS 服务器的固定 IP 地址为 192.168.100.253/24。

表 12-5　BIND 服务程序配置文件

序号	配置文件	作用
1	区域配置文件（/etc/named.rfc 1912.zones）	定义域名区域的信息，包括正向解析和反向解析，告诉 BIND 服务器有哪些区域文件需要加载及提供其文件路径
2	数据配置文件目录（/var/named）	存储区域数据文件的目录，包含具体的 DNS 记录，如 A 记录、NS 记录、MX 记录等。区域文件通常以域名作为前缀进行命名，如 opencloud.com.zone
3	主配置文件（/etc/named.conf）	定义 BIND 服务器的全局配置，包括访问控制、日志配置、区域文件的引用等。可以包含其他配置文件，如区域配置文件/etc/named.rfc1912.zones 的内容
4	主程序文件（/usr/sbin/named）	BIND 的主执行程序文件，负责启动 DNS 服务器进程，处理 DNS 查询请求，并根据配置文件进行相应操作

（1）编辑主配置文件/etc/named.conf，修改 DNS 服务的监听参数和地址解析参数。

```
[root@server ~]# vim /etc/named.conf
options {
# 将 listen-on port 53{127.0.0.1}中的 127.0.0.1 修改为 any，表示允许监听任何 IPv4 地址
listen-on port 53 { any; };
# 将 listen-on-v6 port 53{::1}中的::1 修改为 any，表示允许监听任何 IPv6 地址
listen-on-v6 port 53 { any; };
directory       "/var/named";
dump-file       "/var/named/data/cache_dump.db";
statistics-file "/var/named/data/named_stats.txt";
memstatistics-file "/var/named/data/named_mem_stats.txt";
secroots-file   "/var/named/data/named.secroots";
recursing-file  "/var/named/data/named.recursing";
# 将 allow-query{localhost}中的 localhost 修改为 any，代表允许外部主机查询
allow-query     { any; };
zone "." IN {
type hint;
file "named.ca";
};
include "/etc/named.rfc1912.zones";
include "/etc/named.root.key";
# zone "." IN { type hint; file "named.ca"; }; 定义了根区域的配置
/* 其中，zone "."表示根区域，在 DNS 中，"."代表根区域，即整个 DNS 层次结构的顶端。
IN 表示 Internet 类。
```

type hint 表示这是一个提示区域，用于告诉 DNS 服务器从哪里开始查找根 DNS 服务器的地址。这些地址用于启动递归查询的过程。提示区域包含根 DNS 服务器的初始列表，这些根 DNS 服务器的 IP 地址在 named.ca 文件中指定。

161

file "named.ca"表示指定包含根 DNS 服务器地址的文件，named.ca 文件包含根 DNS 服务器的名称和地址，该文件通常由 IANA（Internet Assigned Numbers Authority，互联网号码分配机构）提供，并随 BIND 软件包一起分发。named.ca 文件中列出的根 DNS 服务器信息用于 DNS 服务器在启动时初始化其"根提示"缓存。根提示缓存是 DNS 服务器用于查找根 DNS 服务器的缓存，这些根 DNS 服务器负责顶级域名（如 .com、.org）的解析。通过这个缓存，DNS 服务器可以知道从哪里开始解析任意域名，确保 DNS 查询能够正确地从最顶层开始处理*/

/* include "/etc/named.rfc1912.zones";表示包含了定义 DNS 区域的配置文件，以便 BIND 服务器知道需要管理哪些域及其对应的区域文件位置*/

/* include "/etc/named.root.key";表示包含了 DNSSEC 根密钥文件，允许 BIND 服务器进行 DNSSEC 验证，从而确保 DNS 数据的完整性和来源可信度*/

检查 DNS 服务器的主配置文件的语法是否正确
```
[root@server ~]# named-checkconf /etc/named.conf
```

（2）编辑区域配置文件。为了避免经常修改主配置文件 named.conf 而导致 DNS 服务出错，可以将规则的区域信息保存在/etc/named.rfc1912.zones 文件中。区域配置文件中 zone 语句的常用选项及其作用如表 12-6 所示。

```
[root@server named]# vi /etc/named.rfc1912.zones
zone "opencloud.fun" IN {
        type master;
        file "opencloud.fun.zone";
        allow-update { none; };
};
```

表 12-6　区域配置文件中 zone 语句的常用选项及其作用

序号	选项	作用
1	zone	定义一个域名区域配置块。其括号内的参数为区域名，通常是要配置的域名（如 example.com）或者反向域名（如 0.0.127.in-addr.arpa）
2	type	指定了该区域的类型，常见类型如下。 master：表示该区域的权威 DNS 服务器，负责提供该区域的 DNS 记录。 slave：表示该区域的从 DNS 服务器，从主 DNS 服务器同步 DNS 记录。 forward：表示将该区域的 DNS 查询请求转发给其他 DNS 服务器处理。 hint：指定根 DNS 服务器的 IP 地址，以便 DNS 服务器向根 DNS 服务器发出查询请求
3	file	指定保存该区域 DNS 记录的文件路径。该文件通常以区域名命名，如 example.com.zone
4	masters	当 type 设置为 slave 时，与 allow-transfer 选项一起使用，用于配置从 DNS 服务器同步区域 DNS 记录的主 DNS 服务器列表，以确保从 DNS 服务器只从指定的主 DNS 服务器接收区域传输
5	notify	是否启用通知功能及在何种情况下向其他服务器发送通知
6	allow-update	指定了允许更新该区域的 ACL
7	allow-transfer	用于配置允许接收区域传输的服务器列表。区域传输是指从主 DNS 服务器向从 DNS 服务器传输区域的 DNS 记录

（3）编写正向解析数据文件。/var/named 目录中的 named.localhost 是正向解析的模板文件，可以参考该文件中的 DNS 解析参数。

```
[root@server ~]# cd /var/named/
```

```
[root@server named]# pwd
/var/named
[root@server named]# ls
chroot  dynamic  named.empty     named.loopback
data    named.ca named.localhost  slaves
[root@server named]# ls -al named.localhost
-rw-r-----. 1 root named 152 Jun 21 2007 named.localhost
# 复制正向解析模板文件
[root@server named]# cp -a named.localhost  opencloud.fun.zone
```

open cloud.fun.zone 文件的所属组是 named 组，不是 root 组。复制该文件的时候，如果不使用-a 参数，则 open cloud.fun.zone 复制后的所有者和所属组都是 root，会造成 DNS 服务无法解析 open cloud.fun.zone 文件。

```
[root@server named]# ll /var/named/opencloud.fun.zone
-rw-r-----. 1 root named 269 Aug 12 06:40 /var/named/opencloud.fun.zone
# 编写正向解析数据文件
[root@server named]# vim /var/named/opencloud.fun.zone
$TTL 1D
@ IN SOA ns1.opencloud.fun.    root.opencloud.fun. (
    0 ; serial
    1D ; refresh
    1H ; retry
    1W ; expire
    3H ) ; minimum
     IN    NS        ns1.opencloud.fun.
     IN    MX  10    mail.opencloud.fun.
ns1  IN    A        192.168.100.253
mail IN    A        192.168.100.10
www  IN    A        192.168.100.11
# 检查数据文件语法是否正确
[root@server named]# named-checkzone opencloud.fun /var/named/opencloud.fun.zone
zone opencloud.fun/IN: loaded serial 0
OK
```

（4）重启 DNS 服务。
重启 DNS 服务守护进程 named，使配置参数立即生效。

```
[root@server named]# systemctl restart named
```

（5）添加防火墙规则。DNS 的默认协议是 TCP 与 UDP，DNS 服务启动以后会占用 53 端口。因此需要添加防火墙规则，以允许 DNS 服务使用 53 端口。

```
[root@server named]# firewall-cmd --permanent --add-service=dns
[root@server named]# firewall-cmd --permanent --add-port=53/tcp
[root@server named]# firewall-cmd --permanent --add-port=53/udp
[root@server named]# firewall-cmd --reload
```

（6）使用 dig 命令查询本地 DNS 服务器上 opencloud.fun 域的记录。

```
[root@server named]# dig +short @localhost NS opencloud.fun
```

```
ns1.opencloud.fun.
[root@server named]# dig +short @localhost A ns1.opencloud.fun
192.168.100.253
[root@server named]# dig +short @localhost A www.opencloud.fun
192.168.100.11
[root@server named]# dig +short @localhost A mail.opencloud.fun
192.168.100.10
```

（7）使用 dig 命令查询 opencloud.fun 的 MX 记录，验证邮件服务器的配置是否正确。

```
[root@server named]# dig @localhost opencloud.fun MX
; <<>> DiG 9.16.23-RH <<>> @localhost opencloud.fun MX
; (2 servers found)
;; global options: +cmd
;; Got answer:
…
;opencloud.fun.             IN   MX
;; ANSWER SECTION:
opencloud.fun.      86400   IN   MX   10 mail.opencloud.fun.
;; ADDITIONAL SECTION:
mail.opencloud.fun. 86400    IN   A    192.168.100.10
;; Query time: 3 msec
…
```

（8）使用 nslookup 命令查询 DNS 解析记录。

```
[root@server named]# nslookup www.opencloud.fun
Server: 192.168.100.253
Address: 192.168.100.253#53
Name:   www.opencloud.fun
Address: 192.168.100.11
```

12.4.2　部署和配置从域名服务器

部署从 DNS 服务器的目的是防止出现单点故障，实现主/从 DNS 服务器的负载均衡。如果主 DNS 服务器宕机，则所有客户端的地址解析都将出现问题。为了响应大规模的 DNS 查询请求，可以创建多个 DNS 服务器。从 DNS 服务器可以从主 DNS 服务器上下载数据文件，如果主 DNS 服务器修改了数据文件参数，则从 DNS 服务器可以自动同步数据。

V12-3　部署和
配置从域名服务器

在实训环境中，从 DNS 服务器主机设置的固定 IP 地址为 192.168.100.252/24。

（1）修改主 DNS 服务器配置文件，设置主/从 DNS 服务器配置参数。

```
[root@server ~]# vi /etc/named.conf
options {
        listen-on port 53 { any; };
        listen-on-v6 { any; };
        directory       "/var/named";
        dump-file       "/var/named/data/cache_dump.db";
        …
```

```
        allow-query      {any};
        # 设置 DNS 服务器允许进行区域传输的服务器列表
        allow-transfer { localhost; 192.168.100.252; };
```

（2）编辑主 DNS 服务器区域配置文件。

```
[root@server ~]# cat /var/named/opencloud.fun.zone
$TTL 1D
@ IN SOA ns1.opencloud.fun.    root.opencloud.fun. (
    0 ; serial
    1D ; refresh
    1H ; retry
    1W ; expire
    3H ) ; minimum
     IN    NS        ns1.opencloud.fun.
     IN    NS        ns2.opencloud.fun.
     IN    MX  10    mail.opencloud.fun.
ns1  IN    A      192.168.100.253
ns2  IN    A      192.168.100.252
mail IN    A       192.168.100.10
www  IN    A       192.168.100.11
```

（3）重启主 DNS 服务器的 DNS 服务，使配置参数立即生效。

```
[root@server ~]# systemctl restart named
```

（4）在从 DNS 服务器上安装 DNS 组件。

```
[root@secondary ~]# yum -y install bind bind-chroot  bind-utils
```

（5）编辑从 DNS 服务器上的/etc/named.conf 文件，添加以下参数。

```
[root@secondary ~]# vi /etc/named.conf
options {
# 将 listen-on port 53 {127.0.0.1}中的 127.0.0.1 修改为 any，表示允许监听任何 IPv4
地址
listen-on port 53 { any; };
# 将 listen-on-v6 port 53 {::1}中的::1 修改为 any，表示允许监听任何 IPv6 地址
listen-on-v6 port 53 { any; };
directory       "/var/named";
dump-file       "/var/named/data/cache_dump.db";
…
# 将 allow-query {localhost}中的 localhost 修改为 any，代表允许外部主机查询
allow-query     { any; };
zone "." IN {
type hint;
file "named.ca";
};
include "/etc/named.rfc1912.zones";
include "/etc/named.root.key";
# 在文件的最后添加以下内容
```

```
zone "opencloud.com" IN {
        type slave;
            masters { 192.168.100.253; };
            file "/var/named/slaves/opencloud.fun.zone";
};
```

（6）重启从 DNS 服务器的 DNS 服务，使配置参数立即生效。

```
[root@secondary ~]# systemctl restart named
```

（7）查看从 DNS 服务器同步数据文件，验证主/从 DNS 服务器数据是否同步。

```
[root@secondary ~]# ls -l /var/named/slaves
-rw-r--r--. 1 named named 437 Aug 19 20:12 opencloud.fun.zone
# 使用 rndc 命令来验证从 DNS 服务器的配置和状态
[root@secondary ~]# rndc status
version: BIND 9.16.23-RH (Extended Support Version) <id:fde3b1f>
running on slavedns.example.com: Linux x86_64 5.14.0-105.el9.x86_64 #1 SMP
PREEMPT_DYNAMIC Fri Jun 3 10:10:03 UTC 2022
boot time: Mon, 19 Aug 2024 12:29:21 GMT
configuration file: /etc/named.conf
server is up and running
# 手动触发从 DNS 服务器从主 DNS 服务器重新获取区域文件
[root@secondary ~]# rndc reload opencloud.fun
zone refresh queued
```

（8）在从 DNS 服务器上，添加防火墙规则。DNS 的默认协议是 TCP 与 UDP，DNS 服务启动以后会占用 53 端口。因此需要添加防火墙规则，以允许 DNS 服务使用 53 端口。

```
[root@secondary ~]# firewall-cmd --permanent --add-service=dns
[root@secondary ~]# firewall-cmd --reload
```

（9）在从 DNS 服务器上，使用 dig 命令查询 opencloud.fun 域的记录。

```
[root@secondary ~]# dig +short @192.168.100.252 A ns1.opencloud.fun
192.168.100.253
[root@secondary ~]# dig +short @192.168.100.252 A ns2.opencloud.fun
192.168.100.252
[root@secondary ~]# dig +short @192.168.100.252 A mail.opencloud.fun
192.168.100.10
[root@secondary ~]# dig +short @192.168.100.252 A www.opencloud.fun
192.168.100.11
[root@secondary ~]# rndc reload opencloud.fun
```

12.4.3　配置反向解析

V12-4　配置反向解析

在 DNS 服务中，反向解析是指根据 IP 地址查找对应的主机或域名。通过使用 PTR 记录将单个 IP 地址或一组 IP 地址映射到 FQDN 以实现反向解析。反向解析常用于验证服务器身份、防止垃圾邮件、排查网络故障和分析日志等场景。

互联网的反向 DNS 数据库由.arpa 顶级域名管理，其中 in-addr.arpa 域用于管理 IPv4 地址的反向解析，ip6.arpa 域用于管理 IPv6 地址的反向解析。这些域名为反向 DNS

查询提供了专门的命名空间，确保 IP 地址能够正确映射到对应的域名。例如，如果 my-server.example.com 的 IP 地址是 198.168.100.80，那么在反向解析区域中，该 IP 地址对应的节点将被命名为 80.100.168.198.in-addr.arpa。

（1）编辑区域配置文件，设置反向解析参数。

```
[root@server ~]# vim /etc/named.rfc1912.zones
# 正向解析参数
zone "opencloud.fun" IN {
        type master;
        file "opencloud.fun.zone";
        allow-update { none; };
};
# 反向解析参数
zone "100.168.192.in-addr.arpa" IN {
        type master;
        file "100.168.192.in-addr.arpa.zone";
        allow-update { none; };
};
```

（2）编辑数据配置文件，设置反向解析参数。/var/named 目录中的 named.loopback 为反向解析模板文件，以该模板文件为基础，设置反向解析参数。

```
[root@server ~]# cd /var/named
[root@server named]# cp -a named.loopback 100.168.192.in-addr.arpa.zone
[root@server named]# vim 100.168.192.in-addr.arpa.zone
$TTL 1D
@ IN SOA ns1.opencloud.fun.    root.opencloud.fun. (
    0 ; serial
    1D ; refresh
    1H ; retry
    1W ; expire
    3H ) ; minimum
      IN    NS    ns1.opencloud.fun.
      IN    NS    ns2.opencloud.fun.

253  IN PTR ns1.opencloud.fun.
252  IN PTR ns2.opencloud.fun.
10   IN PTR mail.opencloud.fun.
11   IN PTR www.opencloud.fun.
# 使用 named-checkzone 命令检查反向解析区域文件的语法是否正确
[root@server ~]# named-checkzone 100.168.192.in-addr.arpa /var/named/
100.168.192.in-addr.arpa.zone
zone 100.168.192.in-addr.arpa/IN: loaded serial 0
OK
```

（3）重启 DNS 服务，使配置参数立即生效。

```
[root@server ~]# systemctl restart named
```

（4）使用 dig 命令验证反向解析。

```
[root@server ~]# dig -x 192.168.100.253
```

（5）使用 host 命令验证反向解析。

```
[root@server ~]# host 192.168.100.253
253.100.168.192.in-addr.arpa domain name pointer ns1.opencloud.fun.
```

项目练习题

（1）包含区域的权威信息（如电子邮件联系人、用于配置主/从 DNS 服务器之间交互的值）时，使用的资源记录类型为（   ）。

    A．SOA   B．NS   C．MX   D．A

（2）将主机名映射到 IPv4 地址时，使用的资源记录类型为（   ）。

    A．AAAA   B．CNAME   C．A   D．PTR

（3）标识负责接收域的电子邮件的邮件交换时，使用的资源记录类型为（   ）。

    A．MX   B．NS   C．SOA   D．SRV

（4）启用 IP 地址到主机名的反向解析时，使用的资源记录类型为（   ）。

    A．A   B．PTR   C．MX   D．CNAME

（5）DNS 服务器的缓存时间由参数（   ）控制。

    A．TTL   B．SOA   C．MX   D．NS

（6）当设置反向解析时，所需的专用域名空间是（   ）。

    A．.com   B．.org   C．in-addr.arpa   D．.net

（7）在 DNS 配置中，反向解析主要用于（   ）。

    A．将域名映射到 IP 地址   B．将 IP 地址映射到域名

    C．映射邮件服务器   D．确定 DNS 服务器类型

（8）在服务器 dns.example.com 上部署主 DNS 服务器，具体要求如下。

① 安装 DNS 服务器软件（如 BIND），并配置主 DNS 服务器以解析域名 example.com。

② 创建并配置区域文件，包括 A 记录（将 www.example.com 映射到 IP 地址 192.168.1.100）、MX 记录（将域名 example.com 的邮件交换服务器设置为 mail.example.com，IP 地址为 192.168.1.101），以及 SOA 记录（定义主 DNS 服务器为 dns.example.com，联系邮箱为 admin@example.com，并设置合适的序列号、刷新时间、重试时间、过期时间和最小 TTL）。

③ 修改 named.conf 文件以包含区域文件并允许 DNS 查询，启动 DNS 服务并确保其在系统重启后自动启动。

④ 测试主 DNS 服务器的功能，确认能够正确解析 example.com 及其子域名。

（9）在服务器 slave.example.com 上配置从 DNS 服务器，并实现反向解析，具体要求如下。

① 安装 DNS 服务器软件，并配置从 DNS 服务器以从主 DNS 服务器 dns.example.com 获取区域数据，确保从 DNS 服务器可以正确接收和处理来自主 DNS 服务器的更新。修改 named.conf 文件以包含区域定义，设置从 DNS 服务器的配置，并指定主 DNS 服务器的 IP 地址。

② 在从 DNS 服务器上创建并配置反向解析区域文件，针对 IP 地址范围 192.168.1.0/24 设置 PTR 记录，将 IP 地址 192.168.1.100 映射到主机名 www.example.com，将 IP 地址 192.168.1.101 映射到 mail.example.com。在反向解析区域文件中定义 SOA 记录，指定主 DNS 服务器和联系邮箱。

③ 启动 DNS 服务并确保其在系统重启后自动启动。测试从 DNS 服务器的功能，确认能够正确解析 example.com 及其子域名，并能进行 IP 地址到主机名的反向解析。

项目13
Web服务配置与管理

13

学习目标

【知识目标】

* 了解Web服务的基本概念。
* 了解Apache的基本知识。
* 了解Nginx的基本知识。
* 了解虚拟主机及配置参数。
* 了解HTTPS的基本概念。

【技能目标】

* 掌握Apache软件的安装方法。
* 掌握Apache虚拟主机的配置方法。
* 掌握基于端口的虚拟主机的配置方法。
* 掌握安全主机的配置方法。
* 掌握Nginx软件的安装方法。
* 掌握Nginx虚拟主机的配置方法。
* 掌握基于LAMP环境部署WordPress博客程序的方法。

【素质目标】

* 培养读者的信息搜索和筛选能力，以及对信息真伪的甄别能力。
* 培养读者的知识迁移和创新应用能力，引导读者将所学知识和技能迁移到新的情境及任务中。

13.1 项目描述

小明所在的公司因业务需求需要开发内部管理系统，计划采用 B/S（Browser/Server，浏览器/服务器）架构部署 Web 服务器。小明作为数据中心的系统工程师制订了 Web 系统部署方案，使用 Apache httpd 和 Nginx 程序配置基于 IP 地址、域名及端口的虚拟主机站点，实现公司内部各 Web 服务器的在线访问和运行。为了提高 Web 站点的安全性，配置 Apache httpd 基于 SSL/TLS 的加密算法来加密虚拟主机，实现 HTTPS 访问。

本项目主要介绍 Apache 服务器的实施和管理、Nginx 服务器的实施和管理，以及基于域名、端口的虚拟站点的参数配置方法等内容。

13.2 知识准备

V13-1　Web 服务
简介

13.2.1　Web 服务简介

1. HTTP 简介

HTTP 在日常生活中随处可见，无论是使用各种设备联网，还是看直播、看短视频、听音乐、玩游戏，总有 HTTP 在默默服务。据 NetCraft 公司统计，目前全球至少有 16 亿个网站、2 亿多个独立域名，而这个庞大网络世界的底层运转机制就是 HTTP。

20 世纪 60 年代，美国 DARPA（Defense Advanced Research Projects Agency，国防部高级研究计划署）建立了 ARPA NET，它有 4 个分布在各地的节点，被认为是如今互联网的"始祖"。20 世纪 70 年代，基于对 ARPA NET 的实践和思考，研究人员发明了著名的 TCP/IP。由于具有良好的分层结构和稳定的性能，TCP/IP 迅速战胜其他竞争对手流行起来，并在 20 世纪 80 年代中期进入 UNIX 操作系统内核，促使更多的计算机接入互联网。

1989 年，任职于 CERN（European Organization for Nuclear Research，欧洲核子研究中心）的蒂姆·伯纳斯-李（Tim Berners-Lee）发表了一篇论文，提出了在互联网上构建超链接文档系统的构想，这篇论文确立了以下 3 项关键技术。

① URI（Uniform Resource Identifier，统一资源标识符）：作为互联网上资源的唯一标识。

② HTML（Hypertext Markup Language，超文本标记语言）：用来描述超文本文档。

③ HTTP（Hypertext Transfer Protocol，超文本传送协议）：用来传输超文本。

这 3 项技术如今已成为互联网的基础标准，但在当时是了不起的伟大发明。基于它们，可以把超文本系统运行在互联网上，让各地的人们自由地共享信息。蒂姆把这个系统称为 WWW（World Wide Web，万维网），也就是现在的互联网。

20 世纪 90 年代初期的互联网非常简陋，计算机处理能力弱，存储容量小，网速也很慢。网络上绝大多数的资源是纯文本，很多通信协议也使用纯文本，所以 HTTP 的设计不可避免地受到了时代的限制。这一时期的 HTTP 被定义为 0.9 版，其结构比较简单，为了便于服务器和客户端处理，也采用了纯文本格式。

1993 年，美国 NCSA（National Center for Supercomputer Applications，国家超级计算机应用中心）开发出了 Mosaic，它是第一个可以图文混排的浏览器。随后，NCSA 又在 1995 年开发出了服务器软件 Apache，简化了 HTTP 服务器的搭建。

同一时期，计算机多媒体技术有了新的发展，1992 年 JPEG 图像格式诞生，1995 年 MP3 音乐格式诞生。这些新技术一经推出就立刻吸引了广大网民的关注，更多的人开始使用互联网，研究 HTTP 并提出改进意见，甚至试验性地向协议中添加各种特性，从用户需求的角度促进了 HTTP 的发展。在这些实践的基础上，经过一系列的改进，HTTP 1.0 终于在 1996 年正式发布。

HTTP 是一种用于获取诸如 HTML 文档等资源的协议，构成了 Web 上数据交换的基础。作为一种客户端/服务器协议，HTTP 通常由客户端（如 Web 浏览器）发起请求，服务器响应请求并返回相应的资源。HTTP 是一种应用层协议，主要通过 TCP 或加密后的 TLS 协议来传输数据。由于具有扩展性，HTTP 不仅用于传输超文本文档，还能传输图片、视频等多媒体资源，并支持动态内容更新。

HTTP 是一种无状态协议，每个请求都是独立的，服务器不会自动保留请求之间的状态信息。HTTP 的无状态性使得用户在网站中的连续交互（如购物车或登录状态）难以实现，为了解决这一问题，HTTP 引入了 Cookie 机制，即由服务器生成并存储在用户浏览器中的一小段文本数据，用于在客户端和服务器之间共享状态信息。通过在请求之间传递 Cookie（Cookie 通常包含键值对形式的数据，如用户会话标识符、偏好设置、登录状态等），服务器可以识别用户并维持会话状态，从而实现有状态的交互，使得用户体验更加连贯和一致。

2. Web 服务器

Web 服务器通常指用于处理用户的网络通信请求，包括响应请求的计算机系统或应用程序，它通过 HTTP 接收来自客户端（通常是浏览器）请求，并返回相应的网页、图片、视频等静态内容，或者通过将请求转发给后端应用程序生成动态内容。Web 服务器在互联网架构中扮演着至关重要的角色，它既可以作为物理设备（硬件），又可以作为提供 Web 服务的应用程序（软件）运行在服务器上。

在硬件层面，Web 服务器通常指的是物理形式或"云"形式的计算机。在大多数情况下，它可能不是一个服务器，而是利用反向代理、负载均衡等技术组成的庞大集群。在外界看来，这些服务器仍然表现为一台计算机，但实际上这个形象是"虚拟的"。

在软件层面，Web 服务器是指提供 Web 服务的应用程序，通常运行在硬件服务器上。它利用强大的硬件能力来响应大量客户端的 HTTP 请求，处理磁盘中的网页、图片等静态文件，或者将请求转发给后台的应用服务器（如 Tomcat、Node.js 等），以返回动态内容。

在目前市面上主流的 Web 服务器软件中，Apache httpd 和 Nginx 是广泛使用的两种。Apache 是最早期的 Web 服务器之一，以其丰富的功能、灵活的模块化设计和强大的社区支持著称，广泛应用于各种类型的网站和应用中。Nginx 作为后起之秀，自 2004 年推出以来，以其高性能、高并发处理能力和低资源消耗迅速崛起，逐渐与 Apache 并驾齐驱。Nginx 特别适用于高流量和高并发的应用场景，因其高效的资源管理和强大的反向代理功能而备受欢迎。Apache 和 Nginx 各自拥有独特的优势，为开发者提供了可靠和多样化的选择，以满足不同的 Web 开发需求。

此外，还有一些基于不同编程语言和平台的 Web 服务器，如 Node.js、Jetty 和 IIS 等，它们各有特色，适用于特定的技术栈和应用需求。Node.js 基于 V8 JavaScript 引擎，采用异步非阻塞 I/O 模型，特别适用于构建实时应用和微服务架构，在处理大量并发请求方面表现优异。Jetty 是一个轻量级的 Java HTTP 服务器和 Servlet 容器，可以嵌入到现有的 Java 应用中，支持异步处理和 WebSocket，是 Java 开发者的常用选择。IIS（Internet Information Services，互联网信息服务）是微软开发的 Web 服务器，紧密集成在 Windows Server 中，支持 ASP.NET、PHP 等多种技术，提供强大的管理和配置工具，常用于企业级应用和 Windows 生态系统中。

这些服务器软件通过不断优化和扩展，为现代 Web 开发提供了多样化的选择，以满足不同的性能和功能需求，确保开发者能够根据具体的应用场景选择合适的解决方案，从而提升开发效率和应用性能。

13.2.2　Apache 简介

Apache HTTP Server（简称 Apache）是阿帕奇软件基金会（Apache Software Foundation）开发的一款开源 Web 服务器软件，通过 HTTP 向客户端提供网页和其他内容，其设计目标是为现代操作系统提供一款 HTTP 服务器，自 1995 年发布以来，Apache 迅速发展，并从 1996 年以来一直是全球最受欢迎的 Web 服务器之一。

Apache 的核心目标是提供一个安全、高效且可扩展的 HTTP 服务器，能够适应不断演变的互联网技术，并与最新的 HTTP 标准保持一致。其模块化设计允许根据需求灵活加载或禁用各类功能模块，从而满足从个人网站到企业级应用的多种需求。作为一个开源项目，Apache 依赖全球开发者社区的贡献和支持，不断引入新功能和安全更新，以确保其在竞争激烈的 Web 服务器市场中保持持续的领先地位。

在构建现代 Web 应用程序的过程中，LAMP 架构因其稳定性和灵活性而被广泛应用。在 LAMP

架构中，Linux 提供了稳定的操作环境，Apache 负责处理和响应客户端的 HTTP 请求，MySQL 或 MariaDB 管理和存储应用程序的数据，而 PHP、Perl 或 Python 用于编写服务端脚本以生成动态内容。这些组件相互协作，为开发和运行复杂的 Web 应用程序提供了一个完整的解决方案。

作为 LAMP 架构的核心组件，Apache 不仅负责处理客户端的请求，还负责将生成的动态内容或静态文件返回给客户端。动态内容通常由服务端脚本（如 PHP、Perl 或 Python）生成，这些脚本会根据数据库中的数据或用户输入实时生成页面内容，如用户的个人信息、实时更新的新闻或搜索结果等。而静态文件包括预先存在的网页元素，如 HTML 文件、CSS、JavaScript、图片和视频等，这些文件不会因为用户交互而变化。Apache 通过 HTTP 将这些动态内容和静态文件传递给客户端的浏览器，从而完成整个 Web 页面的呈现，确保 Web 应用程序的高效运行。Web 服务访问流程如图 13-1 所示。

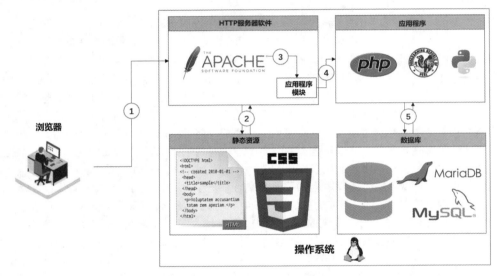

图 13-1　Web 服务访问流程

在 Web 服务访问流程中，当用户通过浏览器发起请求时，Apache 作为 HTTP 服务器首先接收并解析该请求。如果请求的是静态资源，如 HTML 文件、CSS 或图片，则 Apache 会直接从服务器的文件系统中读取这些内容，并将其返回给用户的浏览器。如果请求的是动态内容，则 Apache 会将请求转发给相应的应用程序模块（如 PHP 或 Python 脚本）。这些应用程序模块通常会与 MySQL 或 MariaDB 数据库交互，从数据库中读取或存储数据，以生成动态页面，生成的内容随后会返回给 Apache，最后由 Apache 通过 HTTP 将响应内容发送回用户的浏览器，浏览器解析并渲染网页，将结果展示给用户。

13.2.3　Nginx 简介

Nginx 是由俄罗斯软件工程师伊戈尔·赛索耶夫（Igor Sysoev）于 2002 年发布的一款开源网络服务器软件，最初的目的是解决 C10k（Concurrent 10000 Connections，同时处理一万个连接）问题，即在单一服务器上处理一万个并发连接的挑战。2004 年，Nginx 的第一个公开版本正式发布，很快在高流量网站中获得了广泛应用。

Nginx 作为一款高性能的 Web 服务器，以其事件驱动的架构而著称。与传统的进程或线程驱动模型不同，NGINX 的架构允许它在处理大量并发连接时表现出色，显著提升了服务器的处理能力和资源利用效率。Nginx 可以直接处理和提供静态文件，如 HTML、CSS、JavaScript 和图片等，使其成为快速及可靠的内容交付平台。

除了基本的 Web 服务器功能外，Nginx 还具备强大的反向代理和负载均衡能力。作为反向代理服务器，Nginx 能够接收来自客户端的请求，再将这些请求转发给后端的应用服务器或数据库服务器，并将后端服务器的响应结果返回给客户端。通过这种方式，Nginx 可以有效地分配流量，缓解后端服务器的压力，反向代理和负载均衡这两项功能在复杂的 Web 架构中尤其重要，从而提升网站的整体性能和可靠性。

Nginx 内置了多种负载均衡算法，如轮询（Round Robin）、最少连接（Least Connection）和基于 IP 的散列（IP Hash）等，这些算法使得 Nginx 能够根据不同的场景和需求，将客户端的请求智能地分配到多个后端服务器上，从而优化资源使用，提高系统的扩展性和容错能力。

此外，Nginx 可以作为 HTTP 缓存服务器，缓存从后端服务器获取的内容。通过减少后端服务器的负载和缩短响应时间，Nginx 有效地提高了网站的整体性能，确保了更快的内容交付和更好的用户体验。

在 Kubernetes 环境中，Nginx 扮演着关键角色，主要用于流量管理、负载均衡和反向代理。作为 Ingress Controller，Nginx 负责管理和配置 Ingress 资源，将外部流量路由到集群内的多个服务实例，以实现高可用性和负载均衡。Nginx Ingress Controller 提供了 HTTP 和 HTTPS 路由功能，支持路径路由、基于主机名的路由、SSL/TLS 终止等高级特性，从而实现灵活的流量控制和高效的资源利用。

13.2.4　虚拟主机及配置参数

虚拟主机（Virtual Host）也称为共享主机或虚拟服务器，是指能够在单个服务器或服务器群上实现多个网站同时为外部提供访问服务的技术。通过配置虚拟主机，服务器可以根据客户端请求中的域名、IP 地址或端口号，将请求路由到相应的目录或应用程序，从而为不同的网站提供独立的内容和服务。

V13-2　虚拟主机及配置参数

虚拟主机适用于 HTTP、FTP 和 E-mail 等多项服务。通过虚拟主机技术，单个物理服务器可以高效运行多个网站或应用，充分利用硬件资源并降低成本。尽管多个虚拟主机共享同一个物理服务器，但这些虚拟主机的配置、文件系统和管理权限是相互隔离的，保证了每个网站或应用的安全性和独立性。虚拟主机技术使得服务器能够灵活地托管和管理多个服务单元，满足不同用户的需求。

虚拟主机可以通过 3 种方式实现：基于域名、基于 IP 地址和基于端口号。

基于域名的虚拟主机是最常见的虚拟主机实现方式之一，它允许多个网站共享同一个 IP 地址。服务器通过检查客户端请求中的主机名字段，将请求路由到对应的虚拟主机，从而使不同的网站能够在同一个服务器上独立管理和运行。这种方式有效减少了对多个 IP 地址的需求，适用于大多数托管环境，但依赖于 DNS 服务的正常运行。

基于 IP 地址的虚拟主机是指在同一个服务器上通过配置多个独立的 IP 地址来托管不同虚拟主机。服务器根据客户端请求中的 IP 地址来识别并路由到对应的网站或应用程序，常用于需要严格分离网站资源或配置的场景。

基于端口号的虚拟主机允许多个虚拟主机使用同一 IP 地址，但通过不同的端口号来区分不同的虚拟主机，服务器根据请求的端口号将流量路由到相应的网站或应用程序。这种方式适用于需要在单一 IP 地址下区分多个服务或网站的场景，但要求用户在访问时明确指定端口号，通常用于开发环境或特定的私有服务场景。

注意：在 Apache 服务器或 Nginx 服务器上配置虚拟主机时，配置文件中指定的主机名不会自动在 DNS 中生成记录。必须手动在 DNS 中为这些主机名创建条目，并解析到相应的 IP 地址，否则用户将无法访问虚拟主机提供的网站。在本地测试时，可以将主机名和 IP 地址的对应关系添加到 /etc/hosts 文件中，但这些条目仅对配置了该文件的计算机有效。

1. Apache 虚拟主机配置参数

（1）虚拟主机配置参数

虚拟主机允许单个服务器为多个网站提供内容，服务器可以根据客户端连接时所使用的特定 IP 地址，或根据客户端 HTTP 请求中包含的站点名称，来确定使用哪种配置，从而提供对应的网站内容。

Apache 虚拟主机使用配置文件中的 <VirtualHost> 块配置。为了便于管理，通常不会直接在 /etc/httpd/conf/httpd.conf 文件中定义虚拟主机块，而是在/etc/httpd/conf.d/目录中为不同的虚拟主机创建独立的配置文件，文件名以.conf 结尾。

在 RHEL、CentOS、华为 openEuler 等 Linux 发行版上，Apache 服务器可由 httpd 软件包提供，httpd 提供了安装和运行 Apache 服务器所需的核心组件和工具。Apache 服务主要配置文件如表 13-1 所示。

表 13-1 Apache 服务主要配置文件

序号	配置文件	描述
1	/etc/httpd	Apache 主配置目录
2	/etc/httpd/conf/httpd.conf	Apache 主配置文件，包含全局配置、模块加载、目录配置和基本的虚拟主机配置
3	/etc/httpd/conf.d/	/etc/httpd/conf.d/目录用于存放单独的虚拟主机配置文件，文件以.conf 结尾，每个文件通常对应一个站点或特定的功能模块
4	/var/www/html	默认的网站根目录，用于存放网站的文件和资源。当没有指定的虚拟主机配置与请求匹配时，Apache 会将请求指向该目录中的内容并进行响应
5	/var/log/httpd/access_log	访问日志文件，记录了通过 Apache 服务器进行的 HTTP 请求的详细信息。记录通常包括请求的客户端 IP 地址、访问时间、请求的 URL、HTTP 状态码、传输的数据量等。日志文件可以帮助管理员监控网站的访问情况，分析流量来源，以及检测潜在的恶意活动
6	/var/log/httpd/error_log	错误日志文件，记录了 Apache 服务器在运行过程中遇到的错误和警告信息，包括启动或停止时的错误、配置文件中的语法错误、无法访问的资源、服务器内部错误（如 500 错误）等。日志文件对调试服务器问题、诊断故障以及改进服务器性能非常有帮助
7	/etc/httpd/conf.modules.d/	/etc/httpd/conf.modules.d 目录用于存放动态加载 Apache 模块的补充配置文件

Apache 虚拟主机的基本语法主要由两部分组成：键值对配置指令和块指令。

键值对配置指令以键值对的形式呈现，用于全局或局部设置服务器的配置参数。块指令类似于 HTML 标签，如<VirtualHost>块、<Directory>块。块指令包裹着其他配置指令，用于定义特定的虚拟主机或配置服务器的特定配置。块外的指令用于设置全局配置，会影响服务器的整体行为；块内的指令仅在该块对应的虚拟主机或条件下生效。Apache 虚拟主机配置示例如下，可以使用 apachectl configtest 命令来检查 Apache 配置文件的语法。

```
[root@server ~]# cat /etc/httpd/conf.d/vhost.confg
Listen 192.168.1.10:80
Listen 192.168.1.10:8080
```

```
Listen 192.168.1.11:80
Listen 192.168.1.11:8080
<VirtualHost 192.168.1.10:80>
    DocumentRoot "/www/example1-80"
    ServerName www.example.com
</VirtualHost>
<VirtualHost 192.168.1.10:8080>
    DocumentRoot "/www/example1-8080"
    ServerName www.example.com
</VirtualHost>
<VirtualHost 192.168.1.11:80>
    DocumentRoot "/www/example2-80"
    ServerName www.example.org
</VirtualHost>
<VirtualHost 192.168.1.11:8080>
    DocumentRoot "/www/example2-8080"
    ServerName www.example.org
</VirtualHost>
[root@server ~]# apachectl configtest
Syntax OK
```

以上配置定义了 4 个虚拟主机，每个虚拟主机分别在不同的 IP 地址和端口上监听 HTTP 请求。每个虚拟主机都根据请求的端口和域名，将客户端请求映射到不同的根目录，以提供相应的网页内容。其中，192.168.1.10 和 192.168.1.11 两个 IP 地址分别监听 80 和 8080 端口，处理 www.example.com 和 www.example.org 域名的请求，并将请求分别路由到对应的目录中。

以下示例为 opencloud.conf 文件的配置，该文件为 www.opencloud.fun 站点创建了一个虚拟主机。该虚拟主机监听服务器 IP 地址 101.35.80.229 的 80 端口，并将所有发送到该 IP 和端口的请求指向/website/opencloud/www 目录，同时，配置文件设置了错误日志和访问日志的存储位置。

```
[root@server ~]# cat /etc/httpd/conf.d/opencloud.conf
Listen 80
<VirtualHost 101.35.80.229:80>
DocumentRoot /website/opencloud/www
ServerName www.opencloud.fun
ServerAdmin webmaster@opencloud.fun
ErrorLog "logs/opencloud_error_log"
CustomLog "logs/opencloud_access_log" combined
</VirtualHost>
```

Apahce 虚拟主机主要配置参数如表 13-2 所示。

表 13-2　Apahce 虚拟主机主要配置参数

序号	参数	描述
1	<VirtualHost 192.168.0.1:80>	<VirtualHost>块用于定义虚拟主机。可以针对到达 IP 地址 192.168.0.1 上的端口 80/TCP 的流量配置此虚拟主机。<VirtualHost> 和 </VirtualHost>块用于包含一组只适用于特定主机名或 IP 地址的指令

175

续表

序号	参数	描述
2	ServerRoot /etc/httpd	服务目录，用于指定 httpd 进程将在哪个位置使用相对路径存储配置中引用的任何文件
3	Listen 80	表示 httpd 进程在所有接口上开始监听端口 80/TCP。如果需要监听特定 IP 地址和端口，则可以使用 listen 192.168.1.100:80（ 对于 IPv4 ）、listen 192.168.1.100:8080 或 listen [2001:db8::1]:80 （ 对于 IPv6 ）。注意，允许使用多个 listen 指令，但是重叠的 listen 指令会导致错误，使 httpd 进程无法启动
4	ServerAdmin admin@test.com	用于指定服务器管理员的电子邮件地址。这个地址通常在服务器生成的错误页面中显示，以便用户在遇到问题时可以联系管理员
5	ServerName site1.example.com	用于指定虚拟主机的域名为 site1.example.com。当多个网站共享同一个 IP 地址时，服务器会通过 ServerName 指定的主机名与客户端 HTTP 请求中提供的主机名进行匹配，以确定应该使用哪个虚拟主机来处理请求
6	ServerAlias *.example.com	允许一个虚拟主机处理多个域名的请求，这些域名可能与 ServerName 不同，但会被映射到同一个虚拟主机上。如果一个网站需要响应多个域名（ 如 www.example.com 和 example.com ），则可以使用 ServerAlias 指令来添加其他可接受的域名，从而让虚拟主机识别并响应这些域名的请求
7	DocumentRoot /var/www/html	指定/var/www/html 目录作为 Apache 服务器提供网页文件的根目录。当用户访问网站时，服务器会将请求的 URL 路径与 DocumentRoot 路径相结合，以确定要提供的文件位置。该路径通常定义了网站的主要内容存储位置，所有的网页和资源文件都会从这个目录中对外部用户提供服务
8	DirectoryIndex index.html	指定当客户端请求站点目录时，服务器要查找的资源文件列表。当访问站点的某个目录（ 如 http://example.com/docs/ ）时，如果网址没有指定具体的文件，则服务器会根据 DirectoryIndex 指令来决定应该显示哪个文件
9	Include conf.modules.d/*.conf	指定按文件名顺序加载 conf.modules.d 目录中的所有以.conf 结尾的文件，这些文件专用于配置和加载 Apache 模块（ 如 SSL 支持、URL 重写等）。通过这种方式，可以灵活管理模块配置，添加、移除或修改模块而无须更改主配置文件
10	User apache	指定在运行httpd 进程时使用的用户。为了提高安全性，Apache 在完成启动后的初始化任务（ 如打开网络端口等）之后，会丢弃 root 权限并作为非 root 权限用户继续执行
11	Group apache	指定在运行httpd 进程时应使用的组
12	FallbackResource /not-404.php	指定当请求的 URL 在服务器上找不到对应文件或目录时的默认资源。设置该参数后，服务器不会返回标准的 404 错误，而是将请求转发至 not-404.php，由该脚本处理请求，提供自定义响应
13	ErrorLog logs/error_log	指定 httpd 进程记录错误的文件位置。默认配置中，logs/ 通常是指向/var/log/httpd/的符号链接，实际错误日志将记录在/var/log/httpd/error_log 文件中
14	CustomLog logs/access_log combined	设置 Apache 服务器的访问日志路径和日志格式。combined 是 Apache 默认定义的一种日志格式，包含了标准的访问日志信息，如客户端 IP 地址、请求时间、请求方式、请求路径、HTTP 状态码、用户代理等信息
15	AddDefaultCharset UTF-8	设置 Apache 服务器发送的默认字符编码为 UTF-8

如果每个虚拟主机都配置自己的专用 IP 地址，则称为基于 IP 的虚拟主机。如果多个虚拟主机共享相同的 IP 地址，则确定要将流量发送到哪一个虚拟主机的唯一方式是检查客户端的 HTTP 请

求和虚拟主机的 ServerName 及 ServerAlias 指令。

<VirtualHost>指令中的 IP 地址部分可以替换为_default_和*中的任意一个，_default_ 用于定义一个默认的虚拟主机，当没有其他虚拟主机匹配请求的 IP 地址和端口时，该虚拟主机会被使用。它通常用于捕获那些没有明确配置的请求。*表示匹配所有 IP 地址的请求，适合在需要对所有 IP 地址应用相同配置时使用。

当 Apache 服务收到客户端请求时，httpd 进程将优先匹配与请求的目标 IP 地址和端口号对应的虚拟主机配置。如果没有匹配的虚拟主机配置，则会检查具有通配符 IP 地址（如 * 或 _default_）的虚拟主机。如果仍然没有匹配项，则 Apache 将使用主服务器的默认配置来响应请求。

如果请求的 ServerName 或 ServerAlias 指令没有完全匹配，且在相同的 IP 地址/端口组合下定义了多个虚拟主机，则 Apache 将使用配置文件中第一个定义的虚拟主机来处理该请求。对于多个以.conf 结尾的配置文件，Apache 会根据文件名的数字和字母顺序依次加载。例如，00-default.conf 会在 01-custom.conf 之前加载。

（2）虚拟主机访问控制指令

Apache 虚拟主机的访问控制可以通过一系列指令（如 <Directory>、Require、Options 等）实现，这些指令可以精准地管理特定目录、文件或域名的访问权限。管理员可以对每个虚拟主机应用独立的访问策略，确保只有符合条件的用户才能访问指定的内容，从而提高网站的安全性和资源的有效分配。常用的 Apahce 访问控制指令如表 13-3 所示。

表 13-3　常用的 Apahce 访问控制指令

序号	指令	描述
1	<Directory /var/www> 　AllowOverride none 　Require all granted </Directory>	<Directory> 块用于设置对/var/www 目录及其子目录的访问控制。示例中 AllowOverride none 表示在 /var/www 目录及其子目录中，.htaccess 文件的所有配置都会被忽略，客户端无法通过.htaccess 文件来修改服务器的配置。Require all granted 指令允许所有用户访问 /var/www 目录及其子目录的内容
2	Options Indexes FollowSymLinks	Options 用于设置目录的选项列表，控制目录的访问行为。可以启用或禁用多个选项，如 Indexes（允许目录内容列出）、FollowSymLinks（允许跟随符号链接）、ExecCGI（允许执行 CGI 脚本）等。具体使用的选项会影响目录的访问和功能。 Options [[+|- OPTIONS]]...表示为某个目录开启/关闭特定参数。例如，如果请求了某个目录且该目录中存在 index.html 文件，则 Indexes 参数将显示一个目录列表。 Indexes 表示启用目录索引功能，如果客户端请求的目录中没有默认文件（如 index.html），则服务器会自动生成并显示该目录的文件列表。即使没有主页文件，用户也可以看到目录中的所有文件和子目录。 FollowSymLinks 表示启用了符号链接跟随功能，允许服务器在访问文件时跟随符号链接（即快捷方式或指向其他文件或目录的链接）。这意味着即使链接指向其他位置，服务器仍会正确处理请求。在 Indexes FollowSymLinks 前面加"-"，表示禁用功能
3	AllowOverride None	AllowOverride None 表示完全禁止.htaccess 文件覆盖任何服务器配置。所有配置都必须在全局配置文件中完成，.htaccess 文件在该目录中将被完全忽略。 AllowOverride 还有其他选项，例如，AllowOverride All 表示允许.htaccess 文件覆盖目录中的所有配置指令，AllowOverride AuthConfig 表示允许使用与 AuthConfig 指令分组相关的配置指令

续表

序号	指令	描述
4	Require	Require 指令提供了多种方式来允许或拒绝对资源的访问。配合 RequireAll、RequireAny 和 RequireNone 指令，这些要求可以以任意复杂的方式组合，以强制执行用户的访问策略。 RequireAll、RequireAny 和 RequireNone 指令是 Apache 服务器中用于定义更复杂的访问控制逻辑的指令。这些指令允许用户根据特定条件组合来控制对资源的访问。 Require all granted 表示允许所有客户端 IP 地址的访问，即不进行任何访问限制，所有访问请求都会被允许。 Require all denied 表示拒绝所有客户端 IP 地址的访问，任何访问请求都会被拒绝。 Require not ip 10.252.46.165 表示拒绝来自 10.252.46.165 这个 IP 地址的访问
5	RequireAll	RequireAll 指令用于定义必须满足所有条件的访问控制逻辑。只有当所有包含的 Require 指令都为真时，访问才被允许。示例如下。 \<Directory "/var/www/html/private"\> \<RequireAll\> Require ip 192.168.1.0/24 Require user admin \</RequireAll\> \</Directory\> 示例中，只有满足以下两个条件的请求才能访问 /var/www/html/private 目录：请求必须来自 192.168.1.0 网段，用户名必须为 admin
6	RequireAny	RequireAny 指令用于定义只需满足其中一个条件的访问控制逻辑。只要有一个 Require 指令为真，访问就被允许
7	RequireNone	RequireNone 指令用于定义必须不满足任何条件的访问控制逻辑。只有当所有包含的 Require 指令都为假时，访问才被允许
8	AuthType Basic	指定目录的身份验证类型，通常设置为 Basic 或 Digest，示例中设置目录的访问控制方式为基本身份验证。在基本身份验证中，用户需要输入用户名和密码进行认证
9	AuthName "Basic Authentication"	提示用户输入认证信息时显示的名称或提示信息
10	AuthUserFile /etc/apache2/.htpasswd	告知 Apache 服务器从 /etc/apache2/.htpasswd 文件读取有效的用户名和密码，用于验证用户的身份
11	Require valid-user	只有在 .htpasswd 文件中经过认证的有效用户才可以访问目录中的内容
12	\<IfModule dir_module\> DirectoryIndex index.html \</IfModule\>	\<IfModule dir_module\>是一个条件指令，表示只有在 Apache 服务器中加载了 dir_module 模块的情况下，才会使用 DirectoryIndex 指令来指定目录的默认文件（如 index.html）
13	\<Files ".ht*"\> Require all denied \</Files\>	\<Files\>块的工作方式与\<Directory\>块相同，作用是指定对某些文件的访问控制。在示例中，阻止所有以 .ht 开头的文件（如 .htaccess 和 .htpasswd）。Require all denied 指令表示拒绝所有用户访问这些文件
14	Order Allow	Order Allow, Deny 表示先应用 Allow 规则，再应用 Deny 规则；Allow 指令允许特定主机或 IP 地址访问目录；Deny 指令拒绝特定主机或 IP 地址访问，Order 指令建议使用 Require 指令替代

以下示例为 Apache 设置了目录访问控制，定义了/var/www 和 /var/www/html 目录的访问权限，并在 /var/www/html/auth-basic 目录中启用了基本认证功能，要求用户通过用户名和密码验证后才能访问目录内容。

```
<Directory "/var/www">
    AllowOverride None
    Require all granted
</Directory>
<Directory "/var/www/html">
    Options Indexes FollowSymLinks
    AllowOverride None
    Require all granted
</Directory>
<Directory /var/www/html/auth-basic>
    AuthType Basic
    AuthName "Basic Authentication"
    AuthUserFile /etc/httpd/conf/.htpasswd
    require valid-user
</Directory>
```

2. Nginx 虚拟主机配置参数

在 RHEL、CentOS、华为 openEuler 等 Linux 发行版上，Nginx 服务器可由 nginx 软件包提供，nginx 软件包提供了安装和运行 Nginx 服务器所需的核心组件和工具。Nginx 服务主要配置文件如表 13-4 所示。

表 13-4　Nginx 服务主要配置文件

序号	配置文件	描述
1	/etc/nginx/	Nginx 主配置目录
2	/etc/nginx/nginx.conf	Nginx 主配置文件，包含全局配置、事件模块配置和 HTTP 模块配置
3	/etc/nginx/conf.d/	/etc/nginx/conf.d/目录用于存放单独的虚拟主机配置文件，文件通常以.conf 结尾，每个文件通常对应一个站点或特定的功能模块
4	/usr/share/nginx/html/	默认网站根目录。存放了 Nginx 默认提供的静态网页文件，当 Nginx 安装完成后，如果没有配置其他虚拟主机或自定义网站根目录，则当访问服务器时，Nginx 会默认从这个目录中提供网页内容
5	/var/log/nginx/access_log	访问日志文件，记录了所有通过 Nginx 进行的 HTTP 请求的详细信息。用于监控访问情况、分析流量和检测潜在的恶意活动
6	/var/log/nginx/error_log	错误日志文件，记录了 Nginx 在运行过程中遇到的错误和警告信息，帮助管理员排查和解决问题

在 Nginx 配置文件中，指令用于定义服务器的各种行为和操作方式，这些指令被组织在不同的上下文中，每个上下文都负责处理特定类型的流量。不同的指令可以根据它们的功能和作用被组织在不同的上下文中，上下文是一个逻辑块，它将指令组合在一起，以便更好地管理和分类配置内容。Nginx 主要上下文类型如表 13-5 所示。

表13-5　Nginx 主要上下文类型

序号	上下文类型	描述
1	主上下文	主上下文指的是那些不属于任何特定上下文（如 http、events、mail、stream）的顶级指令。这些指令位于配置文件的最外层，通常用于设置影响整个 Nginx 服务的全局行为。主上下文通常包括定义工作进程数、全局日志文件位置、PID 文件位置等全局配置的指令
2	events 上下文	配置与 Nginx 服务器处理网络连接相关的指令，用于控制连接的最大数量、事件驱动机制（如 epoll 或 kqueue）等
3	http 上下文	Nginx 配置中最重要的部分，包含了处理 HTTP 流量的所有指令，包括所有涉及 Web 服务的配置，如虚拟主机、请求处理、代理设置、缓存、日志等
4	mail 上下文	配置 Nginx 作为邮件代理服务器处理电子邮件流量，包括 POP3、IMAP 和 SMTP 的相关指令
5	stream 上下文	处理基于 TCP 和 UDP 的网络流量，如定义负载均衡器，将请求分发到多个后端服务器

　　Nginx 使用基于文本的配置文件来定义其行为和操作模式。配置文件由一系列指令组成，分为简单指令和块指令。简单指令包含指令名称、参数列表，并以分号结束，用于设置 Nginx 的基本配置。块指令与简单指令类似，但不以分号结束，而是包含在大括号 { } 中，常用于定义更复杂的配置结构，如虚拟主机和处理规则。通过这些指令和块的组合，Nginx 能够灵活地配置和管理 Web 服务、反向代理、负载均衡等功能。

　　Nginx 虚拟主机的配置通过 server 块在配置文件中实现。为了便于管理，通常不会直接在 /etc/nginx/nginx.conf 主配置文件中定义虚拟主机块，而是在 /etc/nginx/conf.d/ 目录中为不同的虚拟主机创建独立的配置文件，文件名通常以.conf 结尾。Nginx 主要配置参数如表 13-6 所示。

表13-6　Nginx 主要配置参数

序号	参数	描述
1	user nginx	指定 Nginx 服务运行的系统用户。nginx 用户将运行 Nginx 进程，决定了该进程的权限，确保 Nginx 只能访问和操作该用户权限范围内的文件和资源
2	worker_processes auto	设置 Nginx 使用的工作进程数。auto 表示自动检测和分配合适的进程数，通常会根据服务器的 CPU 核心数量进行配置，以充分利用系统资源
3	error_log /var/log/nginx/error.log	指定 Nginx 的全局错误日志文件的位置。/var/log/nginx/error.log 是日志文件的路径，Nginx 将把错误信息记录在该文件中，以便管理员排查问题
4	access_log /var/log/nginx/access.log main	指定访问日志的位置和使用的日志格式。访问日志记录了客户端的每个 HTTP 请求，/var/log/nginx/access.log 是日志文件的路径，main 是前面定义的日志格式
5	pid /var/run/nginx.pid	指定存储 Nginx 主进程 PID 的文件位置。/var/run/nginx.pid 文件保存了 Nginx 主进程的 PID，以便系统管理工具与 Nginx 进程进行交互（如停止或重启 Nginx）
6	worker_connections 1024	设置每个 Nginx 工作进程的最大连接数。1024 表示每个工作进程最多可以处理 1024 个并发连接，会影响服务器的并发处理能力
7	use epoll	指定 Nginx 使用的事件驱动模型。epoll 是 Linux 下高效的事件驱动机制，能够处理大量并发连接，性能优于传统的 select 或 poll
8	sendfile on	启用高效文件传输功能。sendfile 指令允许 Nginx 直接将文件从磁盘传输到网络，减少了数据复制的开销，提高了文件传输性能

续表

序号	参数	描述
9	keepalive_timeout 65	设置 HTTP 持久连接的超时时间。在此时间内，如果客户端没有发起新的请求，则 Nginx 将关闭连接，有助于节约服务器资源

10	server {
	　　listen 80;
	　　server_name www.example.com;
	　　location / {
	　　root /usr/share/nginx/html;
	　　index index.html index.htm;
	　　　　}
	　　}
		server 块用于定义一个虚拟主机，允许 Nginx 在同一个服务器上为多个域名提供服务。
		listen 80 表示指定虚拟主机监听的端口号。80 端口是 HTTP 的默认端口，Nginx 将在此端口上接收请求。
		server_name www.example.com 用于指定虚拟主机的域名，Nginx 根据请求的域名匹配相应的 server 块。
		location 块用于匹配客户端请求的 URI 路径。
		示例中，location / 表示匹配以 / 开头的所有请求路径。在 location 块中，可以定义如何处理匹配到的请求。可以将特定的 URL 请求路由到不同的文件目录或服务器模块。
		例如，可以指定要提供的静态文件目录、反向代理到某个后端服务器，或者执行其他特定的操作。
		root /usr/share/nginx/html 表示指定将/usr/share/nginx/html 目录作为虚拟主机的根目录，所有匹配到的请求都会从这个目录中查找文件。
		index index.html index.htm 表示指定目录请求的默认文件列表。访问目录时，Nginx 将优先查找 index.html 或 index.htm 文件作为响应

11	proxy_pass
	http://backend_server
		proxy_pass 指令用于允许 Nginx 将客户端的请求转发到后端的服务器或其他服务，如应用服务器、数据库服务、API 服务器等。示例如下。
		server {
		　　listen 80;
		　　server_name www.example.com;
		　　location / {
		　　　　proxy_pass http://backend_server;
		　　}
		}
		示例中，proxy_pass 指定了一个后端服务器 http://backend_server。当客户端请求 http://www.example.com/时，Nginx 将所有匹配到的请求转发到后端服务器 http://backend_server

12	upstream backend {
	server backend1.test.com:8080;
	server backend2.test.com:8080;
	}
	server {
	listen 8080;
	proxy_pass backend;
	　　}
		upstream backend { ... }块用于定义 TCP/UDP 流量的上游服务器组。backend 是服务器组的名称，包含两个后端服务器，Nginx 将根据配置将流量负载均衡到这些服务器上。
		server backend1.test.com:8080 用于指定上游第一台服务器的地址和端口。server backend2.test.com:8080 用于指定上游第二台服务器的地址和端口。
		listen 8080 用于指定监听的端口号。
		proxy_pass backend 用于将请求转发到上游服务器组 backend。Nginx 根据上游服务器的配置将流量分发到后端服务器

13.2.5　HTTPS 简介

1. HTTPS 基本概念

　　HTTP 是一种明文传输协议，数据在传输过程中完全透明，任何人都可以在传输过程中截获、篡改或伪造请求/响应报文，这对于网络购物、网上银行、证券交易等高度依赖安全性的应用场景来说存在严重的安全隐患。如果没有基本的

V13-3　HTTPS
简介

安全保护，则电子商务和电子政务的安全将无法得到保障。即使是对安全性要求较低的新闻、视频、搜索等网站，也面临着越来越多的"流量劫持"风险，攻击者可以通过强行嵌入广告或分流用户来获取不正当利益。

HTTPS 广泛应用于需要传输敏感数据的场景，如在线银行、电子商务、社交媒体、电子邮件和其他涉及用户隐私的应用。目前主流的浏览器强制使用 HTTPS，主要是为了确保用户与网站之间的通信安全可靠。浏览器会在地址栏中显示挂锁图标来标识使用 HTTPS 的安全网站，并将未使用 HTTPS 的网站标记为不安全，以提醒用户潜在的风险。

HTTPS（Hypertext Transfer Protocol Secure，超文本传输协议安全）协议在 HTTP 的基础上增加了 SSL/TLS 加密层，使用的请求/应答模式、报文结构、请求方法、URI、头字段和连接管理等完全继承自 HTTP，但底层传输协议由 TCP/IP 换成了 SSL/TLS，由"HTTP over TCP/IP"变成了"HTTP over SSL/TLS"，让 HTTP 运行在安全的 SSL/TLS 协议上，收发报文不再使用 Socket API，而是调用专门的安全接口。HTTP 和 HTTPS 结构如图 13-2 所示。

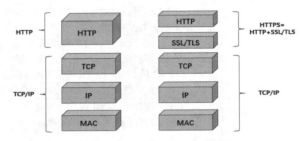

图 13-2　HTTP 和 HTTPS 结构

2. SSL/TLS 基本概念

SSL（Secure Socket Layer，安全套接字层）工作在 OSI 模型的第 5 层（会话层），由 Netscape（网景）公司于 1994 年开发，有 v2 和 v3 两个版本（v1 因为有严重的缺陷，所以从未公开过）。SSL 发展到 v3 时已经是一种非常好的安全通信协议，于是 IETF 在 1999 年把它改名为 TLS 并正式标准化，版本号从 1.0 重新算起，所以 TLS 1.0 实际上是 SSLv 3.1。

截至目前，TLS 已经发展出了 3 个版本，分别是 2006 年的 1.1、2008 年的 1.2 和 2018 年的 1.3。每个版本都紧跟当时密码学的前沿技术和互联网的需求，持续强化安全性和性能，TLS 已经成为信息安全领域的权威标准。

目前应用得非常广泛的 TLS 版本是 1.2 和 1.3，而之前的版本已经被认为是不安全的版本，各浏览器在 2020 年左右停止对此版本的支持。

TLS 由记录协议、握手协议、警告协议、变更密码规范协议、扩展协议等几个子协议组成，综合使用了对称加密、非对称加密、身份认证等许多密码学前沿技术。浏览器和服务器在使用 TLS 建立连接时需要选择一组恰当的加密算法来实现安全通信，这些算法的组合被称为"密码套件"。

密码套件是一组加密算法的组合，用于确保浏览器与服务器之间的通信安全。密码套件包含 4 个主要部分：密钥交换算法、签名算法、对称加密算法和摘要算法。其中，密钥交换算法用于安全地生成共享密钥，签名算法用于验证身份，对称加密算法用于加密数据传输，摘要算法用于确保数据的完整性。通过选择合适的密码套件，TLS 可以有效地保护数据传输免受窃听和篡改，确保通信的安全性和可信性。

3. TLS 证书基本概念

TLS 证书是用于在网络通信中建立安全连接的数字证书。一个数字证书包含多个关键部分，包括公钥、服务器身份信息，以及由证书颁发机构生成的签名。与证书相关的私钥是保密的，不能公开。使用私钥加密的数据只能通过对应的公钥解密，反之亦然。作为实现 HTTPS 的关键元素，TLS

证书在 HTTP 之上增加了 TLS 层，允许所有数据传输加密，并通过证书验证服务器身份，防止中间人攻击和其他网络威胁。浏览器在访问 HTTPS 网站时，会先检查服务器的 TLS 证书，以确保其由可信的 CA 签发，且证书未过期或被撤销，从而保障用户与网站之间的通信安全。

TLS 证书的核心是 PKI（Public Key Infrastructure，公钥基础设施），其中包括一对密钥：公钥和私钥。公钥嵌入证书中，公开给所有访问服务器的用户，用于加密数据和验证服务器的数字签名。而私钥由服务器保管，严格保密，用于解密由公钥加密的数据并生成数字签名。公钥和私钥的组合确保了通信的保密性及完整性。

TLS 证书由受信任的 CA 签发。CA 作为可信的第三方，可验证服务器的身份，并对其公钥进行签名，生成 TLS 证书。这一签名过程保证了证书的可信性，使得客户端可以确信其与真实的服务器通信，而非攻击者伪装的服务器。

TLS 握手过程分为 4 个主要阶段，以确保客户端和服务器之间建立安全的加密通信。TLS 简化的"握手"过程如图 13-3 所示。

（1）第一阶段：初始握手

在 TLS 握手的初始阶段，客户端生成一个随机数 RNc（Random Number client-side，客户端生成的随机数），并通过"client hello"消息发送给服务器，同时提供支持的 TLS 版本、加密算法列表和其他协商参数。服务器在接收到 client hello 后，生成一个随机数 RNs（Random Number server-side，服务器生成的随机数），并通过"server hello"消息发送给客户端。"server hello"消息还包括服务器选择的加密算法等重要信息。这一阶段的主要目的是协商通信的加密参数，并生成用于后续密钥生成的随机数。

（2）第二阶段：服务器身份验证与客户端身份验证

服务器向客户端发送其数字证书后，证书中包含服务器的公钥以及由受信任的 CA 签名的身份信息。客户端使用内置的信任列表验证服务器证书的有效性，包括证书是否被信任、是否过期以及是否被撤销。如果需要双向认证，则服务器还会请求客户端提供其数字证书，以便服务器验证客户端的身份。这一阶段的主要目的是确保服务器和客户端的身份可信，从而防止中间人攻击。

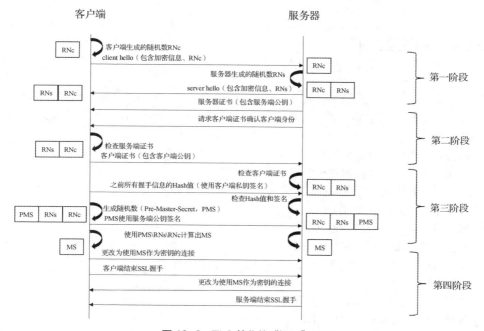

图 13-3　TLS 简化的"握手"过程

（3）第三阶段：生成密钥

在身份验证完成后，客户端生成一个 PMS（Pre-Master Secret，预主密钥），PMS 是用于生成会话密钥的重要随机数。客户端使用服务器公钥对 PMS 进行加密，并将其发送给服务器。服务器使用其私钥解密 PMS，保证客户端和服务器都拥有了相同的 PMS。随后，双方利用 RNc、RNs 和 PMS 通过 KDF（Key Derivation Function，密钥派生函数）计算出 MS（Master Secret，主密钥）。主密钥是一个核心密钥，将用于生成对称会话密钥，确保接下来的通信是安全的。

（4）第四阶段：握手完成

在最后一个阶段，客户端和服务器使用生成的主密钥进一步派生出对称加密密钥，用于加密后续通信中的数据。双方生成的会话密钥被用来加密"完成"消息，这条消息使用双方协商出的会话密钥加密，并包含握手过程所有消息的散列值，以确保传输数据未被篡改。握手完成后，客户端和服务器便开始使用生成的对称密钥进行加密通信。

4. OpenSSL 简介

OpenSSL 是一个开源且广泛使用的开源软件仓库，主要用于实现 SSL 和 TLS 协议。OpenSSL 的主要功能如下：生成和管理私钥、公钥和证书；执行加密和解密操作；生成消息摘要（散列）以进行数据完整性验证；以及实现 SSL/TLS 协议的完整堆栈，支持服务器和客户端的安全通信；支持多种加密算法，广泛应用于服务器和客户端的安全通信。

目前 OpenSSL 已成为互联网加密通信的事实标准，被广泛应用于各种网络服务和应用程序中。OpenSSL 项目经历了多个主要版本的演进，其中包括 1.0.2 和 1.1.0。这些版本为开发者提供了丰富的加密工具和协议实现。随着技术的进步，OpenSSL 1.0.2 和 1.1.0 分支在 2019 年年底停止了官方支持，取而代之的是更现代、更安全的长期支持版本 OpenSSL 1.1.1。

OpenSSL 的主要函数库使用 C 语言编写，可以运行在多个平台上，包括 UNIX、Linux 以及 Windows 操作系统。在 Linux 操作系统中，OpenSSL 由名为 openssl 的软件提供，该软件包含了用于加密、解密、证书管理和 SSL/TLS 协议实现的核心工具及库，适用于各种 Linux 发行版，如 Debian、Ubuntu、CentOS、openEuler 等，可以通过系统的软件包管理器进行安装。

13.3 项目实训

【实训任务】

本实训的主要任务是安装和部署 Apache 及 Nginx 服务器，配置基于域名和端口的虚拟主机，创建加密证书，配置 TLS 虚拟主机，并基于 LAMP 环境部署 WordPress 博客程序。

【实训目的】

（1）掌握安装 Apache 软件的方法。

（2）掌握配置 Apache 虚拟主机的方法。

（3）掌握配置基于端口的虚拟主机的方法。

（4）掌握配置安全主机的方法。

（5）掌握安装 Nginx 软件的方法。

（6）掌握配置 Nginx 虚拟主机的方法。

（7）掌握基于 LAMP 环境部署 WordPress 博客程序的方法。

【实训内容】

（1）安装并部署 Apache Web 服务。

（2）安装并部署 Nginx Web 服务。

（3）配置基于域名和端口的 Apache 虚拟主机。

（4）配置基于域名的 Nginx 虚拟主机。

（5）基于 LAMP 环境部署 WordPress 博客程序。

【实训环境】

在进行本项目的实训操作前，提前准备好 Linux 操作系统环境，在 CentOS Stream、RHEL、Rocky Linux、华为 openEuler、麒麟等常见 Linux 发行版操作系统中都可以进行项目实训。

13.4 项目实施

13.4.1 部署 Apache 服务器并配置虚拟主机

1. 部署 Apache 服务器

（1）安装 Apache httpd 软件包。

```
[root@www ~]# yum install -y httpd
```

（2）启动 httpd 服务，并将其设置为开机自启动。

```
[root@www ~]# systemctl start httpd
[root@www ~]# systemctl enable httpd
```

（3）查看 httpd 服务状态信息。

```
[root@www ~]# systemctl status httpd
```

（4）在网站默认目录中创建网页文件。

```
[root@www ~]# echo "welcome to our website" > /var/www/html/index.html
```

（5）添加防火墙规则，允许所有外部流量访问服务器的 80 端口。

```
[root@www ~]# firewall-cmd --permanent --add-service=http
[root@www ~]# firewall-cmd --permanent --add-port=80/tcp
[root@www ~]# firewall-cmd --reload
```

（6）重启 httpd 服务，使配置参数立即生效。

```
[root@www ~]# systemctl restart httpd
```

（7）使用 curl 命令，测试通过本地网络能否访问网页内容。

```
[root@www ~]# curl 127.0.0.1
[root@www ~]# curl localhost
```

2. 配置 Apache 虚拟主机

（1）编辑虚拟主机配置文件/etc/httpd/conf.d/vhost.conf，设置虚拟站点参数，在本实训中，服务器的 IPv4 地址为 192.168.100.10。

V13-4 部署
Apache 服务器并
配置虚拟主机

```
[root@www ~]# vim /etc/httpd/conf.d/vhost.conf
<VirtualHost 192.168.100.10:80>
  DocumentRoot /var/www/virtual.host
  ServerName www.opencloud.fun
  ErrorLog "/var/log/httpd/opencloud-error_log"
  CustomLog "/var/log/httpd/opencloud-access_log" combined
<Directory /var/www/virtual.host >
  Require all granted
</Directory>
</VirtualHost>
```

（2）创建虚拟主机目录。

```
[root@www ~]# mkdir /var/www/virtual.host
```

（3）在虚拟主机目录中创建网页文件。

```
[root@www ~]# echo "Virtual Host Test Page On www.opencloud.fun" >>
/var/www/virtual.host/index.html
```

（4）编辑/etc/hosts 文件，添加本地域名解析。

```
[root@www ~]# vi /etc/hosts
192.168.100.10  www.opencloud.fun
```

（5）设置 SELinux 上下文规则。默认的 SELinux 策略都会限制 httpd 服务可以读取的上下文。Web 服务器内容的默认上下文是 httpd_sys_content_t。如果在标准位置/var/www 以外的目录中提供内容，则必须设置 SELinux 上下文规则。

```
[root@www ~]# yum -y install policycoreutils-python-utils
[root@www ~]# semanage fcontext -a -t httpd_sys_content_t '/var/www/virtual.
host(/.*)?'
[root@www ~]# restorecon -vvFR /var/www/virtual.host/
```

（6）重启或者重新加载 httpd 服务，使配置参数立即生效。

```
[root@www ~]# systemctl restart httpd
[root@www ~]# systemctl reload httpd
```

（7）使用 curl 命令，验证通过域名或者 IP 地址能否访问网页内容。

```
[root@www ~]# curl www.opencloud.fun
[root@www ~]# curl 192.168.100.10
```

13.4.2 配置基于端口的虚拟主机

基于端口的虚拟主机使用户可以通过访问服务器上指定的端口来找到想要访问的网站资源，在使用 Apache 配置虚拟主机的过程中，基于端口的配置过程最复杂，不仅需要考虑 httpd 服务程序的配置因素，还需要考虑 SELinux 服务对新开设的端口的监控。占用服务器的 80、443、8080 等类似端口的请求是网站服务中比较合理的请求，但再去占用其他的端口就会受到 SELinux 服务的限制。因此接下来既要考虑 SELinux 安全上下文的限制，又要考虑 SELinux 域对 httpd 网站服务程序功能的管控。服务器开启多个服务端口后，用户能够通过访问服务器的指定端口来找到想要的网站。在本实训中，服务器有两块网卡，其 IPv4 地址分别为 192.168.100.101、192.168.100.102。

V13-5 配置基于端口的虚拟主机

（1）创建网站数据目录和网页文件。

```
[root@www ~]# mkdir -p /www/opencloud/8080
[root@www ~]# mkdir -p /www/opencloud/8081
[root@www ~]# echo "Access study.opencloud.fun via port 8080" > /www/opencloud/
8080/index.html
[root@www ~]# echo "Access notion.opencloud.fun via port 8081" > /www/opencloud/
8081/index.html
```

（2）编辑虚拟主机配置文件，配置基于端口的虚拟主机参数。

```
[root@www ~]# vim /etc/httpd/conf.d/vhost.conf
Listen 8080
```

```
Listen 8081
<VirtualHost 192.168.100.101:8080>
    DocumentRoot "/www/opencloud/8080"
    ServerName study.opencloud.fun
    ErrorLog "/var/log/httpd/8080-error_log"
    CustomLog "/var/log/httpd/8080-access_log" common
<Directory /www/opencloud/8080>
    AllowOverride None
<Requireall>
    Require all granted
    Require not ip 192.168.100.200
</Requireall>
</Directory>
</VirtualHost>
<VirtualHost 192.168.100.102:8081>
    DocumentRoot "/www/opencloud//8081"
    ServerName notion.opencloud.fun
    ErrorLog "/var/log/httpd/8081_error_log"
    CustomLog "/var/log/httpd/8081_access_log" common
<Directory /www/opencloud/>
    AllowOverride None
<Requireall>
    Require all granted
    Require not ip 192.168.100.200
</Requireall>
</Directory>
</VirtualHost>
```

（3）编辑/etc/hosts 文件，添加本地域名解析。

```
[root@www ~]# vi /etc/hosts
192.168.100.101 study.opencloud.fun
192.168.100.102 notion.opencloud.fun
```

（4）设置 SELinux 布尔值参数。HTTP 服务默认的端口是 80，如果使用非 80 端口提供 Web 服务，则在开启 SELinux 的情况下，需要设置端口的布尔值。

使用 semanage 命令查询并过滤出所有与 HTTP 相关的端口号。

```
[root@www ~]# semanage port -l| grep http
http_cache_port_t  tcp 8080, 8118, 8123, 10001-10010http_cache_port_t  udp
3130http_ port_t tcp 80, 81, 443, 488, 8008, 8009, 8443,9000pegasus_http_port_t tcp
5988pegasus_https_ port_t tcp 5989
```

开启 8080 和 8081 端口的 SELinux 布尔值。

```
[root@www ~]# semanage port -a -t http_port_t -p tcp 8080
[root@www ~]# semanage port -a -t http_port_t -p tcp 8081
```

（5）添加防火墙规则，允许所有外部流量访问服务器的 8080 和 8081 端口。

```
[root@www ~]# firewall-cmd --permanent --add-port=8080/tcp
```

```
[root@www ~]# firewall-cmd --permanent --add-port=8081/tcp
[root@www ~]# firewall-cmd --reload
```

（6）修改网站数据目录的 SELinux 安全上下文，并使其立即生效。

```
[root@www ~]# semanage fcontext -a -t httpd_sys_content_t '/www/opencloud
(/.*)?'
[root@www ~]# restorecon -vvFR /www/opencloud/
```

（7）重启 httpd 服务，使配置参数立即生效。

```
[root@www ~]# systemctl restart httpd
```

（8）使用 curl 命令验证能否正常浏览网页。

```
[root@www ~]# curl 192.168.100.101:8080
[root@www ~]# curl 192.168.100.102:8081
```

13.4.3　配置安全主机

（1）配置 TLS 证书。配置带有 TLS 证书的虚拟主机时，可以通过如下几个步骤实现：获取（签名）证书、安装 Apache httpd 扩展模块以支持 TLS、使用之前获取的证书、将虚拟主机配置为使用 TLS。

V13-6　配置安全主机

获取 TLS 证书有两种方法：一种是创建自签名证书，这种证书是由用户自己签署而非 CA（Certification Authority，证书授权，它是证书的颁发机构）签名的证书；另一种是生成 CSR（Certificate Signing Request，证书签名请求），并提交给受信任的 CA 进行签名，从而获得有效的服务器证书。

由于大多数 Web 浏览器默认信任商业 CA 签发的证书，因此使用 CA 签名的证书可以确保客户端与服务器之间的连接安全可信。对于测试环境，用户可以使用自己的私钥对证书进行签名，生成自签名证书，用于加密的 TLS 连接。

除了 openssl 工具，crypto-utils 软件包还包含一个名为 genkey 的程序，同时支持这两种获取 TLS 证书的方法。

使用 openssl 命令生成私钥和证书文件，代码如下。

```
# 使用 openssl 命令生成一个 2048 位的 RSA 私钥
[root@www ~]# openssl genpkey -algorithm RSA -out /etc/pki/tls/private/
www.opencloud.fun.key -pkeyopt rsa_keygen_bits:2048

# 查看 RSA 私钥文件
[root@www ~]# ls -l /etc/pki/tls/private/
-rw-------. 1 root root 1704 Aug 14 23:37 www.opencloud.fun.key

/* 使用生成的私钥创建 CSR，CSR 是一个由申请证书的实体（如服务器、个人或设备）生成的文件，包
含了申请者的公钥及其身份信息。CSR 文件通常以 .csr 为扩展名，并以 PEM 格式编码*/
[root@www ~]# openssl req -new -key /etc/pki/tls/private/www.opencloud.fun.key
-out /etc/pki/tls/certs/www.opencloud.fun.csr
-----
Country Name (2 letter code) [XX]:CH
State or Province Name (full name) []:SH
Locality Name (eg, city) [Default City]:HQ
```

```
Organization Name (eg, company) [Default Company Ltd]:COM
Organizational Unit Name (eg, section) []:OPENCLOUD
Common Name (eg, your name or your server's hostname) []:WWW
Email Address []:admin@opencloud.fun
Please enter the following 'extra' attributes
to be sent with your certificate request
A challenge password []:          # 按 Enter 键
An optional company name []:       # 按 Enter 键


# 生成自签名证书，证书有效期为 365 天
[root@www ~]# openssl x509 -req  -in /etc/pki/tls/certs/www.opencloud.fun.csr
-signkey /etc/pki/tls/private/www.opencloud.fun.key  -out /etc/pki/tls/certs/
www.opencloud.fun.crt  -days 365


# 查看证书文件
[root@www ~]# ls -l /etc/pki/tls/certs/
-rw-r--r--. 1 root root 1391 Aug 14 23:43 www.opencloud.fun.crt
-rw-r--r--. 1 root root 1029 Aug 14 23:40 www.opencloud.fun.csr
```

（2）使用 mod_ssl 软件包安装扩展模块。Apache httpd 服务器需要安装扩展模块才能激活 TLS 支持，可以使用 mod_ssl 软件包来安装此模块。

```
[root@www ~]# yum -y install mod_ssl
```

mod_ssl 软件包将为监听端口 443/TCP 的默认虚拟主机自动启用 httpd 服务。此默认虚拟主机是在文件/etc/httpd/con.d/ssl.conf 中配置的，也可以在独立的.CONF 文件中定义。

（3）TLS 虚拟主机配置。配置支持 TLS 的虚拟主机与常规虚拟主机类似，但需要额外配置参数，如 SSLEngine on、SSLCertificateFile 和 SSLCertificateKeyFile，以启用加密通信并指定服务器证书和私钥文件。TLS 配置参数如表 13-7 所示。

表 13-7　TLS 配置参数

序号	参数	描述
1	Listen 443	指定 Apache 服务监听 443 端口，443 端口是 HTTPS 协议的默认端口。通过该端口，服务器可以接收并处理来自客户端的 HTTPS 请求
2	<VirtualHost _default_:443>	定义虚拟主机，处理所有通过 443 端口进入的 HTTPS 请求。_default_表示该虚拟主机将用于处理未明确指定其他虚拟主机的 HTTPS 请求
3	SSLEngine on	启用 SSL/TLS 功能，允许该虚拟主机使用 HTTPS 进行加密通信
4	SSLProtocol all −SSLv2 −SSLv3	启用所有支持的 SSL/TLS 协议版本，禁用 SSLv2 和 SSLv3 协议
5	SSLCipherSuite HIGH:MEDIUM::!aNULL::!MD5	定义 SSL/TLS 连接中使用的加密套件，HIGH 和 MEDIUM 表示高和中等强度的加密套件，!aNULL 和!MD5 表示禁用匿名加密套件和 MD5 算法
6	SSLCertificateFile	SSLCertificateFile 用于告知读取此虚拟主机的证书的位置，指定了服务器证书文件的路径，该证用于服务器的身份验证和加密。客户端在与服务器建立连接时，将使用该证书来验证服务器的身份。证书通常由 CA 签发或由服务器自签发

续表

序号	参数	描述
7	SSLCertificateKeyFile	指定了存储服务器私钥文件的路径。服务器使用私钥来解密通过 SSL/TLS 加密的会话密钥，以及进行数字签名以证明其身份。私钥必须与 SSLCertificateFile 中指定的证书配对，并必须严格保密

创建 opencloud-https.conf 文件，设置基于域名且支持 TLS 的虚拟主机，添加 HTTP 重定向参数以确保当客户端请求 HTTP 访问时，自动跳转到 HTTPS 页面。

```
[root@www ~]# vi /etc/httpd/conf.d/opencloud-https.conf
<VirtualHost *:80>
    DocumentRoot /var/www/virtual.host
    ServerName  www.opencloud.fun
    ErrorLog "/var/log/httpd/opencloud-error_log"
    CustomLog "/var/log/httpd/opencloud-access_log" combined
    Redirect "/" "https://www.opencloud.fun"
<Directory /var/www/virtual.host>
    Require all granted
</Directory>
</VirtualHost>
<VirtualHost *:443>
    DocumentRoot /var/www/virtual.host
    ServerName  www.opencloud.fun
    SSLEngine on
    SSLCertificateFile /etc/pki/tls/certs/www.opencloud.fun.crt
    SSLCertificateKeyFile /etc/pki/tls/private/www.opencloud.fun.key
</VirtualHost>
```

（4）配置完 TLS 虚拟主机参数后，重启 httpd 服务，使配置立即生效。

```
[root@www ~]# systemctl restart httpd
```

（5）设置防火墙规则，允许所有外部流量访问服务器的 443 端口。

```
[root@www ~]# firewall-cmd --add-service=https --permanent
[root@www ~]# firewall-cmd --reload
```

（6）使用 curl 命令，验证客户端能否通过 HTTPS 访问 Web 站点页面。

```
[root@www ~]# curl -k https://www.opencloud.fun
```

13.4.4　部署 Nginx 服务器并配置虚拟主机

1. 部署 Nginx 服务器

（1）安装 Nginx 软件。

```
[root@www ~]# dnf -y install nginx
```

（2）编辑 Nginx 配置文件，修改 server_name 参数值为 www.test.com。

```
[root@www ~]# vi /etc/nginx/nginx.conf
server_name www.test.com;
```

（3）启动并启用 nginx 服务。

```
[root@www ~]# systemctl enable --now nginx
```

（4）添加防火墙规则，允许所有外部流量访问服务器的 80 端口。

```
[root@www ~]# firewall-cmd --add-service=http --permanent
[root@www ~]# firewall-cmd --reload
```

（5）在网站默认目录中创建网页文件。

```
[root@www ~]# echo welcome to our website www.test.com > /usr/share/nginx/
html/index.html
```

（6）在本实训中，服务器的 IPv4 地址为 192.168.100.110，编辑/etc/hosts 文件，添加本地域名解析。

```
[root@www ~]# vi /etc/hosts
192.168.100.110 www.test.com
```

（7）重启 nginx 服务，使配置参数立即生效。

```
[root@www ~]# systemctl restart nginx
```

（8）使用 curl 命令，测试通过本地网络能否访问 Web 站点页面。

```
[root@www ~]# curl www.test.com
```

2. 配置 Nginx 虚拟主机

（1）编辑 Nginx 配置文件，配置虚拟站点。

```
[root@www ~]# vi /etc/nginx/conf.d/virtual.host.conf
# create new
server {
    listen        80;
    server_name  www.rhce.com;
    location / {
        root    /usr/share/nginx/virtual.host;
        index  index.html index.htm;
    }
}
```

V13-7　部署 Nginx
服务器并配置虚拟
主机

（2）创建虚拟站点目录并创建站点页面。

```
[root@www ~]# mkdir /usr/share/nginx/virtual.host
[root@www ~]# echo "Nginx Virtual Host Test Page on www.rhce.com" > /usr/share/
nginx/virtual.host/index.html
```

（3）重启 nginx 服务，使配置参数立即生效。

```
[root@www ~]# systemctl restart nginx
```

（4）编辑/etc/hosts 文件，添加本地域名解析。

```
[root@www ~]# vi /etc/hosts
192.168.100.110 www.rhce.com
```

（5）使用 curl 命令验证能否访问 Web 站点页面。

```
[root@www ~]# curl www.rhce.com
```

（6）创建私钥 www.rhce.com.key 和证书 www.rhce.com.crt，配置基于 SSL/TLS 的安全参数。

```
# 使用 openssl 命令生成一个 2048 位的 RSA 私钥
[root@www ~]# openssl genpkey -algorithm RSA -out /etc/pki/tls/private/
www.rhce.com.key -pkeyopt rsa_keygen_bits:2048
```

```
# 查看 RSA 私钥文件
[root@www ~]# ls -l /etc/pki/tls/private/
-rw-------. 1 root root 1704 Aug 18 20:37 www.rhce.com.key
```

/* 使用生成的私钥创建 CSR，CSR 是一个由申请证书的实体（如服务器、个人或设备）生成的文件，包含了申请者的公钥及其身份信息。CSR 文件通常以 .csr 为扩展名，并以 PEM 格式编码*/

```
[root@www ~]# openssl req -new -key /etc/pki/tls/private/www.rhce.com.key -out
/etc/pki/tls/certs/www.rhce.com.csr
-----
Country Name (2 letter code) [XX]:CH
State or Province Name (full name) []:SH
Locality Name (eg, city) [Default City]:HQ
Organization Name (eg, company) [Default Company Ltd]:COM
Organizational Unit Name (eg, section) []:OPENCLOUD
Common Name (eg, your name or your server's hostname) []:WWW
Email Address []:admin@opencloud.fun
Please enter the following 'extra' attributes
to be sent with your certificate request
A challenge password []:          # 按 Enter 键
An optional company name []:      # 按 Enter 键
```

```
# 生成自签名证书，证书有效期为 365 天
[root@www ~]# openssl x509 -req  -in  /etc/pki/tls/certs/www.rhce.com.csr
-signkey /etc/pki/tls/private/www.rhce.com.key  -out /etc/pki/tls/certs/www.rhce.
com.crt  -days 365
```

```
# 查看证书文件
[root@www ~]# ls -l /etc/pki/tls/certs/
-rw-r--r--. 1 root root 1391 Aug 18 20:43 www.rhce.com.crt
-rw-r--r--. 1 root root 1029 Aug 18 20:40 www.rhce.com.csr
```

```
# 配置基于 SSL/TLS 的安全参数
[root@www ~]# vi /etc/nginx/conf.d/ssl.conf
server {
    listen      443 ssl http2 default_server;
    listen      [::]:443 ssl http2 default_server;
    server_name  www.rhce.com;
    root        /usr/share/nginx/virtual.host;
    ssl_certificate "/etc/pki/tls/certs/www.rhce.com.crt";
    ssl_certificate_key "/etc/pki/tls/private/www.rhce.com.key";
    ssl_session_cache shared:SSL:1m;
    ssl_session_timeout 10m;
    ssl_ciphers PROFILE=SYSTEM;
```

```
    ssl_prefer_server_ciphers on;
    include /etc/nginx/default.d/*.conf;
    location / {
    }
    error_page 404 /404.html;
        location = /40x.html {
    }
    error_page 500 502 503 504 /50x.html;
        location = /50x.html {
    }
}
```

（7）添加 return 参数，设置重定向，使 HTTP 自动跳转到 HTTPS。

```
[root@www ~]# vi /etc/nginx/conf.d/virtual.host.conf
server {
    listen      80;
    return      301 https://$host$request_uri;
    server_name www.rhce.com;
    location / {
        root  /usr/share/nginx/virtual.host;
        index index.html index.htm;
    }
}
```

（8）重启 nginx 服务，使配置参数立即生效。

```
[root@www ~]# systemctl restart nginx
```

（9）添加防火墙规则，允许 HTTPS 服务使用 443 端口。

```
[root@www ~]# firewall-cmd --add-service=https --permanent
[root@www ~]# firewall-cmd -reload
```

（10）使用 curl 命令，验证能否访问 HTTPS 页面。

```
[root@www ~]# curl -k https://www.rhce.com
```

13.4.5 基于 LAMP 环境部署 WordPress 博客程序

1. 安装 LAMP 组件

安装与 LAMP 堆栈相关的所有必需包，包括 Apache HTTPD、MariaDB、
PHP 等组件。

```
[root@www ~]# yum install httpd mariadb mariadb-server php
php-mysqli tar wget -y
```

V13-8 基于 LAMP
环境部署
WordPress 博客
程序

2. 启动并初始化 MariaDB 数据库

```
[root@www ~]# systemctl start mariadb
[root@www ~]# systemctl enable mariadb
[root@www ~]# mysql_secure_installation
```

/* mysql_secure_installation 是一个用于初始化 MySQL 数据库的安全配置工具。通过这个工
具，用户可以设置 root 用户的密码、移除匿名用户、禁用远程 root 登录以及删除测试数据库等操作，从而

提升数据库的安全性*/

3. 启动并启用 httpd 服务

使用 systemctl 命令启动 httpd 服务，并设置为开机自启动。

```
[root@www ~]# systemctl start httpd
```

```
[root@www ~]# systemctl enable httpd
```

4. 安装 WordPress 博客程序

（1）为 WordPress 创建数据库和数据库用户。

```
[root@www ~]# mysql -u root -p
Enter password:     # 输入 root 用户的密码
Welcome to the MariaDB monitor.  Commands end with ; or \g.
MariaDB [(none)]> CREATE DATABASE wordpress;
MariaDB [(none)]> CREATE USER wordpress@localhost IDENTIFIED BY "secure_
password";
MariaDB [(none)]> GRANT ALL ON wordpress.* TO wordpress@localhost;
MariaDB [(none)]> FLUSH PRIVILEGES;
MariaDB [(none)]> exit
```

（2）下载 WordPress 软件包。

```
[root@www ~]# cd /tmp && wget http://wordpress.org/latest.tar.gz
```

（3）将软件包解压缩到/var/www/html 目录中。

```
[root@www ~]# tar -xvzf latest.tar.gz -C /var/www/html
```

（4）将该目录的拥有者更改为用户 apache。

```
[root@www ~]# chown -R apache /var/www/html/wordpress
```

（5）为 WordPress 创建 Apache 虚拟主机。

```
[root@www ~]# vim /etc/httpd/conf.d/vhost.conf
<VirtualHost *:80>
  DocumentRoot /var/www/html/wordpress
  ServerName opencloud.fun
  ServerAlias bbs.opencloud.fun
  ErrorLog /var/log/httpd/opencloud-error-log
  CustomLog /var/log/httpd/opencloud-acces-log common
</VirtualHost>
```

（6）重启 httpd 服务。

```
[root@www ~]# systemctl restart httpd
```

（7）在本实训中，服务器的 IPv4 地址为 192.168.100.12，编辑/etc/hosts 文件，添加本地域名解析。

```
[root@www ~]# vi /etc/hosts
192.168.100.12 bbs.opencloud.fun
```

（8）打开浏览器并访问网址 http://bbs.opencloud.fun/，安装 WordPress 博客程序。

////////// 项目练习题

（1）在 Apache 配置文件中，用于定义基于端口的虚拟主机的指令是（　　）。

    A. ServerName   B. Listen

  C. DocumentRoot   D. DirectoryIndex

（2）在 Apache 中，配置基于域名的虚拟主机时，用于指定主机名的指令是（ ）。

  A. ServerAlias   B. ServerPath   C. ServerName   D. VirtualHost

（3）配置 Nginx 虚拟主机时，用于指定一个虚拟主机的域名的指令是（ ）。

  A. server_name   B. host_name   C. domain_name   D. name_server

（4）配置 Nginx 虚拟主机时，用于定义虚拟主机的根目录的指令是（ ）。

  A. document_root   B. root   C. base_dir   D. home_dir

（5）在 Apache 配置文件中，用于指定 TLS 证书文件的路径的指令是（ ）。

  A. SSLCertificateFile   B. TLSCertFile

  C. CertificatePath   D. SSLCertPath

（6）以下关于 Apache 配置文件中 SSLCertificateKeyFile 指令描述正确的是（ ）。

  A. 指定客户端证书路径   B. 指定服务器私钥文件路径

  C. 指定 CA 根证书路径   D. 指定 SSL 模块的配置文件路径

（7）部署 Apache HTTP 服务器并配置 Apache 虚拟主机，具体要求如下。

① 在 system1 上部署 Apache HTTP 服务器，创建虚拟主机，设置域名为 project1.example.com。

② 将虚拟主机的 DocumentRoot 设置为/var/www/project1，在/var/www/project1 中创建 index.html 文件。

③ 在 system1 上创建虚拟主机，设置域名为 project2.example.com 并监听 8090 端口。将虚拟主机的 DocumentRoot 设置为 /var/www/project2，并在 /var/www/project2 中创建 index.html 文件。配置 SELinux 上下文，并为 8090 端口添加适当的 SELinux 端口类型。

④ 在/etc/hosts 文件中添加本地域名解析，通过浏览器或者 curl 命令访问 http://project1.example.com 和 http://project2.example.com:8090 的内容。

（8）部署 Nginx 服务器并配置 Nginx 虚拟主机，具体要求如下。

① 在 system2 上部署 Nginx 服务器，创建虚拟主机，设置域名为 site1.example.com。

② 将虚拟主机的 root 目录设置为/var/www/site1，并在/var/www/site1 中创建 index.html 文件。

③ 在 system2 上创建另一个虚拟主机，设置域名为 site2.example.com 并监听 8080 端口。将虚拟主机的 root 目录设置为 /var/www/site2，并在 /var/www/site2 中创建 index.html 文件。

④ 在/etc/hosts 文件中添加本地域名解析，通过浏览器或 curl 命令访问 http://site1.example.com 和 http://site2.example.com:8080 的内容。

项目14
邮件服务配置与管理

学习目标

【知识目标】

- 了解电子邮件服务的基本概念。
- 了解常见的电子邮件服务协议。

【技能目标】

- 掌握Postfix的部署和配置方法。
- 掌握Dovecot的部署和配置方法。
- 掌握邮件系统的测试方法。

【素质目标】

- 培养读者的批判性思维，鼓励读者对所学知识保持合理怀疑的态度，不盲从权威，运用证据和逻辑对观点进行分析及评判。
- 培养读者的责任意识和良好的职业操守，增强读者对自身行为负责的意识。

14.1 项目描述

小明所在公司的日常工作高度依赖于电子邮件通信，员工需要高效及安全地发送和接收各类电子邮件，邮件系统的稳定运行对公司业务至关重要。作为公司的系统工程师，小明需要对公司的邮件系统进行专业的部署、配置、维护及管理，并选择合适的邮件客户端工具，以便公司员工高效地发送和接收电子邮件。

本项目主要介绍电子邮件服务的基本概念、电子邮件服务协议、邮件的投递过程、Postfix 和 Dovecot 邮件服务器的部署和配置方法等，以及如何使用 Thunderbird 邮件客户端收发邮件。

14.2 知识准备

14.2.1 电子邮件服务简介

V14-1 电子邮件服务简介

电子邮件服务是一种通过互联网传递电子邮件的服务。它允许用户发送和接收电子邮件，使得人们可以方便地进行远程沟通、信息交流和文件共享。电子邮件服务在当前社会中发挥着至关重要的作用，成了商务、个人和机构之间沟通的主要方式之一。

1. 电子邮件

电子邮件（E-mail）是一种使用电子设备通过计算机网络传递消息的通信方法。电子邮件既指传输系统，又指发送和接收的消息。

20 世纪 70 年代初期，贝尔实验室的程序员雷·汤姆林森（Ray Tomlinson）发明了一种在 ARPANET（Advanced Research Projects Agency Network，高级研究计划署网络）上的计算机系统之间传输信息的方法。他首次使用了 "@" 符号，以区分用户名和主机名，这个设计成了今天电子邮件的标准。

随着邮件客户端软件（如 Outlook、Thunderbird、Foxmail）和 Web 浏览器的不断发展，现代形式的电子邮件开始被广泛应用。Web 浏览器的出现使得用户能够使用基于 Web 的邮件客户端通过互联网发送和接收消息，从而大大简化了电子邮件的使用和管理。如今，电子邮件已经成为个人和商业通信的主要方式之一，为人们提供了高效、便捷的沟通方式，无论是在个人生活还是在商业环境中都发挥着重要作用。

2. 邮件客户端

邮件客户端是一种基于桌面的软件程序或 Web 应用程序，旨在帮助用户发送、接收和管理电子邮件。用户使用邮件客户端通过不同的协议（如 POP3、IMAP）连接到邮件服务器，从而获取电子邮件。常用的邮件客户端包括 Outlook、网易邮箱、阿里邮箱、Apple Mail、Thunderbird、Foxmail 等。

3. 邮件服务器

邮件服务器是一种用于发送和接收电子邮件的重要软件程序，通常由两个主要组件组成：MTA（Mail Transfer Agent，邮件传送代理）和 MDA（Mail Delivery Agent，邮件投递代理）。MTA 负责在不同的邮件服务器之间传输电子邮件，而 MDA 负责将电子邮件投递到用户的电子邮箱中。

邮件服务器在电子邮件传递过程中起着至关重要的作用，负责确保电子邮件能够安全、高效地传送和投递。如果没有邮件服务器，则用户将无法接收电子邮件，也无法将电子邮件发送给其他用户。

邮件客户端和邮件服务器在邮件系统中扮演着不同的角色。邮件客户端主要面向用户，安装在用户设备上，提供接收、发送、管理电子邮件的功能。邮件服务器是整个邮件系统的基础设施，负责处理电子邮件流量并提供稳定、安全的服务。

4. 邮件投递过程

在电子邮件系统中，MTA、MDA 和 MUA（Mail User Agent，邮件用户代理）是不可或缺的组件，分别提供不同的功能。

MTA 的主要任务是在邮件服务器之间传输电子邮件。当用户发送电子邮件时，MTA 负责将电子邮件从发件人的邮件客户端传输到收件人的邮件服务器，使用诸如 SMTP（Simple Mail Transfer Protocol，简单邮件传输协议）等来实现电子邮件的传输和路由。

MDA 负责将传入的电子邮件投递到收件人的电子邮箱中。MDA 在收件人的邮件服务器上接收、临时存储和投递电子邮件，将电子邮件存储在相应用户的电子邮箱中，以便收件人访问和阅读。

MUA 即用户使用的邮件客户端应用程序，允许用户发送、接收、阅读和管理电子邮件。用户通过 MUA 编写和发送电子邮件，并可以查看收件箱中接收的电子邮件和管理已发送的电子邮件。MUA 的形式多种多样，可以是桌面客户端、Web 邮箱或移动应用，是用户与邮件系统交互的重要界面。

电子邮件的投递过程可以简要概括为以下几个步骤。

（1）当发件人使用邮件客户端发送电子邮件时，电子邮件将通过 SMTP 被传输到发件人的邮件服务器，即 MTA。

（2）MTA 根据电子邮件的收件人地址，使用 DNS 将域名转换为 IP 地址，并查找与收件人域名相关联的 MX（Mail Exchange，邮件交换）服务器。MTA 通过查询 MX 记录来寻找电子邮件投递代理，MX 记录告诉服务器如何将消息路由到其最终目的地。

（3）当 MTA 找到正确的 MX 记录并确定了目标邮件服务器时，电子邮件将被传送到该服务器，MDA 会使用传入邮件协议（IMAP 或 POP3）从邮件服务器取出电子邮件，并将其投递给指定的邮件客户端。

14.2.2 电子邮件服务协议

电子邮件应用程序采用客户端/服务器架构来提供对电子邮件的访问。具体过程如下：首先，用户使用邮件客户端程序创建电子邮件消息，包括电子邮件主题、收件人地址、电子邮件正文和附件等内容；其次，该程序将创建的消息发送到邮件服务器；再次，邮件服务器收到消息后，会根据收件人地址将电子邮件转发到目标收件人的电子邮件服务器；最后，目标邮件服务器将电子邮件发送到收件人的邮件客户端。

为了实现电子邮件的传输，允许不同计算机、操作系统和电子邮件程序通信时采用多种标准网络协议。常见的电子邮件协议包括 SMTP、POP3（Post Office Protocol-Version 3，邮局协议版本 3）、IMAP（Internet Message Access Protocol，互联网信息访问协议）等。

1. SMTP

SMTP 是一种通过网络传输电子邮件的技术标准。与其他网络协议一样，SMTP 允许计算机在不同的硬件或软件环境中进行数据交换。就像邮政服务使用标准化的信封地址格式来确保信件能够准确投递一样，SMTP 使电子邮件从发件人到收件人的传输方式标准化，并使广泛的电子邮件传递成为可能。

SMTP 是一种邮件传递协议，而非邮件检索协议，通常使用端口 25/TCP 进行通信。邮政服务将邮件投递到邮箱，但收件人仍然必须从邮箱中取出邮件。同样，SMTP 将电子邮件传递到某个电子邮件提供商的邮件服务器，但收件人需要使用其他协议从邮件服务器中检索电子邮件，以便读取电子邮件。

在电子邮件传输过程中，SMTP 起着至关重要的作用，主要用于在邮件服务器之间传输电子邮件。虽然它是为邮件服务器设计的，但对于邮件客户端至关重要。发送电子邮件时，客户端将电子邮件发送到传出邮件服务器，该服务器负责与目标邮件服务器联系以进行电子邮件的发送。在这个过程中，可能会涉及更多中间的 SMTP 服务器，这就是所谓的电子邮件中继。因此，在配置邮件客户端时，必须指定用于发送电子邮件的 SMTP 服务器。

在 RHEL、CentOS 中，用户有两种选择来配置 SMTP 服务器：一种是在本地计算机上配置 SMTP 服务器来处理电子邮件的发送，另一种是配置远程 SMTP 服务器以处理传出的电子邮件。

需要注意的是，SMTP 的一个重要特点是它不需要身份验证，这意味着任何人都可以使用 SMTP 服务器发送电子邮件，从而可能导致垃圾邮件的出现。为了解决这一问题，可以实施中继限制，限制互联网上的随机用户发送电子邮件到其他服务器。但并非所有的 SMTP 服务器都实施了这种限制，那些没有实施的 SMTP 服务器被称为开放中继服务器。在 Linux 操作系统中，用户可以使用 Postfix 和 Sendmail SMTP 程序来配置及管理 SMTP 服务器。

2. POP3

POP3 是一种用于从邮件服务器上下载电子邮件到本地计算机的协议，通常使用端口 110/TCP 进行通信，加密的 POP3 使用端口 995 进行通信。它允许用户通过邮件客户端软件（如 Outlook、Foxmail 等）从服务器上下载电子邮件，并在下载后将电子邮件从服务器上删除，收件人无法再从其他设备访问电子邮件。

在 Linux 操作系统中，提供 POP 服务器功能的软件有 Dovecot、Courier POP3 Server、Qpopper 等。

3. IMAP

IMAP 是一种用于接收电子邮件的协议，可使技术流程标准化，且使计算机和服务器能够相互连接，而不用考虑它们是否使用相同的硬件或软件。

IMAP 允许用户从任何设备访问其电子邮件，提供了电子邮件检索和电子邮件处理的新功能，通常使用端口 143/TCP 进行通信，而加密的 IMAP 使用端口 993。IMAP 充当邮件服务器和邮件客户端之间的中介，而不是将电子邮件从邮件服务器下载到邮件客户端。IMAP 允许在不同设备上通过互联网访问电子邮件，并在用户对电子邮件进行更改时动态更新。

IMAP 可以在本地客户端和邮件服务器之间同步邮件的状态，使用户在不同设备上都能同步查看电子邮件的状态和内容。用户可在邮件服务器上管理电子邮件，包括查看电子邮件的摘要、移动电子邮件到不同的文件夹中、标记电子邮件的状态等。用户通过邮件客户端软件就可以对邮件服务器上的电子邮件和文件夹目录等进行操作。

IMAP 增强了电子邮件的灵活性，同时减少了垃圾邮件对本地系统造成的直接危害，相对节省了用户查看电子邮件的时间。除此之外，IMAP 可以记忆用户在脱机状态下对电子邮件进行的操作（如移动电子邮件、删除电子邮件等），并在下一次打开网络连接的时候自动执行这些操作。

在 Linux 操作系统中，提供 IMAP 服务器功能的软件有 Dovecot、Cyrus IMAP Server、Courier IMAP Server。

14.3 项目实训

【实训任务】

本实训的主要任务是安装和配置 MTA 软件（如 Postfix），部署邮件交换服务，实现基于域名的邮件收发功能，配置邮件客户端访问（如使用 IMAP 和 SMTP），并确保邮件传输的安全性（包括启用 TLS 加密邮件通信）。

【实训目的】

（1）掌握 Postfix 的部署和配置方法。

（2）掌握 Dovecot 的部署和配置方法。

（3）掌握邮件系统的测试方法。

【实训内容】

（1）安装并部署和配置 Postfix 邮件服务器。

（2）安装并部署和配置 Dovecot 邮件服务器。

（3）使用 mail 命令测试邮件系统。

（4）使用 Thunderbird 邮件客户端工具测试邮件服务。

【实训环境】

在进行本项目的实训操作前，提前准备好 Linux 操作系统环境，在 CentOS Stream、RHEL、Rocky Linux、华为 openEuler、麒麟等常见 Linux 发行版操作系统中都可以进行项目实训。

14.4 项目实施

14.4.1 部署和配置邮件服务器

1. 部署和配置 Postfix

（1）安装 Postfix 软件包。

```
[root@server ~]# yum install -y postfix
```

（2）编辑/etc/postfix/main.cf 配置文件，定义服务器的基本行为和邮件传

V14-2 部署和配置邮件服务器

输方式。

```
[root@server ~]# vi /etc/postfix/main.cf
/* 设置邮件服务器的 FQDN(Fully Qualified Domain Name，全限定域名)，用于在网络中识别邮
件服务器*/
myhostname = mail.opencloud.fun
# 指定服务器的域名，即邮件地址中@符号后面的部分
mydomain = opencloud.fun
# 设置邮件的默认发件人域名，用于当邮件中没有明确指定发件人域名时
myorigin = $mydomain
# 配置 Postfix 监听所有网络接口上的请求，允许它接收来自任何网络接口的邮件
inet_interfaces = all
# 指定 Postfix 仅使用 IPv4
inet_protocols = ipv4
# 指定 Postfix 将接收并处理的邮件的域名列表
mydestination = $myhostname, localhost.$mydomain, localhost, $mydomain
# 指定信任的 IP 地址范围（根据实训环境自定义）
mynetworks = 127.0.0.0/8, 172.31.24.0/24
# 设置用户的邮箱目录格式为 Maildir，而不是传统的 mbox 格式
home_mailbox = Maildir/
# 自定义 SMTP 欢迎消息，隐藏邮件服务器软件的类型和版本，以提高安全性
smtpd_banner = $myhostname ESMTP
# 禁用 SMTP 的 vrfy 命令，以增强匿名性，提高安全性
disable_vrfy_command = yes
# 要求 SMTP 客户端在发送邮件前必须发送 HELO 或 EHLO 命令
smtpd_helo_required = yes
# 限制邮件大小为 10MB，以缓解网络拥塞，减轻服务器负载
message_size_limit = 10240000
/* 指定使用 Dovecot 提供的 SASL（Simple Authentication and Security Layer，简单认证
和安全层）认证服务 */
smtpd_sasl_type = dovecot
# 设置 SASL 认证服务的路径，通常指向 Dovecot 提供的认证接口
smtpd_sasl_path = private/auth
# 启用 SASL 认证，要求客户端在发送邮件前进行认证
smtpd_sasl_auth_enable = yes
# 禁止匿名认证，确保所有用户必须提供有效的用户名和密码才能发送邮件
smtpd_sasl_security_options = noanonymous
# 指定用于认证的域名，通常为服务器的主机名 ($myhostname)，确保用户身份验证时使用匹配的域名
smtpd_sasl_local_domain = $myhostname
# 定义接收邮件的限制条件。允许来自信任网络的邮件、经过 SASL 认证的邮件通过，拒绝其他邮件通过
smtpd_recipient_restrictions = permit_mynetworks, permit_auth_destination,
permit_sasl_authenticated, reject
```

（3）启动 Postfix 服务，并设置其为开机自启动。

```
[root@server ~]# systemctl enable --now postfix
```

（4）在防火墙规则中添加 SMTP 服务，允许 25/TCP 端口的流量通过。

```
[root@server ~]# firewall-cmd --permanent --add-service=smtp
[root@server ~]# firewall-cmd --reload
```

（5）限制可能发送垃圾邮件或未经充分验证的客户端、发件人和主机名的连接。

```
[root@server ~]# vi /etc/postfix/main.cf
```

\# 定义针对客户端连接请求的限制

```
smtpd_client_restrictions = permit_mynetworks, reject_unknown_client_hostname,
permit
```

\# permit_mynetworks 表示允许来自 mynetworks 中定义的网络的连接请求

/* reject_unknown_client_hostname 表示拒绝 DNS 中正向解析和反向解析结果不匹配的客户端，禁止主机名和 IP 地址不一致的连接 */

/* permit 表示默认允许其他所有客户端的连接请求，这个设置通常放在最后，作为其他规则不匹配时的默认行为 */

\# 定义针对发件人地址的限制规则

```
smtpd_sender_restrictions = permit_mynetworks, reject_unknown_sender_domain,
reject_non_fqdn_sender
```

\# permit_mynetworks 表示允许 mynetworks 中定义的网络的邮件

/* reject_unknown_sender_domain 表示拒绝 FROM 字段中的域名在 DNS 中无法解析的邮件，以防止使用不存在的域名发送邮件 */

/* reject_non_fqdn_sender 表示拒绝发件人地址不是全限定域名的邮件通过，增加邮件发送者的合法性验证 */

\# 设置针对 SMTP 客户端在发送 HELO 命令时提供的主机名的限制

```
smtpd_helo_restrictions    =    permit_mynetworks,    reject_unknown_hostname,
reject_non_fqdn_hostname, reject_invalid_hostname, permit
```

\# permit_mynetworks 表示允许来自 mynetworks 中的客户端发送 HELO 命令

\# reject_unknown_hostname 表示拒绝在 DNS 中无法解析其主机名的 SMTP 客户端

\# reject_non_fqdn_hostname 表示拒绝提供非全限定域名的 SMTP 客户端

\# reject_invalid_hostname 表示拒绝提供无效主机名的 SMTP 客户端

\# permit 表示默认允许其他所有主机名的请求，这个设置通常放在规则列表的最后

（6）重启 Postfix 服务使配置生效。

```
[root@server ~]# systemctl restart postfix
```

2. 部署和配置 Dovecot

（1）安装 Dovecot 软件包。

```
[root@server ~]# yum install -y dovecot
```

（2）编辑/etc/dovecot/dovecot.conf 配置文件，使 Dovecot 为 Postfix 提供 SASL 认证功能，以实现邮件发送时的用户认证。

```
[root@server ~]# vi /etc/dovecot/dovecot.conf
listen = *, ::    # 配置 Dovecot 监听所有来自 IPv4 和 IPv6 网络的连接请求
```

（3）编辑/etc/dovecot/conf.d/10-auth.conf 配置文件，设置认证机制。

```
[root@server ~]# vi /etc/dovecot/conf.d/10-auth.conf
```

```
# 此设置允许通过明文（未加密）方式进行认证
disable_plaintext_auth = no
```
/* 定义 Dovecot 支持的认证机制，允许使用普通明文认证（PLAIN）和加密明文认证（LOGIN）两种简单的认证方式 */
```
auth_mechanisms = plain login
```

（4）指定使用 Maildir 格式存储邮件，邮件将保存在用户主目录下的 Maildir 文件夹中。

```
[root@server ~]# vi /etc/dovecot/conf.d/10-mail.conf
mail_location = maildir:~/Maildir
```

（5）编辑/etc/dovecot/conf.d/10-master.conf 配置文件，使 Dovecot 为 Postfix 提供认证服务。

```
[root@server ~]# vi /etc/dovecot/conf.d/10-master.conf
unix_listener /var/spool/postfix/private/auth {
    mode = 0666
    user = postfix
    group = postfix
  }
```

（6）编辑/etc/dovecot/conf.d/10-ssl.conf 配置文件，启用 SSL 功能。

```
[root@server ~]# vi /etc/dovecot/conf.d/10-ssl.conf
ssl = yes
```

（7）启动 Dovecot 服务，并设置其为开机自启动。

```
[root@server ~]# systemctl enable --now dovecot
```

（8）在防火墙规则中添加 POP3 和 IMAP 服务，允许其默认端口（分别是 110 和 143）的入站连接通过。

```
[root@server ~]# firewall-cmd --permanent --add-service={pop3,imap}
[root@server ~]# firewall-cmd --reload
```

14.4.2　测试邮件系统

（1）安装 s-nail 软件包。

```
[root@server ~]# yum install -y s-nail
```

V14-3　测试邮件系统

（2）创建普通用户 opencloud 并设置密码，用于邮件测试。

```
[root@server ~]# useradd opencloud
[root@server ~]# passwd opencloud
```

（3）将 MAIL 环境变量设置为当前用户的 Maildir 目录，并将该设置保存到系统的启动配置文件中，以便每次登录时自动生效。

```
[root@server ~]# echo 'export MAIL=$HOME/Maildir' >> /etc/profile.d/mail.sh
```

（4）使用 opencloud 用户发送测试邮件。

```
[opencloud@www ~]$ mail opencloud@localhost
Subject: Test Mail
To: opencloud@localhost
This is the first mail for opencloud
^D  # 输入 Ctrl+D
-------
```

```
(Preliminary) Envelope contains:
To: opencloud@localhost
Subject: Test Mail
Send this message [yes/no, empty: recompose]? yes
```

（5）查看邮件信息。

```
[opencloud@server ~]$ mail
s-nail version v14.9.22.  Type `?' for help
/home/opencloud/Maildir: 1 message
?   1 opencloud@opencloud.  2024-04-04 13:59   14/464   "Test Mail for opencloud"
&
[-- Message 1 -- 14 lines, 464 bytes --]:
Date: Thu, 04 Apr 2024 13:59:09 +0800
To: opencloud@localhost
Subject: Test Mail for opencloud
Message-Id: <20240404055909.8DF6E402A37E@mail.opencloud.fun>
From: opencloud@opencloud.fun
This is the first mail.
& q
Held 1 message in /home/opencloud/Maildir
```

（6）查看 opencloud 用户主目录中的邮件。

```
[opencloud@server ~]$ ls /home/opencloud/Maildir/cur/
[opencloud@server ~]$  cat /home/opencloud/Maildir/cur/1712210349.Vfd00I20473c
5M603056.mail.opencloud.fun\:2\,S
Return-Path: <opencloud@opencloud.fun>
X-Original-To: opencloud@localhost
Delivered-To: opencloud@localhost
Received: by mail.opencloud.fun (Postfix, from userid 1001)
id 8DF6E402A37E; Thu,  4 Apr 2024 13:59:09 +0800 (CST)
Date: Thu, 04 Apr 2024 13:59:09 +0800
To: opencloud@localhost
Subject: Test Mail for opencloud
User-Agent: s-nail v14.9.22
Message-Id: <20240404055909.8DF6E402A37E@mail.opencloud.fun>
From: opencloud@opencloud.fun
This is the first mail.
```

（7）安装 Thunderbird 邮件客户端软件包。

```
[root@server ~]# yum -y install thunderbird
```

（8）在测试主机上，设置本地域名解析参数。

```
[root@server ~]# cat /etc/hosts
172.24.1.100  mail.opencloud.fun
```

（9）在终端中执行 thunderbird 命令，打开 Thunderbird 邮件客户端。或者单击图形用户界面左上角的 "Activities" 按钮，单击应用程序列表中的 Thunderbird 客户端图标，如图 14-1 所示。

```
[root@server ~]# thunderbird
```

图 14-1　Thunderbird 客户端图标

（10）进入 Thunderbird 客户端界面，需要填写邮件账户名称、地址和密码，其中，账户名称可以理解为邮件发送人的昵称，如 www.opencloud.fun，密码为之前创建的 opencloud 用户的密码，如图 14-2 所示。填写完成后，单击"Continue"按钮。

图 14-2　填写邮件账户名称、地址和密码

（11）单击"Configure manually"按钮，如图 14-3 所示，自定义邮件服务器地址、端口、加密方法。

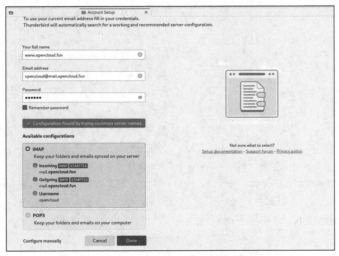

图 14-3　单击"Configure manually"按钮

在设置界面中，设置邮件协议、接收邮件服务器主机、端口等，如图 14-4 所示。其中，端口143 允许邮件客户端连接到邮件服务器以同步邮件，使用户能够查看邮件内容而不实际下载邮件，邮件仍然保存在服务器中；端口 25 允许邮件客户端将邮件发送到邮件服务器，并由服务器转发到收件人的邮件服务器中。

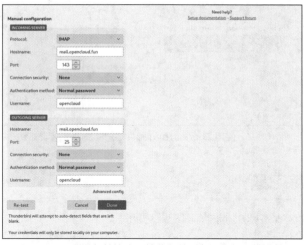

图 14-4　设置邮件协议、接收邮件服务器主机、端口等

注意：许多 ISP 和邮件服务提供商现在限制或阻止在端口 25 上发送邮件，而推荐使用加密的端口，如端口 587（使用 STARTTLS 加密）或端口 465（使用 SSL/TLS 加密）。

（12）若未启用加密连接，则 Thunderbird 会显示一个警告消息，提示连接不是加密的，单击"Confirm"按钮，如图 14-5 所示。

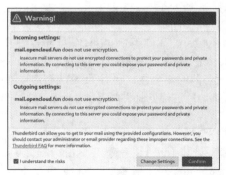

图 14-5　警告消息

（13）设置成功后，用户可以使用 Thunderbird 客户端发送或接收邮件，如图 14-6 和图 14-7 所示。

图 14-6　Thunderbird 邮件客户端添加成功

图 14-7　使用 Thunderbird 邮件客户端发送或接收邮件

项目练习题

（1）在使用 Postfix 邮件服务器时，其主要功能是（　　　）。

    A. 存储用户的电子邮件　　　　　　　　　B. 负责在网络之间传输电子邮件

    C. 管理用户的电子邮件账户　　　　　　　D. 提供邮件的网页访问界面

（2）在配置 Postfix 时，主要的配置文件是（　　　）。

    A. main.cf，用于设置主要参数　　　　　B. master.cf，控制 Postfix 服务

    C. dovecot.conf，配置 Dovecot　　　　　D. resolv.conf，DNS 配置文件

（3）Dovecot 默认使用的邮件存储格式是（　　　）。

    A. Maildir，允许每封邮件存储为独立文件　B. mbox，将所有邮件存储在一个文件中

    C. SQLite，使用数据库存储邮件　　　　　D. MySQL，一种数据库存储形式

（4）配置一个邮件服务器 system1，使用 Postfix 作为 MTA。安装并配置 Postfix 以使其能够处理来自 www.opencloud.com 的邮件，并确保所有发往 private.example.com 域的邮件都被拒绝。在 system1 上配置邮件服务器的安全性，启用 TLS 加密传输邮件。

（5）配置邮件客户端使用 IMAP 连接到邮件服务器 system1，邮件客户端用户可以使用用户名和密码登录，并接收邮件。

（6）为了提高邮件服务的安全性，需要对 system1 上的邮件站点进行 TLS 加密，创建 SSL 证书，并将其部署到邮件服务器 system1 上。配置 Postfix 和 Dovecot 使用创建的 SSL 证书，以确保邮件服务的所有数据传输都是加密的。测试加密邮件服务，确保客户端在访问邮件时使用的是安全的连接。

项目15
数据库服务配置与管理

15

学习目标

【知识目标】
- 了解数据库管理系统与SQL的基本概念。
- 了解MySQL数据库的基本概念。

【技能目标】
- 掌握MySQL数据库的部署和配置方法。
- 掌握MySQL数据库的备份和恢复方法。

【素质目标】
- 帮助读者建立系统化的知识结构，培养其从全局角度把握问题的能力，提高读者将Linux知识与其他领域的知识相融合的综合素养。
- 鼓励读者在学习过程中积极发现问题，培养其综合运用所学知识有效解决实际问题的能力。

15.1 项目描述

小明所在的公司业务发展快速，各类业务系统（如 OA、ERP、CRM 等）对数据库服务的要求越来越高，高效、可靠、安全的数据库服务对公司的正常运营至关重要。为了确保数据的高效处理和安全存储，公司决定升级现有的数据库管理系统。作为数据中心的系统工程师，小明肩负着为公司选择和部署合适的数据库管理系统，以及维护和优化数据库的重任。

本项目主要介绍数据库管理系统的基础知识，MySQL 数据库的基本概念、部署和配置方法，SQL 语句的使用，以及 MySQL 数据库的备份和恢复方法。

15.2 知识准备

15.2.1 数据库管理系统与 SQL 简介

V15-1 数据库管理系统与 SQL 简介

1. 数据库管理系统基本概念

DBMS（Database Management System，数据库管理系统）是一种用于管理和操作数据库的软件系统。其核心功能包括存储、检索、更新和管理数据，以及对数据进行安全性、完整性和一致性的控制。DBMS 通过提供一组标准化的接口和工具，使用户能够有效地组织和管理大量数据，并可以通过查询语言进行数据操作和提取。

DBMS 通常具有以下基本概念。

（1）数据库模型：DBMS 使用不同的数据模型来描述数据之间的关系和结构。常见的数据库模型包括关系型、面向对象型、层次型、网络型等。其中，关系型数据库是应用最广泛的数据库模型，它使用表格（或称为关系）来组织和存储数据。

（2）数据库管理：DBMS 负责管理数据库的创建、维护和访问，包括对数据进行索引、备份和恢复、权限管理、性能优化等，以确保数据库系统的高效性、安全性和可靠性。

（3）数据库查询语言：DBMS 提供了 SQL（Structured Query Language，结构查询语言）或其他查询语言，用于执行对数据库中数据的查询、更新、删除等操作。通过查询语言，用户可以方便地提取所需数据，并进行复杂的数据操作和分析。

根据 DBMS 的特点和应用场景，可以将其分为以下几类。

（1）RDBMS

RDBMS（Relational Database Management System，关系型数据库管理系统）是目前很常见和使用非常广泛的 DBMS 类型。它基于关系模型将数据组织为一个或多个二维表格，每个表格分为不同的行和列，使用 SQL 进行数据操作。常见的 RDBMS 有 Oracle、MySQL、SQL Server、PostgreSQL 等。

（2）键值数据库

键值数据库（Key-Value Database）是一种非关系型数据库，通过唯一的键（Key）与对应的值（Value）配对的方式存储数据。在键值数据库中，数据以键值对的形式存储，每个键（Key）都作为唯一标识符，关联一个值(Value)。值可以是简单的数据类型，如字符串、整数等；也可以是更复杂的数据结构，如 JSON（JavaScript Object Notation，JavaScript 对象表示法）对象或者二进制数据。键值数据库具有良好的可扩展性和高可用性，广泛应用于缓存系统、会话存储、消息队列、计数器等多种场景，是构建高性能、可扩展的分布式应用程序的重要基础设施。常见的键值数据库有 Redis、Memcached、Amazon DynamoDB 等。

（3）文档数据库

文档数据库（Document-oriented Database）是一种 NoSQL（Not Only SQL，非关系型数据库），它的数据模型以文档的形式进行存储和检索。每个文档都是一个自包含的数据单元，通常使用 JSON、BSON（Binary JSON）等格式来表示。文档数据库适用于存储和管理具有复杂结构的数据，如文档、配置、日志等。常见的文档数据库有 MongoDB、Couchbase、Amazon DocumentDB 等。

2. SQL 基本概念

SQL 是专为管理和操作 RDBMS 中的数据而设计的一种标准化编程语言。其核心功能包括定义数据结构，进行数据的插入、查询、更新与删除操作，以及实现对数据访问权限的控制。

根据关系数据模型，数据库被组织为一系列的表，这些表以行和列的形式存储数据，而表之间的关系是通过表内数据的相互关联来表示的。用户可以通过编写 SQL 语句来定义数据应如何被组织、存取及处理，而这些语句由 DBMS 负责解释和执行。DBMS 的核心职责之一是优化 SQL 查询，以高效、准确地返回用户请求的数据。

SQL 不仅是数据库管理员和开发人员的重要工具，还是数据分析师进行数据查询和分析不可或缺的工具。自 20 世纪 70 年代首次诞生以来，SQL 已成为处理关系型数据库最广泛采纳的标准之一。ANSI（American National Standards Institute，美国国家标准学会）于 1986 年将其正式标准化，1987 年，ISO（International Organization for Standardization，国际标准化组织）也采纳了 SQL 作为国际标准。为了适应技术发展和新的应用需求，SQL 标准会定期更新，以引入新功能和优化现有特性。

20 世纪 70 年代初，IBM 的研究员埃德加·科德（Edgar Codd）开始探索和发展一种新的数据库管理系统的理论基础。他在 1970 年发表了一篇划时代的论文 *A Relational Model of Data for Large Shared Data Banks*，提出了关系模型的概念，这篇论文奠定了现代关系数据库的基础。

后来，IBM 的研究人员基于科德的理论开发了一种新的查询语言，即 SQL。

SQL 使用户能够通过书写声明式语句来执行各种数据操作和管理任务，用户只需要描述想要的结果，而不需要说明具体步骤。

SQL 按照功能划分成以下 4 个部分。

（1）DQL（Data Query Language，数据查询语言）：用于编写从数据库中检索数据的语句，常见的 DQL 语句是 SELECT 语句。SELECT 语句允许用户从一个或多个表中选择指定的列，或计算得出的列，以满足特定的查询条件。

（2）DML（Data Manipulation Language，数据操纵语言）：用于编写操作数据库中的数据的语句，主要包括 INSERT、UPDATE 和 DELETE 语句。INSERT 语句用于向数据表中插入新的行，UPDATE 语句用于修改现有行的数据，而 DELETE 语句用于删除数据表中的行。

（3）DDL（Data Definition Language，数据定义语言）：用于编写定义数据库对象（如表、索引、视图等）的语句。DDL 语句包括 CREATE、ALTER 和 DROP 语句。CREATE 语句用于创建新的数据库对象，ALTER 语句用于修改现有的数据库对象，DROP 用于删除数据库对象。

（4）DCL（Data Control Language，数据控制语言）：用于控制数据库访问权限和安全性的语句。DCL 语句主要包括 GRANT 和 REVOKE 语句。GRANT 语句用于授予用户或角色对特定数据库对象的访问权限，而 REVOKE 语句用于撤销已授予的权限。

15.2.2　MySQL 数据库

1. MySQL 简介

MySQL 是一个开源的关系型数据库管理系统，以其卓越的性能、高可靠性和简易的使用而闻名，它基于 GPL，允许任何个人或组织免费使用、分发、修改和扩展。MySQL 最初由瑞典的 MySQL AB 公司开发，该公司在 2008 年被 Sun 公司收购。2009 年，Sun 公司被 Oracle 公司收购，MySQL 成为了 Oracle 公司旗下的一款产品。

MySQL 支持 OLTP（Online Transaction Processing，联机事务处理）应用，可进行大量的事务更新操作，广泛应用于数据仓库、电子商务、网站构建和云计算等多个领域。

MySQL 拥有活跃的开发和用户社区，提供丰富的文档和第三方资源。对于需要额外服务的企业用户，Oracle 提供了包括高级功能和专业支持在内的商业版 MySQL。

2. MySQL 架构

MySQL 可以分为 Server 层和存储引擎层两部分。Server 层是 MySQL 的核心层，负责提供大多数的重要服务功能，存储引擎层负责实际的数据存储和数据操作，Server 层需要通过存储引擎层接口完成数据读写操作。通过这种分层架构，MySQL 能够提供灵活的数据管理解决方案，可适应不同的应用场景和性能要求。

（1）Server 层

Server 层是数据库系统架构中的关键部分，实现了大多数核心服务功能，并为不同的存储引擎提供了一致的接口。Server 层主要负责处理 SQL 查询流程的各个阶段，包括接收查询、解析、优化、最终的执行。Server 层包含以下几个主要组件。

连接器：连接器是客户端和服务器之间通信的起点，负责接收客户端的连接请求、进行身份验证，并为之后的操作建立会话。

查询缓存：用于缓存执行过的查询及其结果，目的是加快相同查询的执行速度。由于缓存失效和同步的成本通常高于其带来的性能改善，因此这一功能在 MySQL 8.0 及更高版本中被弃用。

分析器：分析器负责解析 SQL 语句，检查语法的正确性，并将其转换为数据库能理解的结构化表示。

优化器：优化器的作用是评估可能的查询计划，并选择最优的执行策略。优化器需要综合考虑多种因素，如数据索引、表之间的关联方式、过滤条件等，以尽可能降低执行查询的成本。

执行器：执行器根据优化器选择的策略执行查询。它与存储引擎层交互，以获取或更新数据，并将最终结果返回给客户端。

除了上述核心组件之外，Server 层实现了所有跨存储引擎的功能，如存储过程、触发器、视图等。Server 层提供了大量的内置函数，包括日期、时间、数学和加密函数等，为应用开发提供了强大而灵活的支持。

（2）存储引擎层

存储引擎层负责 MySQL 中数据的存储和提取，MySQL 的存储引擎架构是插件式的，允许数据库管理员根据需要选择不同的存储引擎。常用的存储引擎有以下几种。

InnoDB：从 MySQL 5.5.5 开始，InnoDB 成了默认的存储引擎。它支持 ACID[即原子性（Atomicity）、一致性（Consistency）、隔离性（Isolation）、持久性（Durability）]事务处理，具有提交、回滚和崩溃恢复能力，保证了数据的完整性和一致性。它还支持行级锁定和外键约束，非常适合需要高并发处理和事务性支持的应用。

MyISAM：以其读取速度快和全文索引支持而闻名，适用于读密集型应用，但不支持事务处理。

Memory：Memory 存储引擎使用内存来存储数据，处理速度快，非常适用于临时表和快速数据访问，但数据在数据库重启后将丢失。

存储引擎层的多样性和可插拔性为 MySQL 用户提供了极高的灵活性，使得 MySQL 能够在不同的数据存储场景中都表现出色。

15.3 项目实训

【实训任务】

本实训的主要任务是在 Linux 操作系统中安装和配置 MySQL 数据库，创建和管理数据库及其表，进行数据的增、删、改、查操作，以及实现数据库的备份和恢复。

【实训目的】

（1）掌握 MySQL 数据库的部署和配置方法。

（2）掌握 MySQL 数据库的备份和恢复方法。

【实训内容】

（1）安装并部署 MySQL 数据库服务。

（2）创建数据库和数据表，并通过 SQL 语句进行数据的增、删、改、查操作。

（3）创建数据库用户，并赋予其权限。

（4）使用 mysqldump 命令备份数据库。

【实训环境】

在进行本项目的实训操作前，提前准备好 Linux 操作系统环境，在 CentOS Stream、RHEL、Rocky Linux、华为 openEuler、麒麟等常见 Linux 发行版操作系统中都可以进行项目实训。

15.4　项目实施

15.4.1　部署和配置 MySQL 数据库

1. 安装 MySQL 数据库

（1）安装 MySQL 数据库服务软件包，在 RHEL 9、CentOS Stream 9 操作系统中，可以通过官方软件仓库进行安装。

```
[root@server ~]# yum install mysql-server
```

（2）在 MySQL 配置文件中设置默认字符集为 UTF-8。

V15-2　部署和配置 MySQL 数据库

```
[root@server ~]# vi /etc/my.cnf.d/charset.cnf
[mysqld]
character-set-server = utf8mb4
[client]
default-character-set = utf8mb4
```

（3）启动 mysqld 服务，并将其设置为开机自启动。

```
[root@server ~]# systemctl start mysqld
[root@server ~]# systemctl enable mysqld
```

（4）查看 mysqld 服务的状态信息。

```
[root@server ~]# systemctl status mysqld
```

（5）添加防火墙规则，允许 mysqld 服务使用 3306 端口。

```
[root@server ~]# firewall-cmd --permanent --add-service=mysql
[root@server ~]# firewall-cmd --reload
```

（6）安装 MySQL 后，默认情况下 root 用户没有密码。使用 mysql_secure_installation 命令进行一系列初始设置以增强 MySQL 服务器的安全性。

```
[root@server ~]# mysql_secure_installation
Securing the MySQL server deployment.
Connecting to MySQL using a blank password.
VALIDATE PASSWORD COMPONENT can be used to test passwords
and improve security. It checks the strength of password
and allows the users to set only those passwords which are
secure enough. Would you like to setup VALIDATE PASSWORD component?
# enable password validation policy or not
Press y|Y for Yes, any other key for No: y   # 输入 y
There are three levels of password validation policy:
LOW    Length >= 8
MEDIUM Length >= 8, numeric, mixed case, and special characters
STRONG Length >= 8, numeric, mixed case, special characters and dictionary file
# select password validation policy if enabled
Please enter 0 = LOW, 1 = MEDIUM and 2 = STRONG: 0   # 选择密码强度
Please set the password for root here.
# set MySQL root password
New password:                # 输入 MySQL 数据库系统中 root 用户的密码
```

```
Re-enter new password:     # 再次输入密码
# confirmation of the password you input
Estimated strength of the password: 100
Do you wish to continue with the password provided?(Press y|Y for Yes, any other
key for No) : y
# 输入 y
By default, a MySQL installation has an anonymous user,
allowing anyone to log into MySQL without having to have
a user account created for them. This is intended only for
testing, and to make the installation go a bit smoother.
You should remove them before moving into a production
environment.
# remove anonymous users or not
Remove anonymous users? (Press y|Y for Yes, any other key for No) : y # 输入 y
Success.
Normally, root should only be allowed to connect from
'localhost'. This ensures that someone cannot guess at
the root password from the network.
# disallow root login remotely or not
Disallow root login remotely? (Press y|Y for Yes, any other key for No) : y #
输入 y
Success.
By default, MySQL comes with a database named 'test' that
anyone can access. This is also intended only for testing,
and should be removed before moving into a production
environment.
# remove test database or not
Remove test database and access to it? (Press y|Y for Yes, any other key for No) :
y # 输入 y
 - Dropping test database...
Success.
 - Removing privileges on test database...
Success.
Reloading the privilege tables will ensure that all changes
made so far will take effect immediately.
# reload privilege tables or not
Reload privilege tables now? (Press y|Y for Yes, any other key for No) : y # 输
入 y
Success.
All done!
    /* 通过使用 mysql_secure_installation 命令，可以对 MySQL 服务器进行一系列安全设置，包
括设置 root 用户的密码、删除匿名用户、禁止远程 root 用户登录、删除测试数据库等，以提高数据库的安
全性*/
```

（7）使用 MySQL 客户端连接到 MySQL 服务器，并使用 root 用户进行身份验证。

```
[root@server ~]# mysql -u root -p
# -u root 表示要使用的 MySQL 用户名，root 表示要使用的用户名为 root，即 MySQL 的超级用户
/* -p 表示需要输入密码进行身份验证，MySQL 客户端会提示用户输入密码，且密码不会在屏幕上显示
出来，以增强安全性*/
Enter password:  # 输入 MySQL root 用户的密码
Welcome to the MySQL monitor.  Commands end with ; or \g.
Your MySQL connection id is 13
Server version: 8.0.36 Source distribution
Copyright (c) 2000, 2024, Oracle and/or its affiliates.
Oracle is a registered trademark of Oracle Corporation and/or its
affiliates. Other names may be trademarks of their respective
owners.
Type 'help;' or '\h' for help. Type '\c' to clear the current input statement.
mysql>
```

（8）查询 MySQL 服务器的字符集设置。

```
mysql> SHOW VARIABLES LIKE 'character_set%';
```

（9）查询 MySQL 版本信息。

```
mysql> SELECT VERSION();
```

（10）查询 MySQL 服务器的启动时间，默认单位为 s。

```
mysql> SHOW GLOBAL STATUS LIKE 'Uptime';
```

（11）查询 MySQL 支持的所有存储引擎。

```
mysql> SHOW ENGINES \G;
```

（12）查询 InnoDB 缓冲池的大小。

```
mysql> SHOW VARIABLES LIKE 'innodb_buffer_pool_size';
```

2. MySQL 数据库基本操作

（1）在/var/lib/mysql-files/目录中新建 emp.txt 和 dep.txt 文件，内容如下。

```
[root@server ~]# cat /var/lib/mysql-files/emp.txt
Employee ID, Name, Department, Position, Salary
1001, Zhang San, Technology Department, Technical Manager, 12000
1002, Chen Mei, Technology Department, Software Engineer, 9000
1003, Li Si, Sales Department, Sales Manager, 10000
1004, Ma Jun, Sales Department, Sales Representative, 7500
1005, Wang Wu, Human Resources Department, HR Manager, 11000
1006, Gao Fei, Human Resources Department, HR Specialist, 7200
1007, Zhao Liu, Finance Department, Finance Manager, 11500
1008, He Lin, Finance Department, Accountant, 8200
[root@server ~]# cat /var/lib/mysql-files/dep.txt
Department ID, Department Name, Manager
1, Technology Department, Zhang San
2, Sales Department, Li Si
3, Human Resources Department, Wang Wu
4, Finance Department, Zhao Liu
```

（2）使用 create database 命令创建数据库。

```
mysql> create database my_database;
Query OK, 1 row affected (0.03 sec)
mysql> use my_database;
Database changed
```

（3）创建 employees 表存储员工信息，表的结构应该与 emp.txt 中的数据对应。

```
mysql>  create table employees (
        emp_id INT PRIMARY KEY,
        name VARCHAR(255),
        department VARCHAR(255),
        position VARCHAR(255),
        salary DECIMAL(10,2)
        );
Query OK, 0 rows affected (0.08 sec)
mysql> show tables;
```

（4）创建 departments 表存储员工部门信息，表的结构应该与 dep.txt 中的数据对应。

```
mysql> CREATE TABLE departments (
        Department_ID INT PRIMARY KEY,
        Department_Name VARCHAR(255),
        Manager VARCHAR(255)
        );
Query OK, 0 rows affected (0.07 sec)
mysql> show tables;
```

（5）使用 LOAD DATA INFILE 命令加载 /var/lib/mysql-files/emp.txt，将文件中的数据插入 employees 表中。

```
mysql> LOAD DATA INFILE '/var/lib/mysql-files/emp.txt' INTO TABLE employees
FIELDS TERMINATED BY ',' LINES TERMINATED BY '\n' IGNORE 1 LINES (emp_id, name,
department, position, salary);
Query OK, 5 rows affected (0.01 sec)
# 上述语句指定了字段分隔符为逗号（,），行分隔符为换行符（\n）
# 因为第一行通常是标题行，不是数据行，所以使用 IGNORE 1 LINES 忽略文件中的第一行
# 命令最后指定了要插入的数据列，即 (emp_id, name, department, position, salary)
```

（6）使用 LOAD DATA INFILE 命令加载 /var/lib/mysql-files/dep.txt，将文件中的数据插入 departments 表中。

```
mysql> LOAD DATA INFILE '/var/lib/mysql-files/dep.txt' INTO TABLE departments
FIELDS TERMINATED BY ',' LINES TERMINATED BY '\n' IGNORE 1 LINES (Department_ID,
Department_Name, Manager);
```

（7）查询 employees 和 departments 表中的信息。

```
mysql> select * from employees;
mysql> select * from departments;
```

（8）更新 departments 表中的数据。

```
mysql> UPDATE departments
        SET Manager = CASE
```

```
        WHEN Department_ID = 1 THEN 'New Manager Name 1'
        WHEN Department_ID = 2 THEN 'New Manager Name 2'
        WHEN Department_ID = 3 THEN 'New Manager Name 3'
        WHEN Department_ID = 4 THEN 'New Manager Name 4'
        ELSE Manager
        END;
Query OK, 4 rows affected (0.01 sec)
Rows matched: 4  Changed: 4  Warnings: 0
mysql> select * from departments;
```

（9）查询各员工所在部门的名称以及部门经理的姓名。

```
mysql> SELECT e.name AS employee_name, d.department_name, d.manager
        FROM employees e
        JOIN departments d ON e.department = d.department_name;
+---------------+----------------------------+--------------------+
| employee_name | department_name            | manager            |
+---------------+----------------------------+--------------------+
| Zhang San     | Technology Department      | New Manager Name 1 |
| Li Si         | Sales Department           | New Manager Name 2 |
| Wang Wu       | Human Resources Department | New Manager Name 3 |
| Zhao Liu      | Finance Department         | New Manager Name 4 |
| Liu Qi        | Technology Department      | New Manager Name 1 |
+---------------+----------------------------+--------------------+
5 rows in set (0.01 sec)
```

15.4.2　备份与恢复 MySQL 数据库

1. MySQL 数据库的备份和恢复

（1）使用 mysqldump 命令备份所有数据库。

V15-3　备份与恢复 MySQL 数据库

```
[root@server ~]# mysqldump -u root -p --lock-all-tables
--all-databases --events > mysql_dump.sql
```

   # -u root 用于指定要使用的 MySQL 用户名为 root

   # -p 用于提示输入密码

   /* --lock-all-tables 表示将在备份时锁定所有表，确保备份期间数据库中的数据不会发生变化。这样可以确保备份的一致性，但是可能会导致数据库在备份期间无法执行写操作*/

   # --all-databases 表示备份所有数据库

   # --events 表示导出 MySQL 数据库中的事件

   /* > mysql_dump.sql 表示将备份的数据库内容输出到名为 mysql_dump.sql 的文件中。> 符号表示将命令的输出重定向到指定的文件中*/

```
[root@server ~]# mysqldump -u root -p --single-transaction --all-databases
--events > mysql_dump.sql
```

   /* --single-transaction 表示在备份过程中使用单个事务，这意味着备份期间数据库将保持一致性，即使在备份过程中进行了写操作也不会影响备份结果。这对于在备份期间会执行读写操作的生产环境非常有用，因为它可以确保备份的一致性*/

（2）使用 mysqldump 命令备份指定的数据库。

```
[root@server ~ ]#  mysqldump -u root -p my_database --single-transaction
--events > mysql_mydatabase.sql
```

（3）创建 test_database 数据库以用于数据恢复。

```
mysql> create database test_database;
Query OK, 1 row affected (0.03 sec)


mysql> use test_database;
Database changed
mysql> show tables;
Empty set (0.00 sec)
```

（4）依次执行 mysql_mydatabase.sql 文件中的所有 SQL 语句，以恢复 test_database 数据库中的数据。

```
[root@server ~]# mysql -u root -p test_database < mysql_mydatabase.sql
Enter password:
```

（5）查询 test_database 数据库中的数据信息。

```
mysql> use test_database;
Database changed
mysql> show tables;
+-----------------------+
| Tables_in_test_database |
+-----------------------+
| departments           |
| employees             |
+-----------------------+
2 rows in set (0.01 sec)
mysql> select * from employees;
```

2. MySQL 数据库的克隆

数据库克隆需要两台主机：mysqlserver 主机作为克隆源主机，IP 地址为 192.68.100.10；backup 作为数据接收主机，IP 地址为 192.168.100.11。两台主机都已经安装好 mysql-server 数据库软件。

（1）分别在两台主机上编辑配置文件 mysql-server.cnf，添加克隆参数。

```
[root@mysqlserver ~]# vi /etc/my.cnf.d/mysql-server.cnf
[mysqld]
datadir=/var/lib/mysql
socket=/var/lib/mysql/mysql.sock
log-error=/var/log/mysql/mysqld.log
pid-file=/run/mysqld/mysqld.pid
plugin-load=mysql_clone.so
gtid_mode = ON
enforce_gtid_consistency = ON
[root@backup ~]# vi /etc/my.cnf.d/mysql-server.cnf
[mysqld]
```

```
datadir=/var/lib/mysql
socket=/var/lib/mysql/mysql.sock
log-error=/var/log/mysql/mysqld.log
pid-file=/run/mysqld/mysqld.pid
plugin-load=mysql_clone.so
gtid_mode = ON
enforce_gtid_consistency = ON
# datadir: 指定数据库文件的存储路径
# socket: 指定 MySQL 服务器用于与客户端通信的套接字文件路径
# log-error: 指定错误日志文件的路径。MySQL 服务器将与错误相关的信息记录到该文件中
# pid-file: 指定 PID 文件的路径。PID 文件中包含 MySQL 服务器进程的 PID
# plugin-load: 加载特定插件
```

/* gtid_mode: 用于设置是否启用 GTID（Global Transaction Identifier，全局事务标识）模式。GTID 是一种用于跟踪复制事务的机制，启用 GTID 可以简化复制配置和故障恢复*/

/* enforce_gtid_consistency: 用于设置是否强制实施 GTID 一致性。服务器通过仅允许执行可使用 GTID 进行安全记录的语句来强制实施 GTID 一致性*/

（2）分别在两台主机上重启 mysqld 服务使配置生效。

```
[root@mysqlserver ~]# systemctl restart mysqld
[root@backup ~]# systemctl restart mysqld
```

（3）分别在两台主机上查询 MySQL 服务的克隆功能是否启用。

```
[root@mysqlserver ~]# mysql -u root -p -e "select plugin_name, plugin_status,
plugin_type from information_schema.plugins where plugin_name = 'clone';"
Enter password:    # 输入 mysql 数据库 root 账户密码
+-------------+---------------+-------------+
| plugin_name | plugin_status | plugin_type |
+-------------+---------------+-------------+
| clone       | ACTIVE        | CLONE       |
+-------------+---------------+-------------+
[root@backup ~]# mysql -u root -p -e "select plugin_name, plugin_status,
plugin_type from information_schema.plugins where plugin_name = 'clone'"
Enter password:    # 输入 mysql 数据库 root 账户密码
+-------------+---------------+-------------+
| plugin_name | plugin_status | plugin_type |
+-------------+---------------+-------------+
| clone       | ACTIVE        | CLONE       |
+-------------+---------------+-------------+
mysql> SHOW VARIABLES LIKE 'gtid_mode';
+---------------+-------+
| Variable_name | Value |
+---------------+-------+
| gtid_mode     | ON    |
+---------------+-------+
1 row in set (0.00 sec)
```

（4）在克隆源主机 mysqlserver 上创建用户，并赋予用户权限。

```
mysql> create user 'clone_user1'@'%' identified by 'RedHat1993.';
Query OK, 0 rows affected (0.03 sec)
# 通过查询 mysql 数据库中的 user 表，检查是否存在该用户:
mysql> SELECT User, Host FROM mysql.user WHERE User = 'clone_user1';
mysql> grant BACKUP_ADMIN on *.* to 'clone_user1'@'%';
Query OK, 0 rows affected (0.01 sec)
# 使用 SHOW GRANTS 命令查看该用户的权限:
SHOW GRANTS FOR 'clone_user1'@'%';
```

（5）在克隆源主机 mysqlserver 上，将克隆源数据目录的内容复制到指定的目标路径中。

```
[root@mysqlserver ~]# mysql -u root -p -e "clone local data directory =
'/var/lib/mysql-files/backup01/';"
Enter password:
[root@mysqlserver ~]# ll /var/lib/mysql-files/backup01/
total 70660
drwxr-x---. 2 mysql mysql       89 Mar 20 21:28 '#clone'
-rw-r-----. 1 mysql mysql     3528 Mar 20 21:28 ib_buffer_pool
-rw-r-----. 1 mysql mysql 16777216 Mar 20 21:28 undo_001
-rw-r-----. 1 mysql mysql 16777216 Mar 20 21:28 undo_002
…
```

（6）在数据接收主机 backup 上创建用户，并赋予用户权限。

```
mysql> create user 'clone_user1'@'%' identified by 'RedHat1993.';
Query OK, 0 rows affected (0.03 sec)
# 通过查询 mysql 数据库中的 user 表，检查是否存在该用户:
mysql> SELECT User, Host FROM mysql.user WHERE User = 'clone_user1';
mysql> grant CLONE_ADMIN on *.* to 'clone_user1'@'%';
Query OK, 0 rows affected (0.01 sec)
# 使用 SHOW GRANTS 命令查看该用户的权限:
SHOW GRANTS FOR 'clone_user1'@'%';
# 刷新权限
mysql> FLUSH PRIVILEGES
```

（7）在数据接收主机 backup 上，设置全局变量 clone_valid_donor_list 的值为'192.168.100.10:3306'，指定允许作为克隆源的 MySQL 实例的地址和端口。

```
mysql> set global clone_valid_donor_list = '192.168.100.10:3306';
Query OK, 0 rows affected (0.00 sec)
# 上述命令用于设置克隆源 IP 地址为 192.168.100.10、端口为 3306 的 MySQL 实例
```

（8）在数据接收主机 backup 上，从克隆源主机 mysqlserver 上克隆一个 MySQL 实例。

```
mysql> clone instance from clone_user1@192.168.100.10:3306 identified by
'RedHat1993.'
# from clone_user1@192.168.100.10:3306: 指定要克隆的源 MySQL 实例的连接信息。其中，
clone_user1 为源 MySQL 实例的用户名，192.168.100.10 为源 MySQL 实例的 IP 地址，3306 为源 MySQL
实例的端口号
# from clone_user1@192.168.100.10:3306: 指定要克隆的源 MySQL 实例的连接信息。
```

```
    # clone_user1 为源 MySQL 实例的用户名, 192.168.100.10 为源 MySQL 实例的 IP 地址,
3306 为源 MySQL 实例的端口号
    # identified by 'RedHat1993.': 指定用于连接源 MySQL 实例的密码
```

（9）在数据接收主机 backup 上检查克隆操作的状态，状态值为"Completed"表示克隆操作已经完成。

```
mysql> select STATE from performance_schema.clone_status;
+-----------+
| STATE     |
+-----------+
| Completed |
+-----------+
1 row in set (0.01 sec)
```

（10）在数据接收主机 backup 上查询克隆操作的二进制日志文件信息。

```
mysql> SELECT BINLOG_FILE, BINLOG_POSITION FROM performance_schema.clone_
status;
+----------------+-----------------+
| BINLOG_FILE    | BINLOG_POSITION |
+----------------+-----------------+
| binlog.000002  |             722 |
+----------------+-----------------+
```

（11）在数据接收主机 backup 上查询克隆后的数据库信息，my_database 数据库以及departments 表、employees 表均克隆成功。

```
mysql> show databases;
+--------------------+
| Database           |
+--------------------+
| information_schema |
| my_database        |
| mysql              |
| performance_schema |
| sys                |
+--------------------+
5 rows in set (0.00 sec)
mysql> use my_database;
Database changed
mysql> show tables;
+----------------------+
| Tables_in_my_database |
+----------------------+
| departments          |
| employees            |
+----------------------+
2 rows in set (0.01 sec)
```

3. MySQL 主从数据库配置

MySQL 主从数据库配置需要两台主机：第 1 台主机名为 mastermysql，IP 地址为 192.168.100.11；第 2 台主机名为 slavemysql，IP 地址为 192.168.100.10，两台主机都已经安装好 mysql-server 数据库软件。MySQL 主从复制可将 mastermysql 主机上的 MySQL 数据同步到 slavemysql 主机上。

（1）在 mastermysql 主机上，编辑配置文件 mysql-server.cnf，在[mysqld]段中添加参数。

```
[root@mastermysql ~]# vi /etc/my.cnf.d/mysql-server.cnf
[mysqld]
datadir=/var/lib/mysql
socket=/var/lib/mysql/mysql.sock
log-error=/var/log/mysql/mysqld.log
pid-file=/run/mysqld/mysqld.pid
plugin-load=mysql_clone.so
gtid_mode = ON
enforce_gtid_consistency = ON
log-bin=/var/lib/mysql/mysql-bin.log
server-id=101
bind-address=192.168.100.10
```

（2）在 mastermysql 主机上，重启 mysqld 服务使配置参数生效。

```
[root@mastermysql ~]# systemctl restart mysqld
```

（3）在 slavemysql 主机上，编辑配置文件 mysql-server.cnf，在[mysqld]段中添加参数。

```
[root@slavemysql ~]# vi /etc/my.cnf.d/mysql-server.cnf
[mysqld]
datadir=/var/lib/mysql
socket=/var/lib/mysql/mysql.sock
log-error=/var/log/mysql/mysqld.log
pid-file=/run/mysqld/mysqld.pid
plugin-load=mysql_clone.so
gtid_mode = ON
enforce_gtid_consistency = ON
server-id=102
log-bin=/var/lib/mysql/mysql-bin.log
relay-log=slavemysql-relay-bin
relay-log-index=slavemysql-relay-bin
log-replica-updates=ON
skip-replica-start=ON
```

（4）在 slavemysql 主机上，重启 mysqld 服务使配置参数生效。

```
[root@slavemysql ~]# systemctl restart mysqld
```

（5）在 mastermysql 主机上，创建用户并赋予其复制权限，重新载入 MySQL 数据库中的授权表。

```
mysql> create user 'replication_user1'@'%' identified by 'RedHat1993.';
# 通过查询 MySQL 数据库中的 user 表，检查是否存在该用户：
mysql> SELECT User, Host FROM mysql.user WHERE User = 'replication_user1';
```

```
mysql> grant replication slave on *.* to replication_user1@'%';
# 使用 SHOW GRANTS 命令查看该用户的权限:
SHOW GRANTS FOR 'replication_user1'@'%';
# 刷新权限
mysql> flush privileges;
```

（6）在 mastermysql 主机上，将源服务器设置为只读状态。

```
mysql> SET @@GLOBAL.read_only = ON;
mysql> SHOW VARIABLES LIKE 'read_only';
```

（7）在 slavemysql 主机上，将副本服务器设置为只读状态。

```
mysql> SET @@GLOBAL.read_only = ON;
mysql> SHOW VARIABLES LIKE 'read_only';
```

（8）在 slavemysql 主机上，设置允许从指定的主机（192.168.100.10:3306）克隆数据，使用 clone_user1 用户和密码进行数据克隆操作，查询并显示克隆操作的状态和进度，包括源主机、目标主机、二进制日志文件等信息。

```
mysql> set global clone_valid_donor_list = '192.168.100.10:3306';
Query OK, 0 rows affected (0.00 sec)
mysql> clone instance from clone_user1@192.168.100.10:3306 identified by
'RedHat1993.';
Query OK, 0 rows affected (0.86 sec)
```

（9）在 slavemysql 主机上，获取主节点的当前二进制日志文件名、位置以及执行的 GTID 集合的详细信息。

```
mysql> select ID,STATE,SOURCE,DESTINATION,BINLOG_FILE,BINLOG_POSITION from
performance_schema.clone_status\G;
*************************** 1. row ***************************
            ID: 1
         STATE: Completed
        SOURCE: 192.168.100.10:3306
   DESTINATION: LOCAL INSTANCE
   BINLOG_FILE: mysql-bin.000001    # 表示当前正在写入的二进制日志文件的名称
BINLOG_POSITION: 1658                # 表示当前写入位置在该二进制日志文件中的偏移量
1 row in set (0.01 sec)
```

（10）在 mastermysql 主机上和 slavemysql 主机上，将认证插件修改为 mysql_native_password。

```
mysql> SELECT VERSION();
+-----------+
| VERSION() |
+-----------+
| 8.0.41    |
+-----------+
mysql>SELECT user, host, plugin FROM mysql.user WHERE user = 'replication_user1'
AND host = '%';
+--------------------+------+----------------------+
| user               | host | plugin               |
```

```
+-------------------+------+-----------------------+
| replication_user1 | %    | caching_sha2_password |
+-------------------+------+-----------------------+
mysql> ALTER USER 'replication_user1'@'%' IDENTIFIED WITH mysql_native_password
BY 'RedHat1993.';
mysql> SELECT user, host, plugin FROM mysql.user WHERE user = 'replication_user1'
AND host = '%';
```

（11）在 slavemysql 主机上，先停止从节点的复制进程，再用指定的配置连接到主节点，从指定的二进制日志文件和位置复制数据。

```
mysql> stop slave;
mysql> change master to
        master_host='192.168.100.10',
        master_user='replication_user1',
        master_password='RedHat1993.',
        master_log_file='mysql-bin.000001',
        master_log_pos=1658;
# master_host='192.168.100.10': 指定主节点的 IP 地址或主机名
# master_user='replication_user1': 指定连接主节点所使用的用户名
# master_password='RedHat1993.': 指定连接主节点所使用的密码
/* master_log_file='mysql-bin.000001': 指定从哪个二进制日志文件开始复制。这里设置为
mysql-bin.000001，表示从节点将从该日志文件开始复制 */
/* master_log_pos=1658: 指定从节点开始复制的二进制日志位置。这里设置为 1658，表示从节点
将从该位置开始复制主节点的二进制日志 */
```

（12）在 slavemysql 主机上，启动从节点的复制进程。从节点会持续监听主节点的二进制日志，并根据主节点的更新进行相应的复制操作，确保从节点的数据与主节点保持一致。

```
mysql> start slave;
```

（13）在 slavemysql 主机上，获取从节点的复制状态和相关参数的详细信息。

```
mysql> show slave status\G;
*************************** 1. row ***************************
               Slave_IO_State: Waiting for source to send event
                  Master_Host: 192.168.100.10
                  Master_User: replication_user1
                  Master_Port: 3306
                Connect_Retry: 60
              Master_Log_File: mysql-bin.000001
          Read_Master_Log_Pos: 4264
               Relay_Log_File: slavemysql-relay-bin.000001
                Relay_Log_Pos: 326
        Relay_Master_Log_File: mysql-bin.000001
             Slave_IO_Running: Yes
            Slave_SQL_Running: Yes
          Exec_Master_Log_Pos: 4264
```

```
                 Relay_Log_Space: 541
                Master_Server_Id: 101
# Slave_IO_Running: 表示从节点的复制 IO 线程是否正在运行
# Slave_SQL_Running: 表示从节点的复制 SQL 线程是否正在运行
```

（14）在 mastermysql 主机上创建数据库并添加表格数据。

```
[root@mastermysql ~]# mysql -u root -p
Enter password:  # 输入 MySQL root 用户的密码
mysql> create database car_database;
mysql> use car_database;
Database changed
mysql> create table car (
  id int auto_increment primary key,
  manufacturer varchar(50),
  model varchar(50)
);
mysql> insert into car (manufacturer, model)
values
  ('Toyota', 'Camry'),
  ('Ford', 'F-150'),
  ('BMW', '3 Series'),
  ('Mercedes-Benz', 'C-Class'),
  ('Audi', 'A4'),
  ('Geely', 'Emgrand X7'),
  ('BYD', 'Tang'),
  ('Chery', 'Tiggo 8');
```

（15）在 slavemysql 主机上查看数据同步情况。

```
[root@slavemysql ~]# mysql -u root -p
Enter password:  # 输入 MySQL root 用户的密码
mysql> select * from car_database.car;
+----+---------------+------------+
| id | manufacturer  | model      |
+----+---------------+------------+
|  1 | Toyota        | Camry      |
|  2 | Ford          | F-150      |
|  3 | BMW           | 3 Series   |
|  4 | Mercedes-Benz | C-Class    |
|  5 | Audi          | A4         |
|  6 | Geely         | Emgrand X7 |
|  7 | BYD           | Tang       |
|  8 | Chery         | Tiggo 8    |
+----+---------------+------------+
8 rows in set (0.00 sec)
```

////////// 项目练习题

（1）为了设置 MySQL 的默认字符集为 UTF-8，可以修改的配置文件是（　　）。

    A. /etc/mysql/my.cnf　　　　　　　　　　B. /etc/my.cnf

    C. /etc/my.cnf.d/mysql　　　　　　　　　D. /usr/local/mysql/my.cnf

（2）在完成 MySQL 的安装后，为了提高服务器的安全性，用户需要执行一系列安全设置，此时可以使用的命令是（　　）。

    A. mysql_setup　　　　　　　　　　　　B. mysql_secure_installation

    C. mysql_security_setup　　　　　　　　D. mysql_install_secure

（3）要连接到 MySQL 数据库，使用的命令是（　　）。

    A. mysql connect –u user –p　　　　　　B. mysql –u user –p

    C. mysql login –u user –p　　　　　　　D. mysql access –u user –p

（4）在 MySQL 中，为了检查用户的权限，可以使用的命令是（　　）。

    A. SHOW GRANTS FOR user;　　　　　B. SHOW USER PRIVILEGES;

    C. CHECK USER RIGHTS;　　　　　　　D. LIST PRIVILEGES;

（5）在使用 MySQL 进行多用户管理时，管理员通常需要为不同的用户分配特定的权限。可以用来创建新用户并赋予权限的命令是（　　）。

    A. CREATE USER username IDENTIFIED BY 'password';

    B. NEW USER username IDENTIFIED BY 'password';

    C. ADD USER username IDENTIFIED BY 'password';

    D. USER CREATE username IDENTIFIED BY 'password';

（6）在数据库服务器 system1 上配置 MySQL 数据库，具体要求如下。

① 创建一个名为 companyDB 的数据库，并且为 companyDB 数据库创建一个名为 adminUser 的用户，密码设置为"Admin123!"，并确保 adminUser 用户拥有对 companyDB 数据库的所有权限。

② 配置 MySQL 服务器，使得只有来自 domain1.example.com 域内的客户端可以连接到数据库服务器，拒绝来自 172.13.10.0/24 网络的所有连接请求。

（7）在数据库服务器 system1 上配置 MySQL 数据库，具体要求如下。

① 在数据库服务器 system1 上有一个重要的业务数据库 businessDB。使用 mysqldump 命令对 businessDB 数据库进行备份，将备份文件命名为 businessDB_backup.sql。

② 假设 businessDB 数据库中的数据遭到破坏，使用之前创建的 businessDB_backup.sql 备份文件进行数据恢复。

项目16
Shell脚本与Ansible自动化

16

学习目标

【知识目标】

- 了解Shell脚本的基本语法。
- 了解Shell条件语句和循环语句。
- 了解sed流编辑器与awk文本处理工具。
- 了解Ansible自动化的基本概念。
- 了解Ansible Playbook的基本语法。

【技能目标】

- 掌握Shell脚本的编写与执行方法。
- 掌握条件语句脚本的编写方法。
- 掌握循环语句脚本的编写方法。
- 掌握Ansible的安装与配置方法。
- 掌握Ansible Playbook的编写和执行方法。

【素质目标】

- 培养读者尊重并保护知识产权的意识，使其了解侵犯知识产权的法律后果。
- 培养读者对技术发展趋势的洞悉力，以及对潜在问题和风险的预见能力，鼓励其主动采取应对措施。

16.1 项目描述

小明所在公司的业务系统（包括 OA 系统、人事系统、财务系统和邮件系统等）需要管理和维护。传统的手工操作方式不仅低效，还容易出错。为了提高运维效率，降低出错的风险，小明决定利用 Shell 脚本来自动执行日常的系统管理任务，并使用 Ansible 对公司的所有服务器进行集中化配置管理和应用部署，以构建自动化、高效、可靠的 IT 运维环境，为公司的持续发展提供坚实的技术支持。

本项目主要介绍 Shell 脚本的基础知识（如变量、条件语句、循环语句等），以及 Ansible 安装方法、清单文件构建方法、ansible.cfg 配置文件构建方法、使用 Ansible Playbook 自动化完成任务等内容。

16.2　知识准备

16.2.1　Shell 脚本基本语法

1.　Shell 脚本基本格式

V16-1　Shell 脚本
基本语法

Shell 脚本是一种在 Linux 操作系统中用 Shell 编写和执行的程序。Shell 脚本由一系列 Shell 命令和语句组成，可以完成各种复杂的操作。例如，可以编写 Shell 脚本来自动备份文件、安装软件、批量执行命令等。Shell 脚本可以用来自动执行任务、执行重复性操作、管理系统或应用程序等。

Shell 命令是指 Shell 支持的各种命令，如 cd、ls、echo 等。学习 Shell 编程时，需要了解这些命令的用法和选项，以便控制操作系统和运行程序。

Shell 中有两种类型的命令：内置命令和外置命令。内置命令是 Shell 本身具有的命令，由 Shell 程序直接执行，而不需要调用其他程序。例如，cd 命令是一个内置命令，用于切换当前工作目录。外置命令是 Shell 本身并不具有的命令，需要调用外部程序来执行。例如，ls 命令是一个外置命令，用于列出文件和目录的信息。

通常，内置命令的执行效率比外置命令高，因为它们不需要调用外部程序。但是，外置命令提供了更多的功能和更多的选项。

在 Linux 操作系统中，type 命令用于查询命令的类型，可以显示指定命令是内置命令还是外置命令，或者显示别名、关键字等信息。例如，使用 type 命令来查看 cd、ls 命令是内置命令还是外置命令，代码如下。

```
[opencloud@server ~]$ type cd
cd is a shell builtin
[opencloud@server ~]$ type ls
ls is /bin/ls
```

Shell 语法是指 Shell 编程语言的规则，包括变量、流程控制、函数等语法要素。学习 Shell 编程需要掌握 Shell 语法，这样才能编写有效的 Shell 脚本。

编写 Shell 脚本有许多方法，常见的是使用文本编辑器。Linux 操作系统中通常使用 vi、vim 编辑器，也可以使用 Sublime Text、Visual Studio Code 等跨平台文本编辑器来编写 Shell 脚本。在文本编辑器中输入脚本内容，并使用.sh 或.bash 作为文件扩展名保存脚本。

下面是一个简单的 Shell 脚本的基本结构。

```
#!/bin/bash
cat<<EOF
This is a comment line
This is also a comment line
EOF
# echo "hello world"
echo "hello world"
```

在计算机领域中，Shebang 或 hashbang 是一个由#和!构成的字符序列，出现在文本文件第一行的前两个字符的位置，用于告诉操作系统使用哪个解释器。在文件中存在 Shebang 的情况下，类 UNIX 操作系统的程序加载器会分析 Shebang 后的内容，将这些内容作为解释器指令调用并将载有 Shebang 的文件路径作为该解释器的参数。Shebang 是一项操作系统特性，可用于任何解释型语言，如 Shell、Python、Perl 等。

在 Shell 脚本中，#!/bin/bash 这一行指定了脚本的解释器为/bin/bash，脚本文件在执行时会调用/bin/bash 程序，这一行内容也是 Shell 脚本的标准起始行。

2. 执行 Shell 脚本

在执行脚本之前，需要确保脚本文件具有可执行权限。如果脚本文件名为 myscript.sh，则可以使用 chmod +x myscript.sh 命令为脚本文件赋予可执行权限。

在终端中可以使用绝对路径或相对路径来执行脚本。例如，如果脚本文件名为 myscript.sh，则可以使用以下方法执行脚本。

（1）在终端中使用绝对路径执行脚本时，可以在任何位置执行脚本，而不仅仅在脚本文件所在的目录执行脚本，将脚本的绝对路径作为参数传递给 bash 命令即可，具体如下。

```
[opencloud@server ~]$ bash /path/to/myscript.sh
```

（2）在终端中使用相对路径执行脚本时，需要将命令行的路径切换到脚本目录，脚本文件应位于当前目录中，以"./文件名"的方式执行脚本，具体如下。

```
[opencloud@server ~]$ ls
myscript.sh
[opencloud@server ~]$ ./myscript.sh
```

3. Shell 变量

在编程语言中，变量是一种存储数据的容器。它可以用来保存各种类型的数据，如数字、字符串、布尔值等。在 Shell 中，变量也是一种存储数据的容器，其基本概念与其他编程语言中的变量类似，主要包括以下内容。

（1）变量名。变量名是变量的唯一标识，通常是以字母或下画线开头的字符序列，如 name、age、_score 等。在 Shell 中，变量名只能由字母、数字和下画线组成，且不能以数字开头。变量名区分字母大小写，如 NAME 和 name 是不同的变量，环境变量建议使用全大写字母命名。

（2）变量类型。在 Shell 中，变量可以存储任何类型的数据，如整数、浮点数、字符串、布尔值等。变量的类型是由它所存储的数据决定的。

（3）变量值。变量值是指变量当前存储的数据。在 Shell 中，变量值可以通过赋值语句来修改。例如，在 Bash 中，可以使用 a=10 语句将变量 a 的值设为 10。

（4）变量作用域。变量作用域是指变量的有效范围。在 Shell 中，变量可以被定义为全局变量或局部变量。全局变量是指在整个 Shell 会话中都有效的变量，可以在任何地方被访问和修改，用户可以使用 export 命令将变量定义为全局变量。局部变量是指仅在特定的代码块或函数中有效的变量，只能在定义它们的代码块或函数中被访问和修改。

（5）定义和调用变量。在定义变量时，变量名和变量值之间需要使用等号（＝）连接，变量名与等号之间不能有空格。在调用变量时，变量名需要使用$引用。

Shell 中主要的变量类型如表 16-1 所示。

表 16-1　Shell 中主要的变量类型

序号	变量类型	描述
1	字符串变量	用户自定义变量，用于存储字符串数据，可以使用单引号或双引号来指定字符串
2	数值变量	用户自定义变量，用于存储数值数据，如使用整数或浮点数
3	数组变量	用户自定义变量，用于存储多个值，每个值都称为数组元素。数组变量是用来存储有序列表（list）的变量。数组元素可以通过整数索引来访问，索引从 0 开始
4	环境变量	系统级别的变量，用于存储系统的配置信息。主要的环境变量有 HOME、PATH、PS1、PS2 等
5	路径变量	用于存储文件路径的环境变量，即存储可执行文件的搜索路径的变量

续表

序号	变量类型	描述
6	预设变量	Shell 内置的变量，如$0、$1、$*、$@、$?、$!等。这些变量在 Shell 中已经定义好，不需要用户手动定义

Shell 中有许多系统预设变量，可以方便地用于访问系统信息和执行状态。其中，位置参数变量主要用来向脚本传递参数或数据，其变量名不能自定义，变量作用也是固定的。常见的系统预设位置参数变量如表 16-2 所示。

表 16-2　常见的系统预设位置参数变量

序号	位置参数变量	描述
1	$0	脚本文件名
2	$1 ~ $9	脚本前 9 个位置参数
3	$#	传递给脚本的参数数量
4	$@	脚本的命令行参数的数组
5	$*	脚本的命令行参数的字符串
6	$?	上一个命令的退出状态
7	$$	当前 Shell 进程的 PID
8	$!	后台运行的最后一个进程的 PID

16.2.2　Shell 条件语句和循环语句

1. Shell 条件表达式

Shell 脚本可以使用多种方式进行条件判断，如[[条件表达式]]、[条件表达式]、test 命令等。条件表达式用于根据给定条件的真假来决定执行不同的操作。条件表达式可以包含比较运算符、逻辑运算符、文件测试运算符、字符串运算符和正则表达式（Regular Expression）等，用于构建复杂的逻辑判断。

V16-2　Shell 条件和循环控制

test 命令和方括号（[]）都可用于检测某个条件是否成立，并返回相应的退出状态码。test 命令通常与方括号一起使用，它们具有相同的功能。其基本语法如下。

```
test expression
[ expression ]
```

其中，test expression 和 [expression]是等价的，expression 是一个条件表达式，用于进行条件判断。需要注意的是，在使用方括号进行条件判断时，条件表达式两侧必须有空格。

常见的关系运算符如表 16-3 所示。

表 16-3　常见的关系运算符

序号	符号	描述
1	-ep	等于
2	-ne	不等于
3	-lt	小于
4	-le	小于或等于
5	-gt	大于
6	-ge	大于或等于

Shell 支持对不同文件类型的判断。文件测试运算符用于测试文件的各种属性，其格式是在方括号内放置文件测试运算符和文件的路径。常见的文件测试运算符如表 16-4 所示。

表 16-4　常见的文件测试运算符

序号	符号	描述
1	-e	判断文件或目录是否存在
2	-f	判断文件是否为普通文件
3	-d	判断文件是否为目录
4	-b	判断文件是否为块设备文件
5	-c	判断文件是否为字符设备文件
6	-r	判断文件是否具有可读权限
7	-w	判断文件是否具有可写权限
8	-x	判断文件是否具有可执行权限

常见的比较运算符如表 16-5 所示。

表 16-5　常见的比较运算符

序号	符号	描述
1	==	等于
2	!=	不等于
3	<	小于
4	<=	小于或等于
5	>	大于
6	>=	大于或等于

常见的字符串运算符如表 16-6 所示。

表 16-6　常见的字符串运算符

序号	符号	描述
1	==	检查两个字符串是否相等
2	!=	检查两个字符串是否不相等
3	-z	检查字符串是否为空，如果字符串长度为 0（空字符串），则条件为真
4	-n	检查字符串是否非空，如果字符串长度大于 0（非空字符串），则条件为真

常见的逻辑运算符如表 16-7 所示。

表 16-7　常见的逻辑运算符

序号	符号	描述
1	-a 或&&	逻辑与，只有所有条件均为真时，结果才为真
2	-o 或||	逻辑或，只要有一个条件为真，结果就为真
3	!	逻辑非，当条件为真时，结果为假

2. if 条件语句

在 Shell 脚本中，if 语句用于根据给定的条件来决定是否执行特定的代码块。常见的 if 语句有单分支 if 语句、双分支 if 语句和多分支 if 语句。

if 语句的基本语法如下。

```
if [ condition ]
then
    # 在 condition 条件表达式为真时执行的代码块
else
    # 在 condition 条件表达式为假时执行的代码块（可选）
fi
```

其中，condition 表示条件表达式，条件表达式通常用方括号或双方括号（[[ ]]）括起来，如果条件表达式的结果为真，则执行 then 部分的代码块；关键字 else 表示条件为假时执行的代码块的开始位置，如果不需要在条件为假时执行特定的代码块，则 else 部分可以省略；then 和 fi 关键字是 if 语句的必要部分，它们分别表示条件为真时要执行的语句块的开始和结束位置。

if 语句可以使用多分支结构并根据不同的条件选择执行不同的代码块。多分支结构使用 elif 关键字来添加额外的条件和代码块。多分支 if 语句的基本语法如下。

```
if [ condition1 ]
then
    # 在 condition1 条件表达式为真时执行的代码块
elif [ condition2 ]
then
    # 在 condition2 条件表达式为真时执行的代码块
elif [ condition3 ]
then
    # 在 condition3 条件表达式为真时执行的代码块
…
else
    # 当所有条件表达式都不为真时执行的代码块
fi
```

在多分支 if 语句中，首先检查 condition1 是否为真；如果为真，则执行对应的代码块并跳出多分支 if 语句。如果 condition1 不为真，则继续检查 condition2；如果 condition2 为真，则执行对应的代码块并跳出多分支 if 语句。以此类推，直到找到满足条件的分支，执行对应的代码块。如果所有条件表达式都不为真，那么执行 else 部分的代码块。

在实际的脚本编写中，可以根据具体需求添加多个 elif 分支，以进行更复杂的逻辑判断。多分支 if 语句常用于根据不同的条件执行不同的代码块，如根据不同的用户输入做出不同的响应、根据不同的文件状态执行不同的操作等。

3. case 条件语句

在 Shell 脚本中，case 语句用于根据不同的模式选择执行不同的代码块。case 语句通常用于替代多个嵌套的 if 语句，以提供更简洁和可读性更好的代码。case 语句的基本语法如下。

```
case expression in
    pattern1)
        # 匹配 pattern1 时执行的代码块
        ;;
    pattern2)
        # 匹配 pattern2 时执行的代码块
        ;;
    pattern3)
```

```
        # 匹配 pattern3 时执行的代码块
        ;;
    ...
    *)
        # 默认的代码块
        ;;
esac
```

在 case 语句中，首先对 expression 和模式进行匹配，然后根据匹配结果选择执行对应的代码块。每个模式以右括号 ")" 结束。如果 expression 匹配某个模式，则对应的代码块会被执行，代码块结束时使用双分号（;;）来跳出 case 语句。

如果 expression 不匹配任何模式，则执行默认的代码块。"*)" 表示默认模式，用于在所有模式都不匹配时执行默认的代码块。

4. for 循环语句

在 Shell 脚本中，for 语句常用于遍历一组数据并执行相应的操作，如将指定的变量依次赋值为给定的值或列表中的值，然后执行一系列操作，直到数据列表中的所有值都被处理完毕为止。

for 语句的基本语法如下。

```
for variable in list
do
    循环体
done
```

其中，variable 表示变量，用于存储数据列表迭代过程中当前元素的值；list 表示包含一组数据的列表，可以是用空格分隔的多个元素，也可以是一个命令的输出结果，数据可以是手动定义的值，也可以是通过通配符、命令替换等动态生成的值；在循环体中，可以使用变量名来引用每个元素，执行相应的命令或语句。

以下是使用 for 语句输出一组数字的示例，变量名 i 用于存储数字 1～10，循环体中使用 echo 命令输出每个数字。

```
#!/bin/bash
for i in {1..10}
do
    echo $i
done
```

除了使用大括号表示数字的范围之外，还可以使用数组、命令输出等多种方式来指定数据列表。在下面的示例中，变量名 fruit 用于存储数组中的每个元素，循环体中使用 echo 命令输出每个元素。

```
#!/bin/bash
# 使用数组指定数据列表
arr=("apple" "banana" "orange")
for fruit in ${arr[@]}
do
    echo $fruit
done
```

使用 for 语句将当前目录中所有以.sh 结尾的文件名逐行输出到终端，具体示例如下。

```
#!/bin/bash
# 使用命令输出指定数据列表
for file in $(ls *.sh)
do
    echo $file
done
```

5. while 语句

while 语句用于根据指定的条件重复执行一系列命令，在循环开始前先判断条件是否成立，只有条件成立时才会执行循环体中的命令，直到条件不成立为止。

while 语句的基本语法如下。

```
while condition
do
    循环体
done
```

condition 表示表达式或命令，用于定义循环的条件。在每次循环开始前，condition 都会被检查。如果 condition 为真，则循环体中的代码将被执行；如果 condition 为假，则循环将终止。do 是一个关键字，用于标记循环体的开始位置。循环体中的代码是需要重复执行的，可以执行一系列 Shell 命令。

使用 while 语句输出 1~10 的数字，具体示例如下。

```
#!/bin/bash
i=1
while [ $i -le 10 ]
do
    echo $i
    i=$((i+1))
done
```

16.2.3 sed 流编辑器与 awk 文本处理工具

1. sed 流编辑器

sed 最初是由贝尔实验室的计算机科学家李·麦克马洪（Lee McMahon）在 1973—1974 年开发的。sed 这个名称源于"stream editor"，意为流编辑器，它最初在 UNIX 操作系统中开发和使用，现在也被移植到很多 Linux 发行版中。目前，大部分 Linux 发行版使用的是由 FSF 管理和维护的 GNU sed。FSF 是一个非营利性组织，致力于推广自由软件和开放源代码。FSF 维护和发布了 GNU sed，它是一个免费的、开源的 sed 版本，根据 sed 的原始设计进行改进和扩展，提供了更多的特性和功能。

V16-3　sed 流编辑器与 awk 文本处理

sed 是一种流编辑器，常用于在命令行中对文本进行处理和替换。它按照行处理输入文本，根据给定的编辑指令进行匹配和替换操作，并将结果输出到标准输出。sed 支持正则表达式以及模式匹配和替换功能。其基本语法如下。

```
sed [options] 'command' files
```

其中，options 表示 sed 的选项，如-n、-i、-f 等；files 表示要编辑的文件，如果没有指定文件，则可以从标准输入读取文本；command 表示 sed 的命令，也可以理解为编辑指令，其使用一对单引号标识，可以是单个命令或由多个命令组成，多个命令之间用分号隔开。

sed 命令的基本示例如下。

```
sed 's/old_string/new_string/g' file.txt
```

其中，s 是命令，表示替换；old_string 是要被替换的字符串或正则表达式的模式；new_string 是替换后的新字符串；g 是替换标志，即替换所有匹配的字符串；file.txt 是要进行替换操作的目标文件。

（1）sed 选项

sed 选项可以控制 sed 的运行方式，改变 sed 的工作流程。常用的 sed 选项及其作用如表 16-8 所示。

表 16-8 常用的 sed 选项及其作用

序号	选项	作用
1	-n	不自动输出模式空间的内容，用于禁止自动输出模式空间的内容，通常配合 p 命令的使用来输出指定行。示例：sed -n '2p' file.txt
2	-e	允许在同一个 sed 命令中使用多个子命令。示例：sed -e 's/old_string/new_string/g' -e '3d' file.txt
3	-f	将命令保存在文件中。使用 -f 选项读取命令，可以避免在命令行中使用很长的命令。示例：sed -f commands.txt file.txt
4	-i	直接修改文件，而不是将结果输出到标准输出。示例：sed -i 's/old_string/new_string/g' file.txt
5	-r	使用扩展正则表达式。示例：sed -r 's/([a-z]+)([0-9]+)/\2\1/g' file.txt
6	-h	显示帮助信息。示例：sed -h

（2）sed 命令

sed 命令分为两类，分别是地址命令和动作命令。常用的 sed 命令如表 16-9 所示。

表 16-9 常用的 sed 命令

序号	命令	描述
1	p	输出指定行或匹配行。示例：sed -n '2,4p' file.txt
2	=	输出行号。示例：sed '3=' file.txt
3	a	在指定行之后追加文本。示例：sed '2a New line' file.txt
4	c	用新文本替换匹配的行。示例：sed '/RHEL/c Ubuntu Linux' file.txt
5	d	删除匹配的行。示例：sed '3d' file.txt
6	i	在指定行之前插入文本。示例：sed '3i\header text' file.txt
7	s	将匹配的文本替换为指定内容。示例：sed 's/RHEL/rhel9/g' file.txt
8	y	将模式空间中的字符替换为指定的字符，例如，在 y/source-chars/target-chars/ 中，source-chars 和 target-chars 的长度必须相同。示例：sed 'y/RHEL/cent/' file.txt
9	r	从指定文件中读取内容，并将内容插入指定行之后。示例：sed '/openEuler/r file.txt' file1.txt
10	w	将匹配的行写入指定文件。示例：sed -n '/RHEL/w output.txt' file1.txt
11	q	退出 sed。示例：sed '3q' file.txt

地址命令也称为定位命令，用于指定要应用动作命令的文本行范围，可以使用数字、正则表达式、first~step 语法等。地址命令可以单独使用，也可以与动作命令一起使用。

动作命令用于对已定位的文本行进行操作，包括删除、修改、添加、输出等。动作命令必须与地址命令配合使用才能生效。

（3）sed 数据定位方法

在 sed 中，可以使用数字和正则表达式来精确选择要操作的文本行，数字通常用于定位文件中的行号，正则表达式则可以用来匹配符合特定模式的文本。常用的 sed 数据定位方法如表 16-10 所示。

表 16-10　常用的 sed 数据定位方法

序号	数据定位方法	描述
1	number	直接根据行号进行匹配。示例：sed -n '3p' file.txt
2	first~step	从第 first 行开始，每隔 step 行进行操作。示例：sed -n '3~2p' file.txt
3	$	匹配最后一行。示例：sed -n '$p' file.txt
4	/regexp/	匹配正则表达式 regexp 的行。示例：sed -n '/Open/p' file.txt、sed '/^Open/d' file.txt
5	addr1,addr2	匹配 addr1 行到 addr2 行，addr1 和 addr2 可以是数字、正则表达式或 first~step 语法。示例：sed -n '3,5p' file.txt，sed '/Ubuntu/,/Open/d' file1.txt
6	addr,+N	匹配从 addr 开始的连续 N 行，addr 可以是数字、正则表达式或 first~step 语法。示例：sed -n '3,+2p' file.txt，sed '/Ubuntu/,+3d' file

2. awk 文本处理工具

awk 是一种强大的文本处理工具，它由艾尔弗雷德·阿霍（Alfred Aho）、彼得·温伯格（Peter Weinberger）和布赖恩·柯林尼汉（Brian Kernighan）这 3 位计算机科学家共同开发。awk 的名字来源于其 3 位创造者的英文姓氏首字母。

在类 UNIX 环境中，awk 支持正则表达式匹配，并可借助流程控制语句、数学运算符、内置变量和函数等功能组件来完成多种任务。使用 awk，用户可以方便地处理文本数据，完成模式匹配、数据操作、计算和生成报表等各种任务。

awk 基本语法由一系列由大括号标识的模式和动作组成，其中模式用于匹配输入数据，动作用于处理匹配的数据。其基本语法如下。

```
awk 'pattern { action }' file
```

其中，file 表示要处理的文件，如果省略，则 awk 会从标准输入读取数据；pattern 表示匹配文本的模式，可以是条件或规则，用于匹配输入数据的某种特征；当输入数据符合指定的模式时，执行 action 表示的动作。可以有多个"模式-动作"组合，每个组合占据一行或多行。

（1）awk 模式和动作结构

awk 程序由一个或多个模式及与之关联的动作语句组成，多个模式语句由换行符分隔，并使用大括号进行界定。其基本结构如下。

```
pattern1 { action1 }
pattern2 { action2 }
...
patternN { actionN }
```

其中，pattern1 表示第 1 个模式，action1 表示与之关联的动作；pattern2 和 action2 表示第二个模式及与之关联的动作；以此类推。程序会按照 awk 模式和动作的顺序逐行读取输入，对每一行依次检查模式，如果模式匹配成功，则执行与之关联的动作。

模式可以是正则表达式、关系表达式、条件表达式等，动作可以是输出、变量赋值、流程控制、内置函数调用等操作。

（2）awk 命令选项

可以使用选项和模式来修改 awk 命令的行为及进行额外的操作。常见的 awk 命令选项或模式元素如表 16-11 所示。

表 16-11　常见的 awk 命令选项或模式元素

序号	选项或模式元素	描述
1	-F	用于指定字段分隔符,默认为空格。示例: awk -F':' '{ print $1 }' /etc/passwd
2	-v	用于设置变量的值。示例: awk -v name="John" '{ print "Hello, " name "!" }' file.txt
3	-f	用于指定 awk 脚本文件。示例: awk -f script.awk file.txt
4	' '	用于引用代码块。示例: awk '$1 > 3 { print $1 }' array-number.txt
5	//	用于指定正则表达式。示例: awk '/[0-9]/ { print $2 }' file.txt
6	{}	定义 awk 程序中的动作部分,可以包含一个或多个命令,也可以是一个复杂的代码块。示例: awk '{ if ($1 > 2) { print $1; count++ } }' array-number.txt
7	BEGIN	在读取文本文件之前执行的模式,用于进行初始化操作或设置变量。BEGIN 模式只执行一次,通常用于执行一些预处理任务,可以用于输出标题、设置计数器、加载配置等。示例: awk 'BEGIN { print "Start of the program" } { print $0 }' file.txt
8	END	在读取文本文件之后执行的模式,在 awk 程序执行结束之后执行,用于进行总结、输出统计结果等。END 模式只执行一次,通常用于执行一些收尾任务,可以用于输出总计、计算均值、输出最终结果等。示例: awk '{line_count += 1} END {print "Line count: " line_count}' file.tx

（3）awk 内置变量

awk 内置变量是预定义的变量,用于访问和操作输入数据的不同属性及上下文信息。内置变量可在 awk 中直接使用,通常以大写字母表示。常见的 awk 内置变量如表 16-12 所示。

表 16-12　常见的 awk 内置变量

序号	内置变量	描述
1	FILENAME	当前正在处理的文件。示例: awk '{print FILENAME}' file1.txt file2.txt
2	NF	当前输入行的字段数量。示例: awk '{print NF}' file.txt
3	$NF	当前输入行的最后一个字段的值。示例: awk '{print $NF}' file.txt
4	NR	当前行的行号(记录号)。示例: awk '{print NR, $0}' file.txt
5	FNR	当前输入文件中的行号。示例: awk '{print FNR, $0}' file.txt
6	FS	指定输入行中字段之间的分隔符,默认是空格或水平制表符。示例: awk -F':' '{print $1, $2}' /etc/passwd
7	$0	当前输入行的完整内容,即整行文本。示例: awk '{print $0}' file.txt
8	$n	当前输入行的第 n 个字段的值。示例: awk '{print $2}' file.txt
9	OFS	输出字段分隔符,默认为空格。示例: awk 'BEGIN {OFS=","} {print $1, $2}' file.txt
10	ORS	输出记录分隔符,用于指定输出时记录之间的分隔符,默认为换行符。示例: awk 'BEGIN {ORS="\n---\n"} {print $0}' file.txt
11	ARGC	命令行参数的数量。示例: awk 'BEGIN {print ARGC}' file.txt
12	ARGV	包含命令行参数的数组,每个元素都对应一个命令行参数。示例: awk 'BEGIN {print ARGV[1]}' file.txt

16.2.4　Ansible 自动化概述

1. Ansible 基本概念

Ansible 是一个开源 IT 自动化引擎，能够进行自动化配置管理、应用部署、编排等，通过软件工程的方法重新定义和描述 IT 基础设施，用自动化技术替代重复和手动操作，从而提高工作效率并降低人工干预的风险。通过运用 Ansible 自动化工具，IT 团队可以在整个企业范围内更高效地安装软件、置备基础设施、配置管理、修补系统并共享自动化等。

V16-4　Ansible 自动化概述

Ansible 的设计目标如下。

（1）简单易用：Ansible 使用简单的 YAML 格式来编写配置文件，不需要编写复杂的代码。

（2）无须安装客户端：Ansible 不需要在目标系统上安装任何代理软件，可以基于 SSH 进行远程操作。

（3）高效实用：Ansible 可以管理各类系统和网络设备，支持多种操作系统，还可以进行多种类型的任务自动化。

（4）支持大规模部署：Ansible 提供大量的模块、插件、角色、集合，通过并行化执行操作，可管理大规模的服务器和网络设备，完成大规模部署任务。

（5）易于维护：Ansible 提供可读性高的配置文件，使用版本控制工具，易于维护和回滚。

（6）安全性高：Ansible 支持多种安全机制，以保护机密信息不被窃取或泄露。Ansible 支持密钥验证和 TLS/SSL 加密来确保数据传输的安全性，可以使用 ansible-vault 来加密配置文件中的敏感信息。

Ansible 可以满足自动化云环境的设置、配置管理、应用程序部署、内部服务编排等 IT 需求。Ansible 被设计用于多层部署，通过描述所有系统的相互关系将 IT 基础设施代码化，以实现对复杂的 IT 环境的管理。

与 Puppet、Chef 等 IT 自动化工具不同的是，Ansible 不需要使用代理或其他自定义安全基础设施，因此易于部署和使用。此外，它使用基于 YAML 格式的 Ansible Playbook 自动化文件，可以使用户直观地描述自动化工作。

2. Ansible 清单文件

IT 基础设施环境中存在大量的服务器、云主机等设备。清单文件是 Ansible 用来描述目标主机和主机组的文件。在清单文件中，用户可以指定每个主机的 IP 地址、主机名、组名、变量、连接方式等信息。Ansible 使用清单文件来确定要管理的主机集合，以及在执行任务时如何与这些主机进行交互，还可以使用模式来选择清单文件中的主机或组，针对 IT 基础设施中的多个受管节点执行自动化任务。

最简单的清单文件是包含主机和组列表的文件，文件的默认位置为/etc/ansible/hosts。常用的做法是在 Ansible 配置文件中指定清单文件的位置，或者使用 ansible 和 ansible-playbook 命令来执行 Ansible 临时命令（即 Ad Hoc 命令）和 Playbook。可使用 -i <path> 选项指定不同的清单文件，其中 path 是所需清单文件的路径。

Ansible 的清单文件主要有两种格式，即 INI 格式和 YAML 格式，广泛应用于生产环境中。

（1）INI 格式。INI 格式的清单文件由若干主机组和主机的信息构成，具有节和键值对的结构。它使用简单的键值对来表示配置项，每个键值对都由一个名称（键）和一个值组成，以等号（=）分隔。键值对可以分组存储在节中，每个节都用方括号（[]）标识。每个节都代表一个主机组，每个键值对都代表一个主机及其相关信息。

（2）YAML 格式。YAML 是一种轻量级的数据序列化格式，非常简洁且易于阅读，适用于维护规模更大的主机信息。其语法基于缩进，YAML 中的键值对使用冒号（：）分隔，all 关键字表示一个包含所有主机的组，hosts 关键字表示主机信息。

INI 格式的清单文件的基本格式如下。

```
web.example.com
db.example.com
192.168.100.10
192.168.100.11
[group1]
host1.example.com
host2.example.com
192.168.100.101
192.168.100.102
[group2]
host3.example.com
host4.example.com
192.168.100.103
192.168.100.104
```

在上面的示例中，INI 格式的清单文件包含受管主机的主机名或 IP 地址的列表，如 web.example.com、db.example.com、192.168.100.10、192.168.100.11 分别表示 4 个主机，且不属于任何主机组；group1 和 group2 是两个主机组，用于对主机进行分类，group1 中包含 host1.example.com、host2.example.com、192.168.100.101、192.168.100.102 这 4 个主机，group2 中包含 host3.example.com、host4.example.com、192.168.100.103、192.168.100.104 这 4 个主机。

YAML 格式的清单文件的基本格式如下。

```
all:
  hosts:
    web.example.com:
    db.example.com:
    192.168.100.10:
    192.168.100.11:
  children:
    group1:
      hosts:
        host1.example.com:
        host2.example.com:
        192.168.100.101:
        192.168.100.102:
    group2:
      hosts:
        host3.example.com:
        host4.example.com:
```

```
        192.168.100.103:
        192.168.100.104:
```

在上面的示例中，顶层的 all 表示 Ansible 清单的默认组，它包含所有的主机和主机组；hosts 表示一个包含所有主机的键，每个主机都是一个键值对，其中键是主机的名称或 IP 地址，值可以为空或一个字典；children 表示包含所有主机组的键，每个主机组都是一个键值对，其中键是组的名称，值是一个包含所有该组主机的键值对字典。在此示例中，group1 中包含 host1.example.com、host2.example.com、192.168.100.101 和 192.168.100.102 这 4 个主机，group2 中包含 host3.example.com、host4.example.com、192.168.100.103 和 192.168.100.104 这 4 个主机。

3. Ansible 配置文件

Ansible 为方便用户管理控制节点和受管节点之间的交互行为提供了多种工具，包括 INI 格式的 ansible.cfg 文件、环境变量、命令行选项、Playbook 的关键字和变量等。这些工具的优先级不同，Ansible 会按照优先级查找配置信息。

ansible.cfg 是 Ansible 的主配置文件，它可以控制 Ansible 的行为和运行方式。该文件包含各种参数和选项，如默认的远程用户、私钥文件位置、任务执行超时时间、任务并发数等。通过配置这些参数和选项，用户可以对 Ansible 的运行进行定制化设置，以满足不同的需求。

推荐的做法是在运行 Ansible 命令的目录中创建 ansible.cfg 文件，如/home/rhce/project/ansible.cfg。此目录中也包含其他项目文件，如清单文件和 playbooks、roles、collections 等。实践中不常使用 ~/.ansible.cfg 或/etc/ansible/ansible.cfg 文件。

ansible-config 命令用于查看和管理 Ansible 的配置信息。通过这个命令，用户可以获取 Ansible 的配置文件路径、查看配置项的值、修改配置项的值等。

```
# 生成禁用了所有默认配置的 ansible.cfg 文件
ansible-config init --disabled > ansible.cfg
# 生成禁用了所有默认配置的 ansible.cfg 文件，其中包含所有可能的配置项
ansible-config init --disabled -t all > ansible.cfg
```

ansibe.cfg 文件采用 INI 格式存储配置数据。在文件中，以方括号标识的部分称为配置段。每个配置段都有一组相关的配置选项，用于控制 Ansible 的不同行为和功能。Ansible 会根据配置段来读取相应的配置选项并做相应的处理。常用的配置段包括 [defaults]、[privilege_escalation]、[inventory]等。

下面是典型的 ansible.cfg 文件，其中定义了 Ansible 默认的操作和权限升级相关指令，其详细信息如表 16-13 所示。

```
[defaults]
inventory=./inventory
remote_user=rhce
ask_pass=false
host_key_checking=false
[privilege_escalation]
become=true
become_method=sudo
become_user=root
become_ask_pass=false
```

表 16-13　Ansible 默认的操作和权限升级相关指令

序号	指令名称	描述
1	inventory	用于指定清单文件的位置，默认情况下，Ansible 会搜索/etc/ansible/hosts 来查找主机清单文件，可以设置其他清单来覆盖默认值，如 inventory=./inventory、inventory=/opt/playbook/inventory
2	remote_user	要在受管主机上登录的用户的名称。如果未指定，则使用当前用户的名称，如 remote_user=rhce
3	ask_pass	是否提示输入 SSH 密码。如果使用 SSH 公钥进行身份验证，则可以设置为 false。如果设置为 false,则不管是 root 用户还是普通用户，都需要使用 ssh-keygen 和 ssh-copy-id 配置无密钥验证
4	host_key_checking	是否开启主机密钥检查，即是否在 SSH 连接时检查主机密钥，可防止中间人攻击，默认值为 true
5	become	是否使用权限升级，默认为 false。如果该指令设置为 true,则远程连接后会自动在受管主机上切换用户以激活特权升级（通常切换为 root 用户）
6	become_method	如何切换用户，可选值为 sudo 和 su, 如 become_method=sudo
7	become_user	要在受管主机上切换到的用户，通常是 root, 如 become_user=root
8	become_ask_pass	是否询问权限升级密码，默认为 false。如果设置为 false,则可以通过 visudo 设置 NOPASSWD 或者 PAM 取消提权密码

16.2.5　Ansible Playbook 基本语法

1. Ansible Playbook 基本格式

Ansible Playbook 是一种以 YAML 格式编写的自动化代码文件，它可以在无须人工干预或有限人工干预的情况下，通过预先编写的代码来执行复杂的 IT 操作。Playbook 可以对一组或一类共同构成 Ansible 清单文件的主机进行操作，常用于 IT 基础设施的自动化场景，涵盖基础架构、网络设备、安全合规、应用部署等，可实现可扩展、高效、一致的自动化操作。

V16-5　Ansible Playbook 基本语法

Playbook 可以称为剧本，通常包含一个或多个 play。play 是 Playbook 中的场景，用于描述一组相关任务，并指定要在哪些主机上执行任务。每个 play 都有一个或多个任务（task, 即在目标主机上执行的特定任务），每个任务都执行一个具有特定参数的模块，例如，可以使用 yum 模块来安装软件包、使用 copy 模块来复制文件等。

在 Playbook 中，可以使用变量、条件语句、循环语句等，还可以包含其他文件，以执行更复杂的自动化任务。

下面是简单的 Playbook 示例。

```
---
- name: Deploying apache httpd web services
  hosts: node1.example.com
  tasks:
    - name: Install the latest version of Apache
      yum:
        name: httpd
        state: latest
---
```

239

```
- name: Deploying nginx web services
  hosts: node2.example.com
  tasks:
    - name: Install the latest version of Nginx
      yum:
        name: nginx
        state: latest
```

在上述示例中，Playbook 开头的一行由 3 个短横线（ --- ）组成，3 个短横线是一种常用的分隔符，可将 Playbook 分成多个独立的部分。在这个示例中，有两个 play，它们属于同一个 Playbook。每个 Playbook 都包含一个或多个 play。在其他场景中，Playbook 末尾可能使用 3 个圆点（ ... ）作为文档结束标记，但在实践中通常会将这 3 个圆点省略。

在以上 Playbook 示例中，--- 后的行以短横线开头，并列出 play 列表中的第一个 play。每个 play 都以短横线和空格开头，代表 Playbook 中的一个执行单元。每个 play 都有 3 个相同缩进的键：name、hosts 和 tasks。

play 的第一个键是 name，它将一个任意字符串作为标签与该 play 关联。name 键虽然是可选的，但建议使用，因为它标识了 play 的用途，特别是当 Playbook 包含多个 play 时，使用 name 属性可以帮助用户更好地了解每个 play 的功能和作用。

```
- name: Deploying apache httpd web services
```

play 中的第二个键是 hosts 属性，它用于指定执行 play 中任务的主机。hosts 属性将主机或主机名称作为值，如清单文件中受管主机或组的名称。

```
hosts: node1.example.com
```

play 中的最后一个键是 tasks 属性，用于指定要为该 play 执行的任务的列表。Playbook 示例中，第一个 play 只有一项任务，该任务使用特定参数运行 yum 模块以安装 httpd 软件包。

```
tasks:
- name: Install the latest version of Apache
  yum:
    name: httpd
    state: latest
```

Playbook 是以 YAML 格式编写的文本文件。如果需要执行更复杂的自动化任务，则可使用映射和列表组合而成的数据结构。

```
# 服务器配置
- server1:
  os: openEuler22
  services:
    - apache
    - mysql
    - ssh
  users:
    - username: huawei
      home_dir: /home/huawei
      groups:
        - admin
        - developers
```

```
        ssh_keys:
          - ssh-rsa AAAAB3NzaC1yc2EAAAADAQABAAAB
      - username: jane
        home_dir: /home/jane
        groups:
          - admin
        ssh_keys:
          - ssh-rsa AAAAB3NzaC1yc2EAAAADAQABAAAC
  - server2:
    os: openEuler20
    services:
      - httpd
      - mariadb
      - ssh
    users:
      - username: opengauss
        home_dir: /home/opengauss
        groups:
          - admin
        ssh_keys:
          - ssh-rsa AAAAB3NzaC1yc2EAAAADAQABAAAD
```

在上述示例中，每个服务器都以其名称作为键，并以操作系统、服务和用户列表作为值。每个用户又以其用户名作为键，并以主目录、组和 SSH 密钥列表作为值。

Playbook 中，play 和任务列出的顺序很重要，因为 Ansible 会按照相同的顺序执行任务。在编写 Playbook 时，需要仔细考虑任务列表的顺序，以确保所有任务都按照正确的顺序执行，且 Playbook 能够实现预期的效果。

2. 执行 Playbook

ansible-playbook 命令可用于执行 Playbook。该命令在控制节点上执行，要执行的 Playbook 的名称作为参数传递。其基本格式如下。

```
ansible-playbook [options] playbook.yml
```

在执行 Playbook 时，将输出所执行的 play 和任务，输出中也会报告执行的每一项任务的结果，以下示例显示了一个简单的 Playbook 的内容及其运行结果。

```
[rhce@control ~]$ cat set-firewall.yml
---
- name: Configure firewalld rules
  hosts: node1.example.com
  tasks:
    - name: Redirect port 443 to 8443 with Rich Rule
      ansible.posix.firewalld:
        rich_rule: rule family=ipv4 forward-port port=443 protocol=tcp to-port=
8443
        zone: public
        permanent: true
```

```
      immediate: true
      state: enabled
[rhce@control ~]$ ansible-playbook set-firewall.yml
PLAY [Configure firewalld rules] ************************************************
TASK [Gathering Facts] *********************************************************
ok: [node1.example.com]
TASK [Redirect port 443 to 8443 with Rich Rule] *********************************
ok: [node1.example.com]
PLAY RECAP *********************************************************************
node1.example.com        : ok=2   changed=0   unreachable=0   failed=0    skipped=0
rescued=0    ignored=0
```

在执行 Playbook 时，每个 play 和任务的名称都会在屏幕上显示。在上述示例中，play 被命名为 Configure firewalld rules，task 被命名为 Redirect port 443 to 8443 with Rich Rule，这样有助于用户更轻松地监控 Playbook 的执行进度。Gathering Facts 是一项特殊的任务，setup 模块通常在 play 启动时自动执行此任务以收集有关目标主机的信息。

对于含有多个 play 和任务的 Playbook，设置任务名称可以使监控 Playbook 的执行进度变得更加容易。在任务完成后，如果目标主机的状态发生了变化，则 Ansible 会将任务的状态标记为 changed，表示任务更改了主机上的某些设置，使其符合规格要求。

通常情况下，Ansible Playbook 中的任务具有幂等性。幂等性是指无论任务执行多少次，系统的状态都保持一致，即任务的效果只会产生一次，再次执行任务不会对系统产生额外的影响。幂等性是 Ansible 的一个关键特性，它可确保在重复执行 Playbook 时每个任务只会在需要时执行，且只会执行必要的操作来实现所需的效果，而不会执行多余的操作。

在使用 ansible-playbook 命令执行 Playbook 时，可以使用 --syntax-check 选项对 Playbook 的语法进行验证，以确保其正确无误。下面是一个 Playbook 成功通过语法验证的示例。

```
[rhce@control ~]$ ansible-playbook webserver.yml --syntax-check
playbook: webserver.yml
```

16.3 项目实训

【实训任务】

本实训的主要任务是通过编写并执行简单的 Shell 脚本，设置变量存储不同类型的数据，以便在脚本中处理数据。使用 if、case、for、while 等语句编写条件和循环控制脚本，实现 Shell 脚本流程控制，提高 Shell 脚本的逻辑处理能力。

在控制节点主机上使用 YUM 软件包管理器安装 Ansible，创建静态清单文件并验证清单文件主机信息，使用 SSH 连接受管主机，在 ansible.cfg 文件中设置默认命令和权限命令。编写包含多个任务的 Playbook，并使用 ansible-playbook 命令执行自动化任务等。

【实训目的】

（1）掌握 Shell 脚本的编写及执行方法。

（2）掌握条件语句和循环语句脚本的编写方法。

（3）掌握 Ansible 的安装与配置方法。

（4）掌握使用 YUM 软件包管理器安装 Ansible 的方法。

（5）掌握 Ansible Playbook 的编写及执行方法。

【实训内容】

（1）编写 Shell 脚本，定义和使用变量。

（2）使用 if 和 case 语句编写流程控制脚本。

（3）使用 for 和 while 语句编写流程控制脚本。

（4）使用 YUM 软件包管理器安装 Ansible。

（5）构建清单文件和 ansible.cfg 配置文件，并验证清单文件主机信息。

（6）编写 Ansible Playbook 脚本并执行自动化任务。

【实训环境】

在进行本项目的实训操作前，提前准备好 Linux 操作系统环境，在 CentOS Stream、RHEL、Rocky Linux、华为 openEuler、麒麟等常见 Linux 发行版操作系统中都可以进行项目实训。

16.4 项目实施

16.4.1 编写并执行 Shell 脚本

V16-6 编写并
执行 Shell 脚本

在 Shell 中，变量主要用于保存和引用各种类型的数据，如字符串、数字等。变量在 Shell 中极为常用，可以用于存储用户输入的数据、程序运行过程中产生的数据、程序执行结果，还可以用于进行条件判断和循环控制、存储文件名和路径、进行文件处理、存储环境变量、配置和运行程序等。

（1）编写 Shell 脚本，使用变量获取主机的内存信息、网络 IP 地址、CPU 负载等。

```
[opencloud@server ~]$ vim systeminfo-output.sh
#!/bin/bash
# 获取主机的内存信息
memory=$(free -m | awk 'NR==2{printf "Total: %sMB, Used: %sMB, Free: %sMB", $2,
$3, $4}')
# 获取网络 IP 地址
ip=$(ip addr | grep 'inet' | grep -v 'inet6' | grep -v '127.0.0.1' | awk '{print
$2}' | cut -d '/' -f 1)
# 获取 CPU 负载
cpu=$(top -bn1 | grep 'Cpu(s)' | awk '{print $2}' | cut -d '%' -f 1)
# 输出信息
echo "Memory: $memory"
echo "IP: $ip"
echo "CPU: $cpu%"
# 注意，在使用变量获取信息时，需要使用 $(...) 语法来执行命令并将结果赋给变量
# 执行脚本以查看输出结果
[opencloud@server ~]$ bash systeminfo-output.sh
```

（2）编写 Shell 脚本，输出$0、$1、$2、$3、$@、$#、$!、$?、$*、$$等位置参数变量信息。

```
[opencloud@server ~]$ vim location-output.sh
#!/bin/bash
# 脚本作用：展示各种 Shell 位置参数和特殊变量的内容
echo "脚本名称：\$0 = $0"
echo "第 1 个参数：\$1 = $1"
```

```
echo "第 2 个参数：\$2 = $2"
echo "第 3 个参数：\$3 = $3"
echo "所有参数（\$@）：\$@ = $@"
echo "所有参数（\$*）：\$* = $*"
echo "参数个数：\$# = $#"
# 后台运行一个简单命令（sleep 1），用于获取 $!
sleep 1 &
echo "后台进程 PID（\$!）：\$! = $!"
# 显示上一条命令的退出状态（这里是 sleep 命令的状态）
wait $!
echo "上一命令退出状态码（\$?）：\$? = $?"
# 当前脚本的进程 ID
echo "当前脚本的 PID（\$\$）：\$\$ = $$"# 执行脚本以查看输出结果
[opencloud@server ~]$ bash location-output.sh one two three
```

（3）编写一个 Shell 脚本，使用变量并结合 printf 命令格式化输出当前系统的磁盘分区、swap
分区、逻辑卷信息等。

```
[opencloud@server ~]$ vim disk-output.sh
#!/bin/bash
# 使用 df 命令获取磁盘分区信息
disk_partitions=$(df -h)
# 使用 swapon 命令获取 swap 分区信息
swap_partitions=$(swapon -s)
# 使用 lvdisplay 命令获取逻辑卷信息
logical_volumes=$(lvdisplay)

# 使用 printf 格式化输出信息
printf "Disk Partitions:\n\n"
printf "%s\n" "$disk_partitions"
printf "\nSwap Partitions:\n\n"
printf "%s\n" "$swap_partitions"
printf "\nLogical Volumes:\n\n"
printf "%s\n" "$logical_volumes"
# 执行脚本以查看输出结果
[opencloud@server ~]$ bash disk-output.sh
```

16.4.2 编写条件语句和循环语句脚本

（1）在用户主目录中创建脚本文件 test-condition01.sh，使用 test 命令和
方括号进行条件控制，检查文件是否存在、文件是否可写等。

```
[huawei@openeuler ~]# vi test-condition01.sh
# 检查文件是否存在
mkdir ~/testfile
if test -e ~/testfile; then
```

V16-7 编写条件
和循环语句脚本

```
        echo "File exists"
else
        echo "File does not exist"
fi
# 检查文件是否可写
touch ~/www.opencloud.fun
if test -w ~/www.opencloud.fun; then
        echo "File is writable"
else
        echo "File is not writable"
fi
# 检查两个整数是否相等
a=10
b=11
if test $a -eq $b; then
        echo "a is equal to b"
else
        echo "a is not equal to b"
fi
# 检查字符串是否为空
string=www.opencloud.fun
if test -z "$string"; then
        echo "String is empty"
else
        echo "String is not empty"
fi
# 检查两个字符串是否相等
string1=www.opencloud.fun
string2=opencloud.fun
if test "$string1" = "$string2"; then
        echo "Strings are equal"
else
        echo "Strings are not equal"
fi

# 检查文件是否存在
mkdir ~/testfile
if [ -e ~/testfile ]; then
        echo "File exists"
else
        echo "File does not exist"
fi
# 检查文件是否可写
```

```
touch ~/www.opencloud.fun
if [ -w ~/www.opencloud.fun ]; then
    echo "File is writable"
else
    echo "File is not writable"
fi
# 检查两个整数是否相等
a=10
b=11
if [ "$a" -eq "$b" ]; then
    echo "a is equal to b"
else
    echo "a is not equal to b"
fi
# 检查字符串是否为空
string=www.opencloud.fun
if [ -z "$string" ]; then
    echo "String is empty"
else
    echo "String is not empty"
fi
```

（2）在用户主目录中创建脚本文件 if-user.sh，实现创建用户和设置用户密码的功能。

```
[huawei@openeuler ~]# vi if-user.sh
#!/bin/bash
# 判断是否以 root 用户身份运行
if [ "$EUID" -ne 0 ]; then
    echo "请以 root 用户身份运行此脚本。"
    exit 1
fi
# 提示输入用户名
read -p "请输入要创建的用户名: " username
# 判断用户是否已存在
if id "$username" &>/dev/null; then
    echo "用户 $username 已存在。"
    exit 1
fi
# 创建用户
useradd "$username"
if [ $? -ne 0 ]; then
    echo "创建用户失败。"
    exit 1
fi
# 提示输入密码
```

```
read -s -p "请输入密码: " password
echo
read -s -p "请再次输入密码: " password_confirm
echo
# 判断两次密码是否一致
if [ "$password" != "$password_confirm" ]; then
    echo "两次输入的密码不一致。"
    exit 1
fi
# 设置用户密码
echo "$username:$password" | chpasswd
if [ $? -eq 0 ]; then
    echo "用户 $username 创建成功, 密码已设置。"
else
    echo "设置密码失败。"
    exit 1
fi
```

（3）在用户主目录中创建脚本文件 case-user.sh，检查磁盘、内存、CPU 等的使用情况。

```
[huawei@openeuler ~]# vi case-user.sh
#!/bin/bash
echo "请选择一个操作:"
echo "1. 查看磁盘使用情况"
echo "2. 查看内存使用情况"
echo "3. 查看 CPU 使用情况"
echo "4. 退出"
read -p "请输入数字（1-4）: " choice
case "$choice" in
  1)
    df -h
    ;;
  2)
    free -h
    ;;
  3)
    top -bn1 | head -n 10
    ;;
  4)
    echo "退出程序"
    exit 0
    ;;
  *)
    echo "无效输入"
    ;;
esac
```

（4）在用户主目录中创建脚本文件 for-backup.sh。通过 for 语句遍历备份目录列表，依次对每个目录进行备份，并将备份文件传输到远程服务器中。

```
[huawei@openeuler ~]# vi for-backup.sh
#!/bin/bash
# 设置需要备份的目录列表（可自行修改）
backup_dirs=("/etc" "/var/log" "/home")
# 设置备份存放路径（本地）
backup_dest=~/backup
mkdir -p "$backup_dest"
# 提示输入远程主机信息
read -p "请输入远程服务器地址（如 192.168.1.100）: " remote_host
read -p "请输入远程服务器存放备份的路径（如 /root/backup）: " remote_path
# 确保远程路径存在提示
echo "请确保远程目录 $remote_path 已存在，否则传输将失败。"
# 遍历目录并打包、传输
for dir in "${backup_dirs[@]}"; do
    # 获取目录名（去除路径前缀）
    name=$(basename "$dir")
    # 设置压缩文件名
    archive_name="${name}_$(date +%Y%m%d_%H%M%S).tar.gz"
    archive_path="${backup_dest}/${archive_name}"
    echo "正在备份目录: $dir -> $archive_path"
    tar -czf "$archive_path" "$dir"
    echo "正在将备份文件传输到远程服务器..."
    scp "$archive_path" root@"$remote_host":"$remote_path"
    echo "目录 $dir 的备份已完成。"
    echo "-----------------------------"
done
echo "所有目录备份和传输完成。"
```

（5）在用户主目录中创建脚本文件 while-useradd.sh。使用 while 语句和计数器变量迭代创建用户并设置密码，同时将每个用户的用户名和密码写入文件，以便后续参考和使用。

```
[huawei@openeuler ~]# vi while-useradd.sh
#!/bin/bash
# 创建一个文件来存储用户名和密码
password_file="passwords.txt"
> "$password_file"  # 清空文件内容
count=1
# 循环创建 10 个用户
while [ $count -le 10 ]
do
    # 生成随机密码
    password=$(openssl rand -base64 12 | tr -dc 'a-zA-Z0-9' | head -c 10)
    # 创建用户
```

```
        username="user$count"
        useradd "$username"
        # 设置密码
        echo "$username:$password" | chpasswd
        # 将用户名和密码写入文件
        echo "Username: $username" >> "$password_file"
        echo "Password: $password" >> "$password_file"
        echo "--------------------" >> "$password_file"
        count=$((count + 1))
done
echo "用户创建和密码设置完成！密码已保存到 $password_file 文件中。"
```

16.4.3　Ansible 安装与配置

1. 在 CentOS Stream 9 上安装 Ansible

（1）将 rhce 用户加入 wheel 组，并赋予 rhce 用户 sudo 权限。

V16-8　Ansible
安装与配置

```
[root@control ~]# usermod -G wheel rhce
# 使用 visudo 命令修改 sudo 参数
[root@control ~]# visudo
%wheel  ALL=(ALL)       ALL
%wheel  ALL=(ALL)       NOPASSWD: ALL
```

（2）切换到 rhce 用户。

```
[root@control ~]# su - rhce
[rhce@control ~]$ id
uid=1000(rhce) gid=1000(rhce) groups=1000(rhce),10(wheel)
```

（3）查看操作系统发行版信息。

```
[rhce@control ~]$ cat /etc/redhat-release
CentOS Stream release 9
```

（4）查看 yum 仓库、Python 版本信息。

```
[rhce@control ~]$ yum repolist
repo id                                repo name
appstream                              CentOS Stream 9 - AppStream
baseos                                 CentOS Stream 9 - BaseOS
[rhce@control ~]$ python --version
Python 3.9.16
```

（5）安装 EPEL 软件仓库。在 RHEL 和 CentOS 中，可以通过安装 epel-release 软件包来启用 EPEL 软件仓库。EPEL 软件仓库包含各种社区制作的软件包，可以满足用户安装更多软件的需求。EPEL 软件仓库由 Fedora 项目支持，并由相关社区维护。

```
[rhce@control ~]$ sudo yum -y install epel-release
```

（6）使用 YUM 软件包管理器安装 Ansible。

```
[rhce@control ~]$ sudo yum install ansible
```

（7）使用 ansible --version 命令，查看 Ansible 版本信息。

```
[rhce@control ~]$ ansible --version
```

2. 构建清单文件

（1）在控制节点 control.example.com 主机上，将受管节点各主机的 IP 地址和其他信息写入/etc/hosts 文件。

```
[rhce@control ~]$ cat /etc/hosts
172.31.32.111 node1.example.com node1
172.31.32.112 node2.example.com node2
172.31.32.113 node3.example.com node3
172.31.32.114 node4.example.com node4
172.31.32.115 node5.example.com node5
172.31.32.116 node6.example.com node6
```

（2）编辑默认的清单文件/etc/ansible/hosts，先将 node1.example.com 添加到默认清单文件末尾，再将 web 组添加到该文件的底部，并将 node2.example.com、node3.example.com 节点作为组成员。

```
[rhce@control ~]$ sudo vim /etc/ansible/hosts
...output omitted...
node1.example.com 172.31.32.111
[web]
node2.example.com
node3.example.com
```

（3）使用 ansible all --list-hosts 命令，列出默认清单文件中的所有受管主机。

```
[rhce@control ~]$ ansible all --list-hosts
  hosts (3):
    node1.example.com
    node2.example.com
    node3.example.com
```

（4）使用 ansible ungrouped --list-hosts 命令，仅列出不属于任何组的受管主机。

```
[rhce@control ~]$ ansible ungrouped --list-hosts
  hosts (1):
    node1.example.com
```

（5）使用 ansible web --list-hosts 命令，仅列出属于 web 组的受管主机。

```
[rhce@control ~]$ ansible web --list-hosts
  hosts (2):
    node2.example.com
    node3.example.com
```

（6）在控制节点 control.example.com 上创建静态清单文件，清单文件路径为/home/rhce/ansible/inventory，并验证清单文件主机信息。在清单文件中，node1.example.com 和 node2.example.com 是 web 组的成员，node3.example.com 是 balancer 组的成员，node4.example.com 是 prod 组的成员，node5.example.com 是 test 组的成员，prod 组和 web 组是 devops 组的成员，node6.example.com 不属于任何组。

```
[rhce@control ~]$ mkdir /home/rhce/ansible/
[rhce@control ~]$ vi /home/rhce/ansible/inventory
node6.example.com
[web]
```

```
node1.example.com
node2.example.com
[balancer]
node3.example.com
[prod]
node4.example.com
[test]
node5.example.com
[devops:children]
prod
web
```

（7）使用 all 选项，列出清单文件中的所有主机。

```
[rhce@control ~]$ ansible all -i /home/rhce/ansible/inventory --list-hosts
```

（8）使用 ungrouped 选项，列出清单文件中不属于任何组的受管主机。

```
[rhce@control ~]$ cd /home/rhce/ansible/
[rhce@control ansible]$ ansible ungrouped -i inventory --list-hosts
  hosts (1):
    node6.example.com
```

（9）查看 YAML 格式的清单文件主机信息。

```
[rhce@control ansible]$ ansible-inventory --list
```

3. 构建配置文件

（1）在控制节点 control.example.com 主机上已经部署好 Ansible，将受管节点各主机的 IP 地址和其他信息写入/etc/hosts 文件。

```
[rhce@control ~]$ cat /etc/hosts
172.31.32.111 node1.example.com node1
172.31.32.112 node2.example.com node2
[rhce@control ~]$ ansible --version ansible [core 2.14.1]
```

（2）在控制节点上的 rhce 用户主目录/home/rhce 中，创建名为 devops 的新目录，并将当前路径更改为该目录。

```
[rhce@control ~]$ mkdir ~/devops
[rhce@control ~]$ cd ~/devops
[rhce@control devops]$ pwd
/home/rhce/devops
```

（3）在控制节点 control.example.com 主机上，以 rhce 用户的身份创建公钥和私钥文件。

```
[rhce@control devops]$ ssh-keygen
Generating public/private rsa key pair.
Enter file in which to save the key (/home/rhce/.ssh/id_rsa): # 按 Enter 键
Enter passphrase (empty for no passphrase): # 按 Enter 键
Enter same passphrase again: # 按 Enter 键
Your identification has been saved in /home/rhce/.ssh/id_rsa.
Your public key has been saved in /home/rhce/.ssh/id_rsa.pub.
The key fingerprint is:
SHA256:yp9dPsOiaJtfTTBqpUwH33deJWXK1vDYt6wmam7EmlO rhce@node1.example.com
```

（4）使用 ssh-copy-id 命令，将控制节点上的 rhce 用户的公钥复制到受管节点上的 rhce 用户的~/.ssh/authorized_keys 文件中。

```
[rhce@control devops]$ ssh-copy-id rhce@172.31.32.111
[rhce@control devops]$ ssh-copy-id rhce@172.31.32.112
```

（5）复制完公钥后，在控制节上点使用 rhce 用户通过 SSH 连接到 172.31.32.111 和 172.31.32.112 节点，无须输入密码。

```
[rhce@control devops]$ ssh 172.31.32.111
Last login: Wed Feb 1 20:27:50 2023 from 172.31.32.100
[rhce@node1 ~]$ exit
[rhce@control devops]$ ssh 172.31.32.112
Last login: Wed Feb 1 20:27:50 2023 from 172.31.32.100
[rhce@node2 ~]$
```

（6）在 node1 和 node2 主机上，将 rhce 用户加入 wheel 组，并赋予 rhce 用户 sudo 权限。

```
[root@node1~]# usermod -G wheel rhce
[root@ node1 ~]# visudo
%wheel  ALL=(ALL)        ALL
%wheel  ALL=(ALL)        NOPASSWD: ALL
[root@node2~]# usermod -G wheel rhce
[root@ node2 ~]# visudo
%wheel  ALL=(ALL)        ALL
%wheel  ALL=(ALL)        NOPASSWD: ALL
```

（7）创建/home/rhce/devops/ansible.cfg 文件，将 [defaults]部分的内容写入该文件，添加 inventory、remote_user、ask_pass、host_key_checking 等指令。

```
[rhce@control devops]$ cat ansible.cfg
[defaults]
inventory=./inventory
remote_user=rhce
ask_pass=false
host_key_checking=False
```

（8）在 ansible.cfg 文件中添加 [privilege_escalation] 部分的内容，添加 become、become_method、become_user、become_ask_pass 等指令，允许权限提升，可以使用 root 用户身份及 sudo 方式提升权限，rhce 用户无须使用密码进行身份验证。

```
[rhce@control devops]$ cat ansible.cfg
[defaults]
inventory=./inventory
remote_user=rhce
ask_pass=false
host_key_checking = False
[privilege_escalation]
become=true
become_method=sudo
become_user=root
become_ask_pass=false
```

（9）创建清单文件，添加清单文件中的主机和主机组信息。

```
[rhce@control devops]$ pwd
/home/rhce/devops
[rhce@control devops]$ ls
ansible.cfg inventory
[rhce@control devops]$ cat inventory
[web]
node1.example.com
node2.example.com
```

（10）使用 ansible 命令，测试远程主机网络连接情况。

```
[rhce@control devops]$ ansible web -m ping
```

16.4.4 编写和执行 Ansible Playbook

（1）在 Ansible 控制节点上，以 rhce 用户的身份将工作目录切换到用户主目录。创建 provision-httpd 目录，并在 provision-httpd 目录中创建 ansible.cfg 文件、清单文件和 index.html 文件。

V16-9 编写和
执行 Ansible
Playbook

```
[root@control ~]# su - rhce
[rhce@control ~]$ mkdir ~/provision-httpd
[rhce@control ~]$ cd ~/provision-httpd
[rhce@control provision-httpd]$ cat ansible.cfg
[defaults]
inventory=./inventory
remote_user=rhce
ask_pass=false
host_key_checking = False
[privilege_escalation]
become=true
become_method=sudo
become_user=root
become_ask_pass=false
[rhce@control provision-httpd]$ cat inventory
[web]
node1.example.com
node2.example.com
[rhce@control provision-httpd]$ cat index.html
apache httpd web site
```

（2）使用文本编辑器创建名为/home/rhce/provision-httpd/httpd.yml 的 Playbook 文件，在文件开头添加 3 条短横线，表示 Playbook 的开头。

```
[rhce@control provision-httpd]$ vim httpd.yml
---
```

（3）在下一行以短横线加空格开头，并使用 name 关键字，将 play 命名为 Provision Apache HTTPD。

```
---
- name: Provision Apache HTTPD
```

（4）添加 hosts 属性，指定在清单文件的 web 组中的主机上执行 play。hosts 属性缩进两个空格，使其与上一行中的 name 属性对齐。

```
---
- name: Provision Apache HTTPD
  hosts: web
```

（5）添加 tasks 属性，并缩进两个空格（与 hosts 属性对齐），在 tasks 中添加 4 项任务。

```
---
- name: Provision Apache HTTPD
  hosts: web
  tasks:
```

（6）添加第 1 项任务，缩进 4 个空格，并使用短横线加空格开头，任务名称为 Install httpd package，任务使用 yum 模块，将模块属性再缩进两个空格。将软件包名称设置为 httpd，将软件包状态设置为 present。

```
- name: Install httpd package
  yum:
    name: httpd
    state: present
```

（7）添加第 2 项任务，使其格式与上一任务匹配。任务名称为 Copy index.html to remote node path，任务使用 copy 模块，应将 copy 模块的 src 键设置为 index.html，将 dest 键设置为 /var/www/html/index.html。

```
- name: Copy index.html to remote node path
  copy :
    src: index.html
    dest: /var/www/html/index.html
```

（8）添加第 3 项任务，启动并启用 httpd 服务，使该任务格式与前两项任务匹配。任务名称为 Ensure httpd is started。任务使用 service 模块，将 service 模块的 name 键设置为 httpd，将 state 键设置为 started，并将 enabled 设置为 true。

```
- name: Ensure httpd is started
  service:
    name: httpd
    state: started
    enabled: true
```

（9）添加第 4 项任务，设置防火墙规则以允许访问 HTTP 服务，使该任务格式与前 3 项任务匹配。任务名称为 Open firewall for http。任务使用 firewalld 模块，将 firewalld 模块的 service 键设置为 http，将 permanent 键设置为 true，将 state 设置为 enabled，将 immediate 设置为 true。

```
- name: Open firewall for http
  firewalld:
    service: http
    permanent: true
    state: enabled
    immediate: true
```

（10）完整的 Playbook 如下。

```
---
- name: Provision Apache HTTPD
  hosts: web
  become: yes
  tasks:
    - name: Install httpd package
      yum:
        name: httpd
        state: present
    - name: Copy index.html to remote node path
      copy:
        src: index.html
        dest: /var/www/html/index.html
    - name: Ensure httpd is started
      service:
        name: httpd
        state: started
        enabled: true
- name: Open firewall for http
      firewalld:
        service: http
        permanent: true
        state: enabled
        immediate: yes
```

运行 httpd.yml 自动化任务前，使用--syntax-check 选项验证 Playbook 语法是否正确。如果报告任何错误，则更正后再继续运行；如果没有问题，则执行 Playbook 任务。

```
[rhce@control provision-httpd]$ ansible-playbook httpd.yml --syntax-check
playbook: http.yml
[rhce@control provision-httpd]$ ansible-playbook httpd.yml
```

使用 curl 命令验证 node1.example.com、node2.example.com 主机上的 Web 服务器是否可以访问。

```
[rhce@control provision-httpd]$ curl node1.example.com
apache httpd web site
[rhce@control provision-httpd]$ curl node2.example.com
apache httpd web site
```

项目练习题

（1）SSH 免密码登录的配置文件通常是（　　）。
A. /etc/passwd
B. ~/.ssh/config
C. ~/.ssh/authorized_keys
D. /etc/ssh/ssh_config

（2）在 Ansible 的 inventory 文件中，可以定义主机组的是（　　）。

    A．[groupname]　　　B．(groupname)　　　C．{groupname}　　　D．\<groupname\>

（3）在 Ansible 中，（　　）模块可以复制文件。

    A．copy_file　　　B．file_copy　　　C．template　　　D．copy

（4）在 Ansible 中，（　　）模块用于管理服务。

    A．service_manager　　　　　　　　B．service

    C．manage_service　　　　　　　　D．srv

（5）在 Ansible 中，可以在 Playbook 中定义多个主机组的是（　　）。

    A．hosts: group1, group2　　　　　　B．groups:

    C．all_hosts:　　　　　　　　　　D．hosts: [group1, group2]

（6）编写一个 Shell 脚本，定义一个名为 username 的变量，并将用户的姓名赋予它。使用 echo 命令将该变量输出到屏幕上，并将其永久设置为环境变量。

（7）编写一个 Shell 脚本，要求用户输入一个文件名，将用户输入的内容保存到该文件中，并使用输入重定向将错误信息输出到 error.log 文件中。

（8）在 Shell 脚本中，需要判断当前系统的 CPU 使用率是否超过 80%。编写一个 if 语句，输出相应的监控信息。

（9）在 Shell 脚本中，需要判断当前操作系统的类型。编写一个 if 语句，输出相应的测试信息。

（10）编写一个 Shell 脚本，使用 for 语句遍历指定目录下的所有文件，并输出文件的名称和大小。

（11）编写一个 Shell 脚本，使用 for 语句批量重命名指定目录下文件名以 file 开头的所有文件，在文件名后加上"_backup"。

（12）某企业需要在多个 Linux 服务器上进行自动化部署和管理，服务器涵盖多种 Linux 发行版。为了提高运维效率，需要使用 Ansible 作为自动化工具来管理这些服务器。当前，Ansible 服务器操作系统为 CentOS Stream 9，其他受管主机分别使用 CentOS、RHEL、Ubuntu、华为 openEuler 等操作系统。现需要在 CentOS Stream 9 中安装 Ansible，并创建 Ansible 主机清单文件，将其他远程主机的 IP 地址加入清单文件中，配置 SSH 免密码登录，确保 Ansible 控制节点可以无密码验证并连接到其他远程主机。

（13）某企业自动化运维工程师负责管理一个服务器集群，每个服务器都运行着不同的服务。使用 Ansible Playbook 来管理防火墙设置，包括添加允许的入站规则、关闭不必要的端口、限制特定 IP 地址的访问等。需要针对不同服务器的不同服务进行防火墙策略的配置，例如，Web 服务器需要开放 80 和 443 端口，数据库服务器需要开放 3306 端口等。限制特定 IP 地址的访问，确保只有指定的 IP 地址可以访问特定的端口。